香料科学

熟知风味之间的相互关系　创建属于自己的烹饪之道

[英] 斯图尔特·法里蒙德　编著　　丛龙岩　译

注：本书地图为原书插附地图。

中国轻工业出版社

香料科学

熟知风味之间的相互关系　创建属于自己的烹饪之道

[英]斯图尔特·法里蒙德　编著　　丛龙岩　译

中国轻工业出版社

Original Title: The Science of Spice: Understand Flavour
Connections and Revolutionize your Cooking
Copyright © 2018 Dorling Kindersley Limited
A Penguin Random House Company

图书在版编目（CIP）数据

香料科学 /（英）斯图尔特·法里蒙德（Stuart
Farrimond）编著；丛龙岩译 . — 北京：中国轻工业出
版社，2024.4
ISBN 978-7-5184-2762-8

Ⅰ . ①香… Ⅱ . ①斯… ②丛… Ⅲ . ①香料—介绍—
世界 Ⅳ . ① TQ65

中国版本图书馆 CIP 数据核字（2019）第 264885 号

混合产品
纸张 |
支持负责任林业
FSC® C018179

www.dk.com

责任编辑：方　晓　贺晓琴　　责任终审：白　洁
策划编辑：史祖福　　　　　　　责任校对：晋　洁
整体设计：锋尚设计　　　　　　责任监印：张　可

出版发行：中国轻工业出版社（北京鲁谷东街5号，邮编：100040）

印　　刷：惠州市金宣发智能包装科技有限公司

经　　销：各地新华书店

版　　次：2024年4月第1版第3次印刷

开　　本：889×1194　1/16　印张：13.75

字　　数：280千字

书　　号：ISBN 978-7-5184-2762-8　定价：168.00元

邮购电话：010-85119873

发行电话：010-85119832　　010-85119912

网　　址：http://www.chlip.com.cn

Email：club@chlip.com.cn

审图号：GS（2021）3962号

如发现图书残缺请与我社邮购联系调换

240459S1C103ZYW

目录

前言

许多厨师在香料的使用方面缩手缩脚。通常买回来一罐香料，只是用来制作一道菜，然后就将其塞到橱柜的最深处，将其束之高阁，而后许多年都不再动用。不应该如此对待香料，因为香料是制作无数菜肴不可或缺的重要组成部分。忽视香料的使用，对一名厨师的烹饪才华来说是一种伤害。因为香料不仅能增强菜肴的自然风味，而且能给那些我们耳熟能详的菜肴带来新的风味和香味，刺激我们所有的感官。没有香料的烹调，就像一首没有弦乐部分的管弦乐作品一样；有些厨师仅仅是把研磨碎的黑胡椒，或者一勺咖喱粉视作是给菜肴添加了香料，这种做法是不可取的，他们需要相信香料可以给我们提供丰富而浓郁的口感。

本书就是为了那些想体验新的香料风味搭配的厨师而准备的，这将既能刺激食欲又令人饶有兴趣。标准化的食谱会妨碍创造性烹调技法的发挥。但是截止到目前，只有通过反复试验这一条路才能知道哪些香料可以混合在一起使用。个人经验、传统习惯，以及一点点的直觉都是用来调配混合香料的要素。再也不能这样下去了，因为科学探索已经颠覆了人们头脑中的传统思维。香料可以混合后加入之前没有考虑要添加香料的菜肴中去，并且任何人都不应该被来自大厨们、互联网"大师"们，又或者是家庭中祖传的食谱所左右。本书信心满满，进入从未涉足的香料世界中，旨在提供一些易于学习的，有科学依据的内容，这将有望改变你在烹调过程中使用香料的方式。

然而，古人的聪明才智不应被抛弃，这一点非常重要。数百年来的烹饪经验都是每个国家饮食文化遗产的基石，在这本书中，你会探索到世界上主要国家和地区所使用的各种传统香料。许多擅长制作不同地方菜系的顶级大厨们，都贡献了许多他们最拿手的混合香料和食谱。你不需要从零开始，可以依据这些大厨们所使用的混合香料为基础，并在此基础上调配出新的作品。这些食谱展示了其中的一些混合香料，同时也建议你创新使用香料组合，为所熟悉的菜肴增添诱人的风味变化。

无论你是一名经验丰富的厨师，又或者是一名一无所知的新手，我都希望你能从本书中受到启发，并释放出你的烹饪天赋。加入一点科学的味道或者掬出一捧思维的火花，让这本指南为你开启一个全新的美食世界。再也不要让你罐中的香料躺在阴暗的橱柜里失去风味了！

斯图尔特·法里蒙德 博士

本书旨在提供基于科学的会改变你在烹饪中香料使用方式的简单易学的原理。

香料的科学

了解香料如何发挥作用背后的科学原理，去探索风味化合物和风味类型，并且学习创作出私人订制般的混合香料。

香料是什么 }

香料是植物的植株部分，比起在烹饪中所使用的其他大多数的原材料来说，其味道要更加浓郁。而香草通常采自植物的叶片部分，香料往往采自种子、果实、根部、茎部、花朵，或者树皮等部位，并且通常都会在经过干燥之后使用。即便如此，一些味道浓烈的叶片，像香叶（月桂叶）和咖喱叶，可以被认为是香料，因为它们更多的时候是作为一种行之有效的辅助性调味料，而不是作为一种新鲜的调味料使用。

化学物质贮存室

纵观历史长河，香料无论是在宗教仪式和医学上，还是在烹饪用途上，体现出来的价值一直都非常高。科学研究已经表明，这些曾经异常神秘的植物部分，实际上被认为是风味化合物（或者是芳香化合物）的容器，会用来帮助植物生存和繁殖，扮演着诸如驱赶动物或者是抵御病菌危害的角色。令人欣慰的是，在这些化合物中有许多种都带有令人愉悦的芳香风味。

香料的风味是植物自身所产生出来的化学物质，通常用于防御自卫。

茎部

植物的茎部会把水分和糖分输送到植物所需要的部位。少量品种的香料出自茎部。柠檬草是一种热带草的茎秆部位，还有鲜为人知的乳香脂，是从乳香黄连木树上收集到的干燥的树脂。更加闻名的是，肉桂和桂皮，分别是樟属树木的内层树皮和外层树皮的干燥部分。

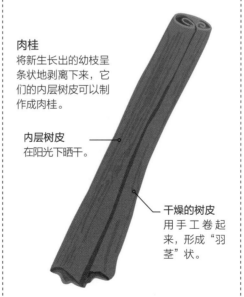

肉桂
将新生长出的幼枝呈条状地剥离下来，它们的内层树皮可以制作成肉桂。

内层树皮
在阳光下晒干。

干燥的树皮
用手工卷起来，形成"羽茎"状。

传递信号
肉桂的香辛风味、木质的芳香风味来自一种称作石竹烯的风味化合物。当一棵植物被吃掉时，这种风味化合物会充当一种通过空气传播的气体信号，让顺风区域内的其他植物"做好准备"产生防御性的化学物质。

根部和地下贮存部分

根部是植物获取水分和养分的生命线，并且根块茎、球茎和鳞茎是植物有能力生长出新的枝芽和根须的贮存室。甘草产自其干燥的根部，而阿魏来自其干燥根部的提取液。姜黄、姜、高良姜，以及大蒜等都是地下贮存部分的例子。

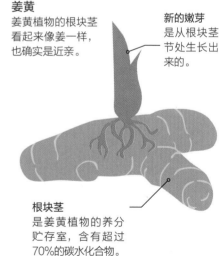

姜黄
姜黄植物的根块茎看起来像姜一样，也确实是近亲。

新的嫩芽
是从根块茎节处生长出来的。

根块茎
是姜黄植物的养分贮存室，含有超过70%的碳水化合物。

威慑动物
姜黄的风味中包含一种称作桉油精的风味化合物，有着一股浓烈的渗透性，少许的药用风味，能够逐渐形成一种对那些试图吃掉姜黄的动物们有着震慑作用的苦味。

风味贮存室

香料中绝大多数的风味化合物都是油溶性的而非水溶性的，并且贮存在油泡中。香料中的纤维组织结构是用来锁住这些油泡的，这些油泡只有在植物受到伤害或者是受到疾病感染时才会被释放出来。一旦这些油泡破裂开，这些油性风味化合物就会暴露在空气中，很快就会挥发成气体。

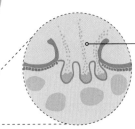

圆形的头部
是由花蕾上干燥的，还未开放的花瓣组成的。

梗部
包含着花蕾的外层萼片，还含有油腺体。

油腺
在瓣状的圆形头部处更为集中。

丁香的横截面

丁香中富含浓郁的风味油，就贮存在花蕾和"茎部"两者的圆形顶部表层之下的油腺中。

腺体破裂
当外层表皮被损坏后发生。在厨房里，会通过揉搓、研磨，以及通过加热等方法来实现。在油腺中所释放出来的风味化合物，会作为一种芳香气体挥发出来。

果实类

开花植物类的种子包含在果实里面，它们中的许多果实已经进化成富含糖分的原料，所以对动物来说，这些果实是非常具有吸引力的食物，因此，动物将种子散布到广阔的区域。许多香料源自果实，包括多香果、漆树粉、香草（香子兰），以及辣椒等。从学术上来讲，有几种"种子"香料是果实类，包括莳萝和香旱芹籽。

黑胡椒
胡椒粒是干燥后的小浆果，是胡椒科植物中约1000种不同的开花藤本植物中的一种。

胡椒粒
成簇地生长在穗状花序上。

熟透的胡椒在颜色上呈粉红色，黑胡椒粒和绿胡椒粒（青胡椒粒）是在未成熟时采摘下来的胡椒。

抵御虫害

胡椒中的热量是由一种称作胡椒碱的化学物质所产生的，这种热量还会刺激舌头上的神经，昆虫对此有非常强烈的排斥性，已经被化学制品行业用来制作成杀虫剂。

种子类

大多数香料是种子类，像小茴香、小豆蔻、芥末籽，以及葫芦巴，或者不常见的豆蔻，其实是种子的果仁。难怪植物们经常会把它们最为浓烈的自卫性化学物质浓缩到种子内。因为这些化学物质是新生命的珍贵温床，将会发芽生长成为下一代的植物。

八角
这种形状别具一格的香料的种子，都容纳在一种称作心皮的木质保护层里，而实际上大部分的风味都会集中在心皮中。

八角子荚
（果实）是在其还未成熟时采摘下来，并让其干燥。

保健功能

八角的主要风味来自茴香脑，一种看起来已经进化到能够抵御感染，并且有驱虫功效的化学物质。巧合的是，这种物质具有一种诱人的味道——比糖甜13倍——对于动物的舌头来说。

花朵类

许多花朵以其迷人的芳香风味而闻名，这些香味已经到了能够吸引昆虫前来流连徘徊的程度，当这些昆虫逗留的时候，同时给花朵进行授粉。只有少数几种花朵具有足够浓郁的讨人喜爱的风味，可以被认为是香料，其中最有名的是藏红花，其红色的花柱是藏红花授粉的雌蕊部分（柱头）。另外一种著名的花卉香料，可能会令人大感意外，那就是丁香。

丁香
钉子状的深褐色丁香，既不是种子也不是干燥后的果实，而是产自印度尼西亚的一种长青树木干燥后的花蕾。

新鲜的丁香
是在花蕾呈现出粉红色时采摘下来的。

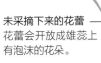

未采摘下来的花蕾
花蕾会开放成雄蕊上有泡沫的花朵。

吸引授粉

丁香含有一种高浓度的丁香酚，这是一种口感温和，如同桉树般芳香的，作用于舌头上有香甜效果的化学物质。在植物生长的时候，丁香酚的作用是吸引昆虫授粉，并且抵御病毒感染和防止虫害。

香料和它们所含有的风味化合物

风味化合物是赋予每一种香料本身独具特色风味的微小分子。当这些分子进入口腔时，它们会以气体的形式通过喉咙飘飞到鼻腔里，这些风味化合物的气味，就仿若来自舌尖上的感觉。对厨师来说，去了解这些风味化合物的相关知识，不仅仅是纯粹的好奇心所驱使：在烹饪的过程中使用香料是释放出其纯正创新性风味的关键。

香甜温热型酚类化合物

在这类温热型的、香甜芳香风味的香料中，其主要风味来自酚类化合物。通常味道浓烈，许多都带有大茴香和桉树的风味，有时候还会带有苦味。

风味化合物举例
丁香中的丁香酚，茴香中的茴香脑。

厨房中使用
通常味道较浓烈并持久，只有在烹饪的过程中味道才会逐渐减弱。主要是溶解并散发在油中。

温热型的萜烯类化合物

萜烯类是使用最广泛、最为常见的风味化合物。这一类别的香料是以温热的萜烯类为主，可以带来舒适的口感，而没有过于浓烈的甜味。它们往往带有木质风味，苦味和胡椒的味道，有时候会带有薄荷味。

风味化合物举例
豆蔻和豆蔻皮中的桧烯，胭脂树中的大根香叶烯。

厨房中使用
很容易挥发，经过长时间的加热烹调，风味化合物会流失。一般都是油溶性的。

芳香型的萜烯类化合物

香料的风味主要是由于这一组别的萜烯类风味共享着愉悦的清新风味，类似松木的风味，或者是花香的风味化合物，有时也会带有木质风味。事实上，当释放出这些风味化合物的芳香风味时，会扩散得又远又广。

风味化合物举例
杜松子中的蒎烯，香菜籽中的芳樟醇。

厨房中使用
会快速挥发，并且不能长时间保持，一般不能经受长时间的加热烹调。几乎可以完全溶入油里或酒中，而不溶于水。

土质风味的萜烯类化合物

带有土质、尘土甚至烧焦的味道，这些香料中含有大量的萜烯风味，散发出木质的香味。实际上是作为对付害虫的毒药使用。少量的这类化合物对人体无害。

风味化合物举例
小茴香中的枯茗醛，黑种草中的伞花烃。

厨房中使用
油溶性风味化合物的味道可以弥久不散。最好搭配"较清淡的"香料。

渗透性的萜烯类化合物

与其他萜烯类香料不同的是，在这一类别的香料中主要由强效的萜烯类化合物组成，它们会刺激鼻腔，余味悠长，通常有着樟脑风味、桉树般的风味，一般都带有药味。

风味化合物举例
塞内加尔胡椒中的莳酮，小豆蔻中的桉油精。

厨房中使用
风味浓郁，回味绵长，这些香料需要适量地使用，或者经过烘烤之后与其他风味香料一起使用以减弱其风味。

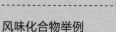

柑橘风味的萜烯类化合物

所有这些香料中都含有我们认为是柑橘类水果风味的化合物，使得这些香料具有了一种浓郁而清新的柠檬类风味，散发出一些花香和草本植物的芳香。在许多成熟的水果以及许多香料中都可以见到它们。

风味化合物举例
柠檬香桃木中的香茅醛，柠檬草中的柠檬醛。

厨房中使用
会快速挥发，但是在这一组别中的风味化合物含量很高，因此可以承受住较长时间的加热烹调。

风味组别

　　根据风味化合物共有的特征，这里把香料分成12种风味组别。它们各自的特点描述见下方的图表，并且在第14~15页中，我们把这些风味组别转化成了香料周期表。有些香料的味道并不是严格意义上的风味化合物，因为它们不能被鼻子闻到，所以也没有芳香风味或气味。这些物质（专用术语称为"促味剂"）直接作用于舌头上，包括糖类和酸类。有许多种化学物质都是用来威慑捕食者的——但是人类可以享用——能够产生苦味、麻痹、寒冷或者刺激性的化合物的情况，如香辣的感觉。

酸甜型的酸类化合物

　　在这一组以水果风味为主的香料中，是以来自酸类化合物中的酸为主导，通常伴随着来自植物糖的甜味。有时这些酸中还带有芳香风味，就如同奶酪或者汗水的味道。

风味化合物举例

角豆树中的己酸和戊酸，芒果粉中的柠檬酸。

厨房中使用

属于水溶性物质，可以长时间加热。适用于含有糖的菜肴中，可以增强菜肴中的水果风味，并且让浓郁的酸味变得圆润。

水果风味的醛类化合物

　　醛类化合物在果实植物类中含量丰富，在味觉上要比其他种类的风味化合物更加细腻。这一组别中的香料带有明显的水果风味、麦芽风味或清新爽口的味道，有时候会带有脂肪的风味或汗味。

风味化合物举例

漆树粉中的壬醛，伏牛花中的己醛。

厨房中使用

可部分地溶于水中，但最易在油和酒中扩散。其芳香风味不耐高温或是长时间加热烹调，可以使用简单的烹调方式或者是生食，以品味它们的微妙之处。

干烘风味的吡嗪类化合物

　　这些香料都经过干烘处理，作为香料加工处理过程的一部分，或者是通过煎炸或者干烘处理，来获得其主要的风味。这一类香料带有坚果味道、干烘过的味道、焦糖般的味道，有时候会带有烟熏味道、肉香风味或刚出炉的面包般的不同风味。

风味化合物举例

每一种香料中都包含有多达几十种的吡嗪类的专属组合风味。

厨房中使用

通过使用130℃的温度干烘来释放出吡嗪化合物。其风味在油中扩散得最快，尤其能增强咸香类菜肴的风味。

含硫风味化合物

　　这一组别中的香料以洋葱风味和肉香味为主，像卷心菜和辣根，有着细微的口味差别和程度不同的辛辣风味。达到一定浓度时，硫化物会散发出难闻的气味。

风味化合物举例

芥末中的异硫氰酸酯，大蒜中的二硫化二丙烯。

厨房中使用

分布于脂肪之中，这些香料中所含有的肉香类风味有助于给蔬菜类菜肴增强风味的浓郁程度。

辛辣风味化合物

　　这些有时候辣得令人心悸的香料之中所包含的化合物根本就不是什么风味化合物，而是通过控制疼痛神经向大脑发送警告信号，令人产生发热错觉的化学物质。

风味化合物举例

辣椒中的辣椒素，黑胡椒中的胡椒碱。

厨房中使用

辛辣的风味化合物，有其不同的强度和辣度，所以可以将香料进行混合使用，以使其产生的热量更圆润。用油加热烹调，以充分分散其热量。

独具特色的风味化合物

　　有些风味化合物在香料世界中是独一无二的，或者说不适合分配到其他组别中。以这些风味化合物为主的香料，带有土质风味、醇厚风味、渗透性风味或者是芳草味，且通常情况下，可以与一系列的其他种类的香料搭配使用。

风味化合物举例

藏红花中含有的藏红花苦苷和藏红花醛，姜黄中含有的姜黄酮。

厨房中使用

这些香料通常会带有其他香料所不具备的特色风味，能够给菜肴带来独具特色的芳香风味。

肉桂 Ci	大茴香 An	甘草 Lq	香草 Va	青柠檬干 Li	柠檬草 Le
桂皮 Ca	八角 St	马哈利樱桃籽 Mb	小茴香 Cu	柠檬香桃木 Lm	罗望子 Ta
丁香 Cl	茴香 Fe	乳香脂 Mc	黑种草 Ni	芒果粉 Am	漆树粉 Su
多香果 Al	葛缕子 Cw	杜松子 Ju	塞内加尔胡椒 Si	石榴籽 Ar	角豆树 Cb
豆蔻 Nu	莳萝 Di	玫瑰 Ro	黑小豆蔻 Bi	香叶 Ba	伏牛花 By
豆蔻皮 Ma	胭脂树 Ao	香菜籽 Co	小豆蔻 Cm	高良姜 Gg	可可豆 Cc

香料周期表

作者从科学世界中获得灵感，设计出这个香料周期表，作为一个新的起点，从一个崭新的角度，来讨论香料的科学。

在本书中所提及的每一种主要的香料，根据其口味中所占主导地位的风味化合物成分，分别被分配到12个组别中。

使用下面所列出的强调色，来确定出风味组别，返回到第12~13页即可获取所对应每个组别特征特点的详细描述。

一旦你自己熟悉了这些香料分组，翻过这一张页面，按部就班地参阅有关如何开始使用香料周期表，来创建出你自己的香料配伍，并调配出独具特色的混合香料。

风味分组的强调色

每一组风味化合物都被分配了一种颜色，并且在第80~207页香料的剖析中都按分组进行了排列，而且书页边框的颜色与香料周期表的颜色相匹配，有助于引导你的学习。

- 香甜温热型的酚类化合物香料
- 温热型的萜烯类化合物香料
- 芳香型的萜烯类化合物香料
- 土质风味的萜烯类化合物香料
- 渗透性的萜烯类化合物香料
- 柑橘风味的萜烯类化合物香料
- 酸甜型的酸类化合物香料
- 水果风味的醛类化合物香料
- 干烘风味的吡嗪类化合物香料
- 含硫风味化合物香料
- 辛辣风味化合物香料
- 独具特色的风味化合物香料

制作出相互搭配使用的香料和混合香料

在大多数情况下，香料相互之间可以很好地搭配在一起使用，因为它们可以共享一种或多种风味的化合物。在这本书中，香料周期表和每种香料类型的调配科学都经过了精心设计，以帮助你通过这些香料的风味化合物来了解各种香料。下面的内容是如何利用这些信息来制作出你自己独具特色的混合香料所需要的详尽说明。

第一步

选择出主要的风味组别

在选择菜肴的主要风味时，要考虑到香料周期表中的风味组别。你想要的是香辣风味、水果风味、土质风味、清新风味，又或者是其他风味？你可以使用一种或者多种主要的风味，如清新爽口的柑橘类甜点，或者是一种口感舒适的烟熏风味的肉类菜肴。

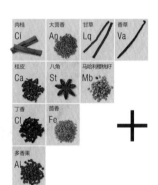

▲ 香甜温热型的酚类化合物香料

▲ 渗透性的萜烯类化合物香料

举例说明

你可以在香甜温热型的酚类化合物香料中选取香料，与来自渗透性的萜烯类化合物香料中同样味道浓郁，但却更加清新，味道清爽的香料相互制衡，用来给豆类菜肴或者扁豆类菜肴带来一种气味浓烈的芳香气味。你现在可以从每一组香料中精心选择1~2种香料来发挥出这些关键的风味。

第二步

核实香料调配科学

仔细阅读香料的剖析章节中相关的香料调配科学内容，以便了解每一种香料会给菜肴带来什么样的风味。试着通过所共享的风味化合物，特别是在不同的组别之间的各种香料去了解它们相互之间的关系；那些相互之间没有风味化合物联系的香料与其他风味的香料更容易发生冲突。

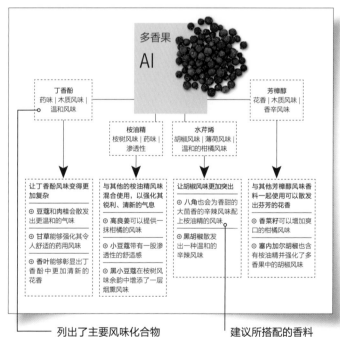

列出了主要风味化合物
风味特点和其他方面的特质。

建议所搭配的香料
通过每一种风味化合物，把各种香料联系起来，但并非详尽无遗。

每增加一种香料，风味化合物的复杂程度就会增加，令人满意的程度也会增加——研究表明，一道菜肴的风味和口感的范围越广，就越美味可口。

第三步

选择出你所要使用的主要香料

在讨论了每种香料所包含的不同风味化合物之后，现在可以确定一下能体现菜肴主要风味的具体使用的香料。可以考虑使用同一风味组别中的两种香料，来增加风味的醇厚程度和体现出变化：这些香料会很好地融合到一起，但却有着各自的特点，为更加圆润的基本风味带来些许与之不同的风格。

多香果
Al

八角
St

丁香酚是多香果中主要的风味化合物，有一种温和的药味。

茴香脑有一股甘草的风味，并在八角中占据主导地位。

高良姜
Gg

桉油精如同桉树植物一样，是高良姜中的关键味道。

举例说明

多香果和八角因为同属一个风味组别而联系紧密，在八角的余味中，带来了舒适感和甘美的风味。这些香料可以形成一个特别完美的搭配，因为它们拥有一些共同的附属风味的化合物：胡椒风味的水芹烯和桉油精。高良姜带来了一种新的风味维度，并且因为高良姜也含有桉油精，这三者一起使用时，效果非常好。

第四步

增加风味变化

通过从更多的风味化合物组别中引入香料，再通过对所共享的风味化合物的香料进行筛选，开发出混合香料。除了"香料的剖析"一章中提到的香料之外，可以使用第214~217页的表格来探讨所有主要的风味化合物。

香菜籽
Co

香菜籽中的主要风味化合物是芳樟醇，并且带有一股丁香的芳香风味。

举例说明

香菜籽与多香果和八角一样都拥有花香的芳樟醇风味。这种共性有助于香菜籽与主要香料的协调使用，也会强化它们所带有的花香的芳樟醇风味，否则的话，有可能会失去这种风味化合物。另外一层关系是通过它的莰烯化合物，这与高良姜中含有的具有渗透性的莰酮有关。

香料的世界

通过研究古代的贸易路线和现代版本的地图，去探索香料世界的主要生产地区，从而发掘出每一种烹饪文化中所使用的主要香料，并重新创作出带有自己鲜明特点的混合香料。

香料的世界

中东地区香料

　　几千年以来，中东地区一直是东西方国家香料贸易的中心。地中海东岸的香料版图是亮丽的绿色，在穿过阿拉伯沙漠之后变得更加干燥、更加浓烈，而伊朗肥沃的土地上盛产更加甘美、风味也更加清新的香料。

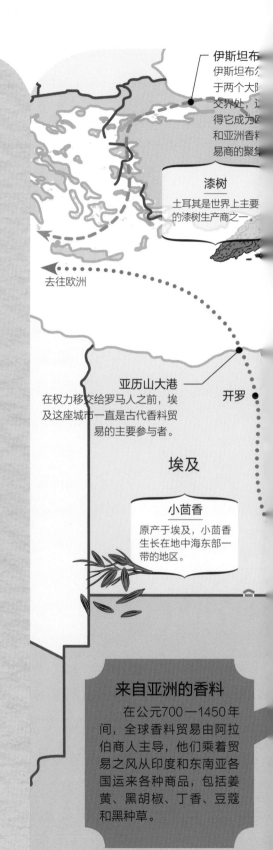

伊斯坦布
伊斯坦布尔位于两个大陆交界处，这使得它成为欧洲和亚洲香料贸易商的聚集地。

漆树
土耳其是世界上主要的漆树生产商之一。

去往欧洲

亚历山大港
在权力移交给罗马人之前，埃及这座城市一直是古代香料贸易的主要参与者。

开罗

埃及

小茴香
原产于埃及，小茴香生长在地中海东部一带的地区。

来自亚洲的香料

　　在公元700—1450年间，全球香料贸易由阿拉伯商人主导，他们乘着贸易之风从印度和东南亚各国运来各种商品，包括姜黄、黑胡椒、丁香、豆蔻和黑种草。

土耳其

辣椒
来自叙利亚的口感温和的阿勒颇辣椒在全世界都深受欢迎。

叙利亚

阿勒波

伊拉克

巴格达
公元770年之后，巴格达成为丝绸之路上的第一个城市。

德黑兰

去往中国

藏红花
伊朗东北部地区以盛产藏红花而闻名。

伏牛花
干的、酸的伏牛花是一种与众不同的伊朗特产。

中国之路
这条来自中国的陆路贸易之路始于公元前114年，是东亚香料，尤其是姜和八角的运输渠道。它们现在是土耳其菜和伊朗美食中不可或缺的原材料，玫瑰花瓣最初是由中国商人带到这个地区的。

石榴
石榴生长在从以色列到伊拉克的肥沃月湾地区。

巴士拉

伊朗

沙特阿拉伯

霍尔木兹海峡

贝列尼凯

黑青柠
新鲜的青柠在阿拉伯沙漠的高温下被晒成"黑色"。

马斯喀特

马斯喀特
马斯喀特是香料船在印度洋和中东地区之间航行时的一个热门停靠点。

阿曼

也门

图例
◀••••　历史上的香料贸易路线
◀－－－　古代丝绸之路

香料版图

阿勒波辣椒粉

漆树粉

特色鲜明的香料

阿勒波辣椒粉，漆树粉，多香果，黑胡椒，大蒜
版图中其香料中温和的，带有咸味的热度来自阿勒波辣椒，来自漆树粉本身的一股浓郁的味道，以及多香果醇厚的辛辣味道。

辅助性香料

红花，小茴香，肉桂，小豆蔻，黑种草，芝麻
叙利亚人对香料的口味比土耳其人或者黎巴嫩人更加敏感，可以选择口味更加温和的红花而不是藏红花来给米饭类菜肴来增添风味和色彩。

补充性香料

罗望子，豆蔻，葛缕子，大茴香
罗望子酱给版图中的香料增加了酸甜风味，而豆蔻、葛缕子以及大茴香，则通常用来给蛋糕类和各种甜品带来丰富的甘草香味。

叙利亚香料
水果风味 | 温和风味 | 酸味

由于叙利亚更加闻名的两个邻国，土耳其和黎巴嫩的存在，导致其在烹饪美食方面通常被忽视，这个国家可以提供大量的食材，是一座丰富的天然食品贮存处，这里长满了新鲜的香草、樱桃、大枣、石榴以及各种坚果，充实了这个国家芳香而温和的香料版图。

叙利亚香料货架上的明星是阿勒波辣椒，一种产自古代丝绸之路小镇阿勒波附近，口感温和的辣椒碎。

当地风味的混合香料
扎阿塔（Za'ater）

这种使用干燥的香草和香料制作而成的，有着坚果风味、土质风味的混合香料，是制作鹰嘴豆泥，浓缩酸奶、奶酪、肉类以及鱼类菜肴不可或缺的一种调味料。

2汤勺小茴香籽
1茶勺海盐
2汤勺芝麻
2汤勺干的牛至（阿里根奴）
2汤勺漆树粉

将小茴香籽放入煎锅内，用小火加热干烘，直至散发出芳香风味，然后与盐一起研磨碎。将芝麻干烘至呈金黄色，与牛至和漆树粉一起拌入研磨好的小茴香籽中。

巴哈拉特（Baharat）
——简单来说，其意思是"香料"——是中东地区的特色混合香料，其中的烟熏风味因地区而异。

巴哈拉特风味考夫特羊肉丸（Lamb kofte with baharat），详见第208页。 ➤

当地风味的混合香料

土耳其巴哈拉特
（Turkish Baharat）

用于制作考夫特肉丸、肉饭，或者用于配烤蔬菜，特别是烤茄子。

2汤勺黑胡椒粒
2汤勺小茴香籽
2汤勺香菜籽
1茶勺丁香
1/2汤勺小豆蔻籽
1汤勺豆蔻粉
少许肉桂粉
1汤勺干的薄荷

将整粒的香料细细地研磨碎，并与剩余的原材料混合好。大约可以制作出9汤勺的用量。

土耳其香料

口味清新 | 风味温和 | 烟熏风味

土耳其位于欧洲、亚洲和中东地区的交会处，长期以来一直是外国香料交易的中心。在伊斯坦布尔圆顶香料集市的大厅里，一袋袋的伊朗藏红花和花椒伴着土耳其特产，例如普尔辣椒，是一种口味温和的、通常可以用作餐桌上调味品的辣椒碎，或者颜色更深一些、烟熏味更浓一些的乌尔法辣椒等，都堆放在一起。来自爱琴海和地中海沿岸国家制作的菜肴往往比来自东部地区的菜肴使用更多的新鲜香草和少量的香料，而使用更多的香料和更重的甜味，带来了更为浓郁的中东风味。

香料版图

乌尔法辣椒碎

小茴香

特色鲜明的香料

普尔辣椒碎，黑胡椒，小茴香，大蒜，漆树粉

土耳其香料的风味妙不可言，通过普尔辣椒碎和黑胡椒的微辣风味，体现出各种菜肴的鲜明特色。

辅助性香料

乌尔法辣椒碎，红椒粉，多香果，黑种草，肉桂

红椒粉、多香果以及乌尔法辣椒碎赋予肉类菜肴和汤菜以温暖和丰富的口感，而肉桂则被添加到甜味类的菜肴中，尤其是在土耳其东部地区。

补充性香料

葫芦巴，丁香，豆蔻，香菜籽，小豆蔻

仔细观察一下，你就会发现在土耳其烹饪中有来自世界各地的香料——亚洲风味的香料尤其普遍。

香料版图

漆树粉

红椒粉

特色鲜明的香料

芝麻，漆树粉，小茴香，大蒜，红椒粉

　　如果以色列的香料版图可以用一种融合口味的混合香料来形容的话，就是这种充盈着温和的酸味，以及香甜风味的地中海-中东风味香料。

辅助性香料

葛缕子，红辣椒，葫芦巴，黑种草，黑胡椒，肉桂，小豆蔻，香菜籽

　　在制作以色列著名的面包时使用香料特别受欢迎：犹太黑麦面包中茴香风味的葛缕子，以及在皮塔饼中的黑种草籽等。

补充性香料

姜黄粉，木槿花，玫瑰花，藏红花，香叶

　　以色列菜肴的融合风味体现在其对一系列香料的使用上，其中有一些香料，在中东的其他地方是购买不到的，比如香甜中带有土质风味的干燥的木槿花。

以色列香料

风味多样 | 土质风味 | 香甜风味

　　尽管以色列与其邻国黎巴嫩的菜肴有许多共同之处，但是这个国家从来自世界各地的香料中兼收并蓄地绘出了有自己特色的，紧跟时代步伐的，众多的香料版图：来自也门的辣椒酱，来自俄罗斯和东欧的红椒粉，来自北非的哈里萨辣椒酱等，以及越来越多的，来自遥远地方的香料，这些都要感谢那些携带着韩国、泰国和墨西哥等国家的混合香料返回以色列的以色列人。这些新颖的新口味香料的大量涌入，并没有动摇以色列人对自己香料习俗热爱的根基，无论怎样：你仍然可以在炸豆丸子、铁扒肉类、三明治、汤菜以及鸡蛋类菜肴旁边找到Zhug——青辣椒酱。

木槿花用水浸泡或者研磨成粉状以释放出其刺激的、蔓越橘般的果香风味。

◀ 炒胡瓜和土豆配荷包蛋和青辣椒酱。

黎巴嫩香料
颜色明亮 | 口感温和 | 大茴香风味

中东最著名的出口调味料，传统上是黎巴嫩的餐前小菜梅茨，在黎凡特地区都可以看到它的身影，关于其原产地，经常会引起激烈的辩论：例如，鹰嘴豆泥，无论是以色列还是黎巴嫩，都坚持自己的主张。黎巴嫩的厨师会大量地使用香料，不管是他们自己制作的特色香料，还是广泛使用的七香粉巴哈拉特，这是每一家厨房用来制作餐前小菜、腌泡汁、汤菜以及炖菜的主要调味料。

地中海东部这个中心地带的香料数量远远超过了它的体量。

香料版图

多香果　　姜

豆蔻粉

特色鲜明的香料

香菜籽，肉桂，黑胡椒，多香果，丁香，姜，豆蔻

一种由这七种香料混合后制作而成的巴哈拉特混合香料，常用来为牛肉和羊肉类菜肴调味，比如牛肉丸子、盖夫达肉串以及酿馅蔬菜等。

辅助性香料

大蒜，漆树粉，红椒粉，小茴香，小豆蔻，芝麻，葫芦巴

黎巴嫩众多口感温和的、坚果风味、土质风味以及酸味的各种香料，给肉类菜肴和众多的沙拉类菜肴风味增加了醇厚的程度。小豆蔻给茶和甜食带来了一种独具特色的甜美风味。

补充性香料

藏红花，姜黄粉，葛缕子，大茴香

喜欢吃甜食的黎巴嫩人特别喜欢加有大茴香香料的菜肴：米格哈利大米布丁，或者斯沃夫茶饼都特别受欢迎。

当地风味的混合香料
青辣椒酱（Zhug）

这种特色鲜明的、辛辣刺激的辣椒酱是以色列调味品中的国粹。

1茶勺小豆蔻籽
1茶勺香菜籽
1茶勺小茴香籽
2个青辣椒，切碎
2瓣蒜，切碎
1大把香菜，切碎
1大把香芹，切碎
2汤勺橄榄油
适量盐和胡椒粉
半个柠檬，挤出柠檬汁

将干的香料放入一个煎锅内，用中火加热干烘好，然后研磨碎。与辣椒、蒜一起捣成糊状。再与香草和1汤勺的橄榄油混合好。用盐和胡椒粉调味，放到一边静置10分钟。拌入柠檬汁，并用更多的橄榄油澥开。

当地风味的混合香料
塔克利亚（Taklia）

一种用途广泛、咸香风味的混合香料，通常在出锅之前才加入汤菜和炖菜类菜肴中。

3瓣蒜，剥去皮并切成片
2汤勺橄榄油
1茶勺研磨碎的香菜籽
一捏辣椒面
半茶勺海盐

将蒜片放入油锅中略微煎炸一会，当蒜片散发出香味，但还没有上色时，捞出，放入研钵中，与香菜籽、辣椒面以及海盐一起捣碎成浆糊状。

小豆蔻

肉桂

香料版图

特色鲜明的香料

黑胡椒，小豆蔻，肉桂，小茴香

黑胡椒是首选的调味料，而其他口感丰厚、味道温和的香料可以和羊肉搭配。这是伊拉克人最挚爱的肉类，可以制作成羊肉串和炖羊肉。

辅助性香料

多香果，大蒜，姜黄粉，罗望子，藏红花，青柠干

酸味在伊拉克香料中扮演着重要的角色：例如，罗望子和姜黄粉，这是传统菜肴铁扒鲤鱼的特色风味。

补充性香料

葫芦巴，桂皮，红椒粉，香菜籽，姜

深受来自拉丁美洲各国、中国、东南亚各国和印度香料的影响，伊拉克更多的是来自世界各地的香料。

伊拉克香料

香甜风味 | 芳香风味 | 酸味突出

一直以来，香料与伊拉克悠久的历史交相辉映，并且最早是由古代的统治者美索不达米亚人开始种植的。通过新鲜的、充满水果香味的波斯香料，让伊拉克香料版图变得生机盎然，并且还进一步增加了通过商人们沿着丝绸之路和香料之路带回来的酸甜风味的中国桂皮，以及来自南亚令人陶醉的小豆蔻、姜黄粉，还有葫芦巴等香料。

香料在伊拉克家庭烹调中是如此的重要，以至于当地的香料市场都会为他们家家户户调配好自己专属的巴哈拉特混合香料。

当地风味的混合香料

阿拉伯风味巴哈拉特混合香料
（Arabic Baharat）

这种伊拉克版本的地区特色的混合香料具有甘美芳香的风味，可以用来当作一种通用性的涂抹腌料、腌泡汁用料，或者是当作调味料使用。

1汤勺黑胡椒粒
1汤勺多香果
1茶勺丁香
1茶勺香菜籽
1汤勺小茴香籽
1汤勺肉桂粉
1茶勺擦碎的豆蔻

将整粒的香料研磨碎，然后与肉桂粉和豆蔻碎混合好即可。

藏红花是世界上价格最为昂贵的香料，而伊拉克占到其总产量的90%以上。

阿德维耶风味波斯大米布丁（Persian Rice Puddings），详见第208页。 ▶

当地风味的混合香料

阿德维耶（Advieh）

一种可以撒在香喷喷的米饭上，涂抹在肉上，或者添加到炖菜里的令人陶醉的波斯风味混合香料。也非常适合用来制作波斯大米布丁。

2汤勺干燥的玫瑰花瓣
2汤勺小豆蔻籽
1汤勺小茴香籽
2汤勺肉桂粉
1汤勺姜粉

将整粒的香料研磨碎并与肉桂粉和姜粉混合好。

伊朗香料

花香风味 | 麝香风味 | 酸味

伊朗香料版图中的香料和烹饪文化与其历史文化一样丰富多彩并且令人振奋。在这个东方与西方的交会之处，波斯帝国和丝绸之路的中心地带，曾经被希腊人、阿拉伯人、土耳其人、蒙古人和乌兹别克人入侵过的地方——你会寻觅到鱼子酱和中国面条，熏鱼和酸辣大虾，这里还是一个盛产开心果、石榴、薄荷和核桃的天然产地，并且在伊朗东北部地区生长着珍贵的藏红花。炖菜和肉饭的口味都是基于伊朗酸甜口味的香料——漆树粉、青柠干、伏牛花和罗望子——而芳香的玫瑰花瓣给混合香料和甜食带来了一抹异国的风味。

香料版图

藏红花

玫瑰花

特色鲜明的香料

藏红花，漆树粉，玫瑰花

伊朗著名的烘烤过的红色藏红花丝给海鲜类和家禽类菜肴带来一种浓郁的、略带有苦感的风味，让米饭类菜肴呈现出鲜艳的琥珀色。

辅助性香料

青柠干，伏牛花，当归，肉桂，小茴香，姜，姜黄粉，大蒜

伊朗菜肴中的水果风味来自它的水果干和带有酸味的、柑橘味的香料，以及富含芳香风味和土质风味的肉桂、小茴香和姜。姜黄粉常用来给咸香风味的菜肴上色和增加麝香风味的浓郁程度。

补充性香料

葫芦巴叶，咖喱粉，红椒粉，罗望子

葫芦巴叶片中略微带有的苦味和温热风味以及干燥的香料风味中和了伊朗新鲜食材的甜味和酸味。

香料版图

肉桂粉　　小茴香

特色鲜明的香料

小茴香，肉桂粉

　　制作咸香风味菜肴的首选香料是小茴香，而肉桂粉则大量的用来增加埃及一系列的甜味类菜肴的醇厚程度。

辅助性香料

大蒜，黑胡椒，辣椒，香菜籽

　　加入新鲜的大蒜、黑胡椒和辣椒碎让番茄沙司焕然一新，而香菜籽则为小茴香提供了一股芳醇的柑橘风味。

补充性香料

姜，丁香，香叶，小豆蔻，多香果

　　你经常会发现在菜肴中有1~2种额外的香料来辅佐主要的风味，但是埃及人却保持着使用相对简单，或者使用伸手可见的食材来制作巴哈拉特混合香料的习惯。

埃及香料

清新风味 | 土质风味 | 坚果风味

　　位于红海和地中海的两岸，早于中世纪商业鼎盛时期很久以前，埃及的港口就已经成为通往东方财富的门户。抛开其丰富的香料历史，现代埃及的香料品种要比其他地中海东部国家的香料简单一些。当地的小茴香风味风靡一时——它丰富的坚果韵味，使埃及蔬菜汤、炖肉类菜肴和谷物类菜肴，如杂豆饭等菜肴中相对不起眼的食材成分变得生动起来。小茴香，连同榛子、芝麻和香菜籽，也都是杜卡混合香料中的主要调味料，杜卡是埃及一种独具特色的调味料，所使用的配方家家户户都各有不同。

当地风味的混合香料

杜卡（Dukkah）

　　一种常见的使用香料和坚果制成的混合香料，通常与橄榄油和面包一起食用，或者用来给烤肉类菜肴或者鹰嘴豆泥调味。

150克榛子
150克杏仁粒
1汤勺香菜籽
1汤勺小茴香籽
3汤勺芝麻
少许盐

　　将烤箱预热至 200℃，把各种坚果分别撒在不同的烤盘里。将杏仁烘烤8分钟，将榛子烘烤10分钟，期间每隔3分钟晃动一次烤盘，使坚果受热均匀。将芝麻在大火上干煸3分钟，期间要不断地晃动平底锅。将冷却后的坚果、芝麻以及盐一起研磨碎。

阿拉伯半岛香料

风味浓郁 | 干性风味 | 麝香风味

阿拉伯国家与其北方邻居一样共享着许多浓郁芳香风味的香料：地中海东部的小茴香、香菜籽和肉桂粉这三种主要香料，以及来自伊朗的青柠干和藏红花。但是由于阿拉伯半岛一直延伸到也门、阿曼，在非洲和亚洲以外的区域，他们食物的风味和热度随着气候和地理位置的变化而得到强化。阿拉伯半岛的香料风味整合了亚洲的丁香和黑胡椒、马萨拉混合香料、姜黄粉和椰子风味菜肴，以及非洲的辣椒等。

阿曼和也门烹饪以其混合了令人陶醉的辛辣风味而闻名。

▲ 鹰嘴豆泥和烤饼配杜卡混合香料（Hummus and flatbreads served with dukkah）。

古埃及人早在公元前3000年就开始了香料贸易，从非洲和阿拉伯国家进口香料。

当地风味的混合香料

哈瓦基（Hawaij）

一种类似咖喱的也门混合香料，常用于慢火加热的肉类菜肴和汤类菜肴中，也可作为涂抹香料使用。口味较甜一些版本的哈瓦基混合香料是用姜、丁香、肉桂或茴香来代替胡椒和小茴香，是添加到咖啡和甜点中使用的。

1汤勺黑胡椒粒
7茶勺小茴香籽
1汤勺小豆蔻籽
1汤勺香菜籽
2汤勺姜黄粉

将整粒的香料研磨碎，并与姜黄粉混合好。

香料版图

青柠干（粉状）

香叶

特色鲜明的香料

巴哈拉特，青柠干，香叶

最具特色的阿拉伯巴哈拉特混合香料、青柠干以及香叶，给使用慢火加热的菜肴和混合香料带来了一种别具一格的酸味和麝香风味。

辅助性香料

藏红花，小豆蔻，丁香，肉桂，小茴香，香菜籽，大蒜，红辣椒，黑胡椒

羊肉和米饭类菜肴是沙特菜单中不可或缺的菜肴，香料版图中充盈着辛辣的、柑橘风味的香料，让肉的味道更加浓郁。

补充性香料

姜黄粉，豆蔻，葛缕子

甜中略带有苦味，姜黄粉使得也门混合香料和阿曼鱼汤类菜肴的风味和颜色更加亮丽。

香料的世界

非洲地区香料

　　非洲的美食就如同其辽阔的土地一样丰富多彩。从卡萨布兰卡到海角之尖，你会发现香料叙述着一出错综复杂的剧情：王国与帝国，陆路和海上的香料航线，奴隶交易，欧洲的殖民统治，以及非洲内部的移民，等等。

里斯本

卡萨布兰卡

马拉喀什

艾因萨拉赫

阿尔及利亚

在沙漠的中心地带，这座城市是许多穿越撒哈拉路线上的一个停靠点。

廷巴克图

几个世纪以来，这座古城一直是香料、盐和黄金——以及奴隶交易的中心。

科特迪瓦

加纳

埃尔米纳

塞内加尔胡椒

这种麝香风味的香料遍布西非，在其他地方则很少见。

摩洛哥豆蔻

这种香料使得西非海被称为谷物海岸。

穿越沙漠

　　自远古以来，商人们就发现了穿越撒哈拉沙漠运送非洲香料的路线，例如摩洛哥豆蔻等，再到北非和欧洲等地。货物由骆驼以庞大的队伍进行运输，称之为大篷车商队。

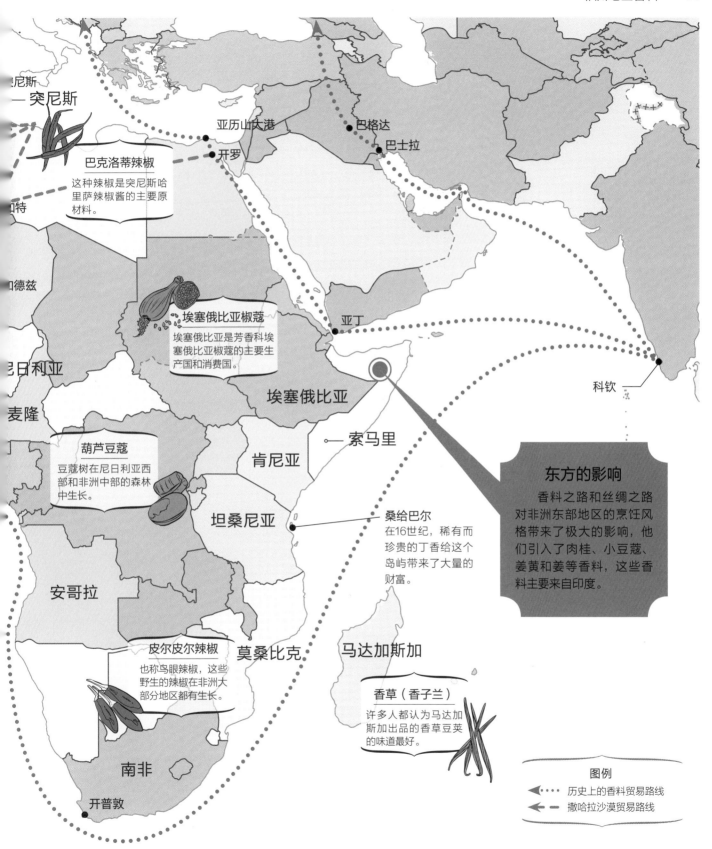

突尼斯

巴克洛蒂辣椒
这种辣椒是突尼斯哈里萨辣椒酱的主要原材料。

亚历山大港

开罗

巴格达

巴士拉

埃塞俄比亚椒蔻
埃塞俄比亚是芳香科埃塞俄比亚椒蔻的主要生产国和消费国。

亚丁

埃塞俄比亚

索马里

科钦

葫芦豆蔻
豆蔻树在尼日利亚西部和非洲中部的森林中生长。

肯尼亚

东方的影响

香料之路和丝绸之路对非洲东部地区的烹饪风格带来了极大的影响，他们引入了肉桂、小豆蔻、姜黄和姜等香料，这些香料主要来自印度。

坦桑尼亚

桑给巴尔
在16世纪，稀有而珍贵的丁香给这个岛屿带来了大量的财富。

安哥拉

皮尔皮尔辣椒
也称鸟眼辣椒，这些野生的辣椒在非洲大部分地区都有生长。

莫桑比克

马达加斯加

南非

香草（香子兰）
许多人都认为马达加斯加出品的香草豆荚的味道最好。

开普敦

图例
⬤⬤⬤ 历史上的香料贸易路线
⬅- - 撒哈拉沙漠贸易路线

香料版图

小豆蔻

葫芦巴

特色鲜明的香料

埃塞俄比亚椒蔻，葫芦巴，红辣椒，小豆蔻，小茴香，香菜籽

埃塞俄比亚椒蔻也被称为假小豆蔻或者是埃塞俄比亚小豆蔻，原产于埃塞俄比亚，与小豆蔻味道相类似，但风味要更加温和一些。这种香料主要用来给基夫托调味，这是一种类似于鞑靼牛排的菜肴。

辅助性香料

姜黄粉，姜，大蒜，黑种草，丁香

丁香可以加入由最辣的辣椒、小豆蔻或者是埃塞俄比亚椒蔻，以及盐制成的米特米塔混合香料中。其他的辅助性香料有助于给该区域内许多当地特产的蔬菜类配菜和泡菜类菜肴增添风味。

补充性香料

肉桂，豆蔻，香旱芹籽，蒂米兹辣椒

在辣椒还没有进口之前，当地品种的长辣椒，被称之为蒂米兹，提供了辛辣的主要热量来源。

非洲之角香料
炽烈火辣 | 芳香风味 | 烟熏味道

埃塞俄比亚首都的斯亚贝巴是非洲最大的香料市场所在地——这是这个地区香料多样性的标志。随处可见的柏柏尔混合香料，以及同类型的制作比它简单一些的混合香料米特米塔，这二者是埃塞俄比亚和厄立特里亚都在使用的，是以皮尔皮尔红辣椒为主料制成的。然而埃塞俄比亚烹饪中最经典的味道还是来自苦味中带有甜味的葫芦巴和带有烟熏的花香风味的埃塞俄比亚椒蔻。与此同时，香菜籽的果香味，小豆蔻的清爽口感，还有小茴香的土质风味使得索马里美食的风味得到了重新界定。

香料是少数能够对埃塞俄比亚烹饪的独特风味产生影响的外部因素之一。

当地风味的混合香料
尼特基比黄油（Niter Kibbeh）

这种加有香料的澄清黄油被用来作为制作许多味道浓郁的地方菜肴的油脂使用，包括制作丰盛的炖肉类菜肴。

500克淡味黄油
1个中等个头的洋葱，切成细末
2瓣大蒜，切成细末
1汤勺擦碎的鲜姜末
1茶勺葫芦巴籽
1茶勺小茴香籽粉

1茶勺埃塞俄比亚椒蔻或者小豆蔻籽
1/2茶勺姜黄粉
1茶勺干的牛至
6片罗勒叶
4片鼠尾草叶

在一个平底锅内用中小火加热熔化黄油。加入剩余的原材料，继续加热，同时搅动20分钟，然后用纱布将其过滤到一个消过毒的罐内保存。

藏红花是摩洛哥最主要的出口产品，但由于受到法国的影响，很少在当地烹调中使用。

哈里萨辣椒酱可以作为蘸酱配烤饼一起享用。▶

当地风味的混合香料

哈里萨辣椒酱（Harissa）

　　哈里萨辣椒酱常用来作为一种调味品使用，可以配面包蘸酱食用，或者作为一种主要的风味调料，用来制作炖菜类菜肴和少司类。

100克干红辣椒，例如巴库提辣椒，或者其他中等辣度的辣椒，例如克什米尔辣椒
3~4瓣大蒜
1茶勺盐
1~2汤勺柠檬汁
1/2茶勺小茴香籽，研磨成粉
1/2茶勺香菜籽，研磨成粉
1/2茶勺葛缕子籽，研磨成粉
1汤勺橄榄油

　　辣椒去掉籽并用热水浸泡30分钟。捞出控净水分，与其他原材料混合好，捣碎成酱状，或者用搅拌器搅打成酱状。

马格里布香料

土质风味 | 味道浓郁 | 口感温和

　　被称为马格里布的地区是非洲与中东和欧洲交会的门户。该区域内烹调方式是通过几百年以来，当地的柏柏尔人和他们的征服者之间的文化交流而形成的，因此带有自己的风格。在大多数情况下是给甜食和口感温和的菜肴添加香料，而小茴香是每日必用的香料，并且肉桂给味道浓郁的，有着丰盛的水果的塔吉锅带来了其芳香的气味。突尼斯哈里萨辣椒酱的热辣味道是一个吃起来令人大汗淋漓的特例。

香料版图

小茴香

红椒粉

特色鲜明的香料

小茴香，肉桂，姜，辣椒

　　小茴香赋予了马格里布菜肴温和而朴实的韵味，而肉桂和姜则会给塔吉锅、汤菜以及炖菜等增添一种芳香的余韵。

辅助性香料

香菜籽，姜黄粉，丁香，红椒粉，多香果

　　一方面，阿拉伯商人从东方引进了更多的异国风味香料——香菜籽，姜黄粉，丁香，另一方面，红椒粉和多香果则是从美洲引进的。

补充性香料

胡椒，豆蔻，小豆蔻，葫芦巴

　　这些非主流的香料一般都不会单独使用，更常见的是出现在混合香料拉斯埃尔哈努特中，是一种使用当地种类繁多的香料形成的广泛的香料组合，如果没有包含上述香料版图中所有的香料的话，也会汇聚其中大部分的香料。

香料版图

香叶

小豆蔻

香菜籽

特色鲜明的香料

姜，小豆蔻，大蒜，肉桂，丁香

　　姜给东非菜肴带来辛辣风味和热量。肯尼亚和乌干达的菜肴比较清淡，但姜的使用量非常大。小豆蔻、丁香以及肉桂给当地特色的香料茶增添了它们的香甜风味。

辅助性香料

香叶，黑胡椒，小茴香，香菜籽

　　胡椒和小茴香给各种混合香料带来了热量和土质风味。香叶和香菜籽会添加到肉香风味的肉饭中，旁边搭配的是标准的马萨拉香料。

补充性香料

野生胡椒，姜黄粉，辣椒，芝麻

　　野生胡椒是一种原产于马达加斯加的胡椒，比普通黑胡椒更加辛辣，柑橘味也更浓一些。使用碾碎的芝麻是乌干达烹饪的特色，通常与菠菜搭配在一起食用。

用于制作一种东非风味肉饭的马萨拉混合香料。▶

东非香料

风味活泼 | 味道香甜 | 芳香四溢

　　感谢传说中的桑给巴尔群岛中的香料群岛，坦桑尼亚在历史上一直都是东非香料贸易的中心，并继续在该地区的美食中发挥着占据主导作用的影响力。在与阿拉伯、伊朗和印度2000多年的贸易中，见证了丁香、姜、胡椒、肉桂和小豆蔻等温热型香料被引进的过程。姜和小豆蔻被运输到最远的内陆地区，使它们成了该地区使用最广泛的香料。在沿海地区，当与椰子一起，在烹饪中使用姜黄和香菜籽调味时，会带来清新的热带气息。

当地风味的混合香料

肉饭马萨拉混合香料（Pilau Masala）

　　经由印度和阿拉伯国家传入到该地区，肉饭是一锅使用肉或蔬菜制作而成的米饭，并使用下述的马萨拉混合香料调味。

1/2茶勺小茴香籽
1/2茶勺黑胡椒粒
1/2茶勺丁香
1/4茶勺小豆蔻籽
1/4茶勺肉桂粉

　　将整粒的香料研磨碎，并与肉桂粉混合好。这种马萨拉混合香料通常在炒洋葱时添加到锅内。

中非香料

坚果风味 | 辛辣风味 | 地方特色

苏格兰帽辣椒

姜

除了在15世纪葡萄牙探险家发现的辣椒之外，中非的美食一直都保持着对使用本土出产的香料的忠诚度。博比树籽和树皮在该地区饮食中的作用相当于大蒜，几乎在当地的每一道菜肴中都能使用到，三种当地产的辛辣香料给菜肴提供了持久的热度和柑橘的余味：阿善堤胡椒、塞内加尔胡椒和姆邦戈豆蔻。

令人困惑的是，"摩洛哥豆蔻"这个名字在当地被用来称呼四种不同的香料：阿善堤胡椒、姆邦戈豆蔻、塞内加尔胡椒和摩洛哥豆蔻。

特色鲜明的香料

博比，恩贾萨籽，姆邦戈豆蔻

恩贾萨籽是大戟科树木富含油性的种子，给菜肴带来了一股坚果的风味并能给菜肴增稠。对鱼肉有着特别的亲和力。

辅助性香料

葫芦豆蔻，豆蔻，辣椒，姜，摩洛哥豆蔻

当地的葫芦豆蔻比常见的豆蔻风味要更加温和一些，最终进入了加勒比海——在那里称作牙买加豆蔻——通过欧洲奴隶贸易。姜、辣椒以及摩洛哥豆蔻是添加到汤菜里的常规香料。

补充性香料

大蒜，香叶，黑胡椒，咖喱粉

该地区逐渐地接纳了非本地产的香料，常用大蒜、胡椒和香叶来给当地特色风味的辣椒炖饭菜肴调味，而咖喱粉则成为制作喀麦隆咖喱的一种快捷的方式。

桑给巴尔曾经是世界上最大的丁香产地，阿曼人在岛上建立了香料贸易。

当地风味的混合香料

姆邦戈混合香料（Mbongo Mix）

用来给喀麦隆"黑炖"姆邦戈乔比调味，通常是用来制作白鱼。

4茶勺研磨碎的姆邦戈豆蔻或者黑小豆蔻
1茶勺博比树籽或者少许野蒜或者蒜苗
30粒恩贾萨籽或者少许原味花生
2粒葫芦豆蔻或者1茶勺擦碎的豆蔻
1茶勺摩洛哥豆蔻
4瓣蒜
1个洋葱，切碎

将整粒的香料研磨碎，与大蒜和洋葱一起用搅拌机搅打均匀，加入4汤勺的水，搅打至细腻的程度即可。

香料版图

塞内加尔胡椒

摩洛哥豆蔻

特色鲜明的香料

辣椒，姜，大蒜

大多数咸香风味的菜肴首先都会使用这些主旨性的香料来调味，并且都会是在一起使用。辣椒往往是在味道范畴内最辣的那一端，可以使用新鲜的、干燥的，或者辣椒面。

辅助性香料

塞内加尔胡椒，摩洛哥豆蔻，伊露，普雷克斯，豆蔻，香叶

塞内加尔胡椒和摩洛哥豆蔻都带有胡椒风味。普雷克斯是一种像豌豆一样植物的甘美芳香型的豆荚，也称作"汤香剂"。伊露是刺槐豆树发酵后的种子，有着强烈的氨的气味，常用作调味品使用。

补充性香料

姜黄粉，阿善堤胡椒，丁香，大茴香

阿善堤胡椒是制作汤类菜肴中不可或缺的香料，尤其是制作邦加（棕榈坚果），花生或胡椒汤。用丁香增香的酸味小米粥是阿克拉最受欢迎的早餐食品。

西非香料
辣味 | 香辣风味 | 烟熏风味

西非是一个地域多样，民族众多，烹饪传统也同样多样的地区。但是，可以考虑将烹饪风格按当地的两种主要语言：法语和英语，进行分类会非常方便。在讲法语的国家里，芥末酱和酸性食材的使用，如醋或者柠檬汁十分普遍。尤其体现在流行的鸡肉菜肴亚萨鸡块中。相比较之下，以英语为母语的这些国家通过使用烟熏、发酵和干燥的食材为菜肴带来了浓郁的风味，几乎任何美味的菜肴都能配上干的，或者烟熏的，磨碎的小龙虾或发酵的刺槐豆。

最初来自塞内加尔，香辣米饭菜肴乔洛夫提高了西非美食在全世界的知名度。

当地风味的混合香料
雅吉（Yaji）

这是用来腌肉制作舒雅的香料混合物，舒雅是西非街头小吃烤肉串。

10条塞内加尔胡椒	5汤勺姜粉
1汤勺阿善堤胡椒粒	2汤勺卡宴辣椒碎
5汤勺研碎的库里或者花生泡芙，例如，班巴花生酥条	1块固体汤料块，碾碎
	1/2茶勺盐
	黑胡椒，适量

将塞内加尔胡椒碾碎，与阿善堤胡椒粒一起研磨碎，过滤掉所有的外皮。然后与剩余的原材料混合到一起即可。

德班被认为是印度以外最大的印度人居住的城市，维多利亚街市场以其所销售的香料而闻名。

牛肉三明治配德班咖喱马萨拉辣椒酱（Durban Beef Bunny Chow），详见第209页。 ▶

当地风味的混合香料

德班咖喱马萨拉辣椒酱
（Durban Curry Masala）

这道来自南非第三大城市的混合香料，以明显的辣度和一丝甜味为特色风味。

2茶勺香菜籽
2茶勺小茴香籽
1茶勺小豆蔻籽
1/2茶勺葫芦巴籽
2粒丁香
5厘米长的肉桂条
6茶勺中辣辣椒面
1茶勺卡夏辣椒面
1/2茶勺姜粉

将整个香料撒入一个煎锅内，用中火加热，干烘至散发出芳香气味，然后研磨碎，并与剩余的香料混合好。

南部非洲香料
辣味 | 香甜风味 | 多种多样

如果南非被称为"彩虹之国"，那么这个国家的美食也包含了同样广泛多样的香料，这在很大程度上是由殖民时期的历史所决定的。早期的荷兰殖民地留下了在开普马来人菜肴中使用受印尼风味影响的香料遗产，而在英国统治下印度劳工的大量涌入使得德班成为世界第一咖喱城的有力竞争者。莫桑比克是南部非洲最炎热的地区，盛产受葡萄牙影响的皮尔辣椒混合香料。相比较而言，内陆国家博茨瓦纳和津巴布韦菜的风味则要更加温和一些，在香料的使用上仔细而节俭。

香料版图

肉桂粉

姜黄粉

特色鲜明的香料

肉桂粉，姜黄粉，香菜籽，辣椒，大蒜

如果客人要吃辣椒，当地的厨师在制作菜肴时是不会犹豫的，但姜黄粉通常会被用来制作一种口味更加温和一些的，有点类似咖喱风味的菜肴。肉桂使源自荷兰的卡仕达酱类的甜点鲜奶挞充满了活力。而香菜籽给比尔通增加了水果风味，这是一种干腌肉。

辅助性香料

丁香，黑胡椒，小茴香，姜，小豆蔻，香叶

对亚洲香料的进一步搭配使用创作出了各种各样的带有印尼或者印度烙印的马萨拉混合风味香料，而香叶可以给咸香风味的卡仕达酱调味，装饰在咖喱肉末的表面，咖喱肉末是南非的国菜。

补充性香料

豆蔻，大茴香，多香果

这三种甘美芳香型的香料有时候可以与香菜籽一起，在各地区不同做法的干肉片中时有使用。

香料的世界

南亚地区香料

南亚每个不同的地区都有着自己独具特色的调味品，从一种简单的淋撒到菜肴上的小茴香到各种制作步骤复杂的混合香料。当地出产的香料，如小豆蔻和肉桂，是许多菜系中所使用的主要香料。而辣椒和香菜籽，曾经不是本地出产的香料，现在则是价值非常高的出口香料。

出品香料的地区

- 印度北部　第40页
- 喜马拉雅山脉　第41页
- 印度中部　第42页
- 印度东部和孟加拉国　第43页
- 印度西部　第44页
- 印度南部和斯里兰卡　第45页

图例

····◄ 历史上的香料贸易路线
- - ◄ 古代丝绸之路

去往欧洲

霍尔木兹海峡

一条富饶的海岸线

印度马拉巴尔海岸线是喀拉拉邦胡椒的主要出口市场，长期以来一直是全球香料贸易的中心。在16世纪时，葡萄牙是第一个通过从该地区进行胡椒贸易致富的欧洲国家。

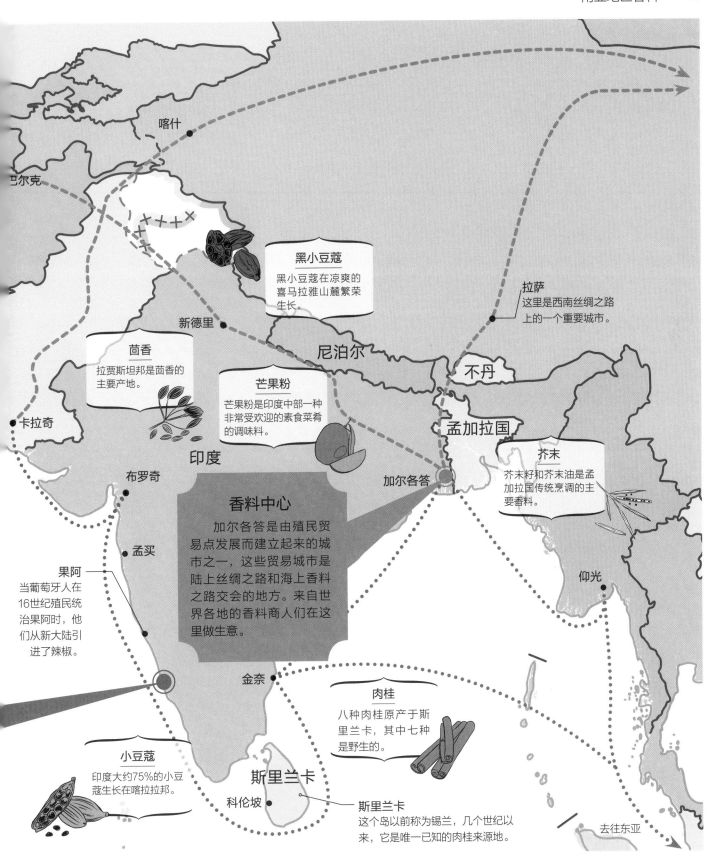

黑小豆蔻
黑小豆蔻在凉爽的喜马拉雅山麓繁荣生长。

拉萨
这里是西南丝绸之路上的一个重要城市。

喀什

马尔克

新德里

尼泊尔

不丹

孟加拉国

茴香
拉贾斯坦邦是茴香的主要产地。

卡拉奇

芒果粉
芒果粉是印度中部一种非常受欢迎的素食菜肴的调味料。

芥末
芥末籽和芥末油是孟加拉国传统烹调的主要香料。

印度

布罗奇

加尔各答

香料中心
加尔各答是由殖民贸易点发展而建立起来的城市之一，这些贸易城市是陆上丝绸之路和海上香料之路交会的地方。来自世界各地的香料商人们在这里做生意。

孟买

仰光

果阿
当葡萄牙人在16世纪殖民统治果阿时，他们从新大陆引进了辣椒。

金奈

肉桂
八种肉桂原产于斯里兰卡，其中七种是野生的。

小豆蔻
印度大约75%的小豆蔻生长在喀拉拉邦。

斯里兰卡

科伦坡

斯里兰卡
这个岛以前称为锡兰，几个世纪以来，它是唯一已知的肉桂来源地。

去往东亚

香料版图

姜黄粉

小茴香

辣椒面

特色鲜明的香料

小茴香，姜黄粉，辣椒面，姜，大蒜

马萨拉混合香料和马萨拉酱所必需的基本香料，这些多用途的香料经常会一起使用，并给主要的原材料提供一种基础风味。

辅助性香料

桂皮，丁香，小豆蔻，印度香叶，茴香

这些香甜型的香料带来了舒适和芳香。印度香叶和肉桂属于同一科，尝起来像丁香、肉桂和多香果的混合口味。

补充性香料

黑小茴香，石榴籽，胡椒粒，藏红花

烟熏风味、酸味、温和口感、香甜风味，这些香料以其独特的风味抓住了人们的感官，作为调味料单独使用或者是作为混合香料的一部分来使用，都非常适合。

葛拉姆马萨拉风味咖喱鹰嘴豆。▶

印度北部香料

风味多变 | 土质风味 | 芳香风味

从旁遮普家庭中朴实无华的乡村烹饪风格，到莫卧儿王宫厨房内出品的精致风味，以及路边咖啡馆里，烤肉串和丰盛的豆类菜肴上最后会撒上芳香扑鼻的小茴香，这种食物如同香料一样得到了广泛的传播，已经赢得了很高的国际声誉。在王公贵族和纳瓦布王朝的鼎盛时期，皇家御厨们为精美华丽的菜肴创造出了令人眼花缭乱的混合香料，其中许多都以十几种或者更多种的芳香型调味品为特色。家庭厨师们也准备好了自己用途广泛的香料盒，他们更喜欢口感温和自然的葛拉姆马萨拉，而不是辣味十足的辣椒。

当地风味的混合香料

葛拉姆马萨拉
（Garam Masala）

这种温补型的混合香料，许多家庭都有他们的独家秘方，使用葛拉姆马萨拉的方式就如同你使用一种调味料一样。

25克黑小豆蔻籽
25克桂皮，掰碎
25克黑胡椒粒
10克黑小茴香籽
2片豆蔻皮
10克丁香
1/8个豆蔻碎末

将所有的香料研磨成细粉状，并过筛以去掉所有的组织纤维。

喜马拉雅山脉香料

涩感 | 火辣 | 温和

喜马拉雅山脉烹调风味是采用在山脚下自然生长的食材，连同高海拔采摘到的稀少食材发展而来的。这里着重使用有益健康的豆类。

通常最后配上口感温和的油炸小茴香籽，辣椒和姜。香料往往是使用最基本的，在有些地区，例如不丹等，辣椒被当成一种主要的食材。姜香味蒸饺，藏式辣椒汤，以及中式面条与旁遮普的主食，例如烤饼、馕和家常豆类等菜肴共存。

延长食物的保质期是人们关注的焦点，在寒冷的冬季，五香腌菜和蜜饯会使人们的食欲大增。

黑小茴香——或者称之为萨希基拉——是来自一种不同于小茴香，但是与普通小茴香又有所关联的植物，有着淡淡的烟熏风味。

香料版图

葫芦巴

蒂穆尔

特色鲜明的香料

葫芦巴，辣椒，蒂穆尔，姜，大蒜

葫芦巴籽的苦味与扁豆和豆类中的坚果味道形成了鲜明对比。而蒂穆尔（一种花椒）给尼泊尔风味马萨拉带来了更多的柑橘风味，但其中还是会有些涩感。

辅助性香料

黑小豆蔻，阿魏，姜黄粉

阿魏中所含有的硫黄气味在经过加热烹调之后软化成为醇厚的甜味。从而与烟熏黑小豆蔻和姜黄中的土质风味形成互补。

补充性香料

香菜籽，香旱芹籽，丁香，小茴香

香旱芹籽和丁香有浓烈的苦味，与味道更加柔和的香菜籽和小茴香一起，使日常饮食充满了活力。

当地风味的混合香料

蒂穆尔高切（Timur Ko Chhop）

蒂穆尔等同于喜马拉雅山脉的盐和胡椒：可用作汤菜的调味料、油炸肉类的蘸料，或作为油炸土豆、面条和咖喱上的提味用料。

1茶勺蒂穆尔或者花椒
2汤勺辣椒面
1茶勺盐

在一个煎锅内用小火加热，干烘蒂穆尔，直至散发出芳香风味，要一直不停地翻动。与辣椒面和盐混合好，一起研磨成粉状。

香料版图

干红辣椒

香菜籽

特色鲜明的香料

香菜籽，小茴香，干红辣椒，姜黄，姜

印度中部地区的主要香料为日常的蔬菜、扁豆和豆类提供了浓郁和丰富的风味，并且尽管在南亚地区各地都在使用这些香料，但在这里，它们的广泛用途是非常重要的。

辅助性香料

阿魏，茴香，黑种草

这些特色突出的调味料在制作腌菜和蜜饯中发挥着重要的作用。它们活跃的特点也与其中主要原材料的风味形成了有效的互补和鲜明的对比。

补充性香料

香旱芹籽，芒果粉

由于其有着百里香般的风味，香旱芹籽经常与鱼类和淀粉类蔬菜一起使用，而芒果粉则以其果酸味在浓郁的风味中占有一席之地。

印度中部香料

酸味 | 坚果风味 | 风味独特

受到邻近的拉贾斯坦邦、古吉拉特邦和马哈拉施特拉邦的文化影响，印度中部的几个邦创造性地使用了形成鲜明对比的各种香料，将素食主食变成令人难以忘怀的美味佳肴。一种制作简单而闻名的调味料是由炸黑种草、葫芦巴和茴香籽三种材料制成的，这给腌渍后的蔬菜和口感香醇的马萨拉酱增添了一种腌制菜肴的味道。肉食者则以莫卧儿风格的菜肴为主。在中央邦的首府——博帕尔，咖啡馆提供印度炒饭、烤肉串和用大量捣碎的香菜籽增强风味的葛拉姆马萨拉来调味的芳香型咖喱菜肴。

在印度中部，撒上一点芒果粉就能让油炸土豆一跃成为明星级的菜肴。

当地风味的混合香料

恰特马萨拉（Chaat Masala）

一种撒在街头小吃、水果沙拉和烤肉串上的调味料。

2汤勺小茴香籽	1茶勺姜粉
1茶勺香菜籽	1/2茶勺阿魏
1汤勺黑胡椒粒	1汤勺黑盐
3汤勺芒果粉	1茶勺盐

将所有整粒的香料放入煎锅内，用中火加热干烘，直到散发出芳香风味。冷却之后与其他原材料混合好并研磨成粉末。

"Panch Phoran"翻译过来就是"五种香料"。孟加拉版的是用当地香料拉杜尼来代替其中的芥末籽。

芥末籽

姜

当地风味的混合香料

潘奇佛兰
（Panch Phoran）

这种整粒的混合香料是孟加拉语地区和孟加拉国的特产。尤其适合用来给木豆类菜肴和蔬菜类菜肴调味。

2茶勺小茴香籽
2茶勺褐色芥末籽
2茶勺茴香籽
1茶勺黑种草籽
1茶勺葫芦巴籽

只需简单地将这几种整粒的香料混合到一起。在使用时，在开始加热烹调时，将一茶匙的混合香料用油或酥油煸炒一下，或者在上菜之前加入混合香料调好口味。

印度东部和孟加拉国香料

辛辣风味 | 酸甜风味 | 芥末风味

在西孟加拉邦的三角洲地区和孟加拉国，厨师们喜欢使用调配复杂的混合香料，这种混合香料特别适合与鱼类和海鲜搭配。出于宗教的原因，加尔各答的许多印度教徒在做饭时不使用洋葱和大蒜，他们更喜欢膨化芥菜籽、姜，以及芳香型的使用五种香料制成的潘奇佛兰。孟加拉国的穆斯林更喜欢在菜肴中加入风味更刺激的调味料，比如莫卧儿风格的印度香饭和加有整粒香料调味的咖喱牛肉等。

特色鲜明的香料

辣椒，芥末籽，姜黄，小茴香，姜，大蒜

尽管辣椒在丘陵地区最受欢迎，但是平原地区的调味料以用芥末油加热烹调不同的香料组合而形成强烈对比为特色。

辅助性香料

黑小豆蔻，茴香

那些特色更加鲜明的招牌类的香料余韵，是一系列调味品的"载体"，它们为那些经典的菜肴提供了风味的醇厚程度和浓郁的程度。

补充性香料

香菜籽，葫芦巴，黑种草

煎炸过的黑种草籽可以给蔬菜类和肉类菜肴增添一种坚果风味和腌渍过的味道。并且苦味的葫芦巴和柑橘风味的香菜籽补充并平衡了它们的辛辣风味。

潘奇佛兰特色风味
马索藤加咖喱鱼
（Masor tenga fish curry featuring panch phoran），
详见第209页。 ▼

香料版图

芥末籽

干红辣椒

咖喱叶

特色鲜明的香料

藤黄果，干红辣椒，小茴香，姜黄，芥末籽，姜，大蒜

这些香料构成了该地区大多数烹饪的主要风味。

辅助性香料

葫芦巴，咖喱叶，黑胡椒

来自该地区的菜肴在使用葫芦巴籽和咖喱叶方面表现出一定的克制性，但是，当胡椒粒在经过烘烤并磨碎后加入到温热的马萨拉酱中时，就没有什么可顾忌的了。

补充性香料

阿魏，芝麻

芝麻不仅仅是装饰品：在经过烘烤并研磨碎后，它们增添了丰富的口感和坚果的味道，是制备含硫阿魏乳剂很好的载体。

➤ 准备好了的用来制作咖喱猪肉或者咖喱鸡肉的文达路咖喱酱（Goan Vindaloo），详见第210页。

印度西部香料

苦涩风味 | 酸味 | 香甜风味

香料在印度西部的使用反映出了地域和文化的多样化。拉贾斯坦邦和古吉拉特邦部分地区的干旱气候与马哈拉施特拉邦和果阿邦的热带气候有着明显的不同，并且烹饪风格也同样各具特色。古吉拉特邦咸香风味类菜肴以酸甜口味为特色，辅以粗糖和如葫芦巴籽、干红辣椒等辛辣风味的香料。皇家拉贾斯坦邦菜肴因其风味浓郁和使用大量辣椒的马萨拉酱而备受推崇，而在康坎海岸沿线，酸辣口味的咖喱鱼，配上奶油椰子风味的马萨拉酱，是当地代表性的菜肴。果阿邦以灵活供应酸味和大蒜风味的印度-葡萄牙菜肴而闻名。

当地风味的混合香料

文达路咖喱酱
（Vindaloo Paste）

果阿人从葡萄牙人那里接受并改进了这种辛辣的酸甜口味的混合香料。

$1^1/_2$茶勺小茴香籽
15~20个克什米尔干辣椒，整个的
1茶勺黑胡椒粒
2茶勺黑芥末籽
1茶勺葫芦巴籽
6粒丁香
1茶勺小豆蔻籽
5厘米长的一块桂皮
1/2个八角
6汤勺苹果醋或者棕榈醋
1茶勺细盐
2茶勺粗糖或者枣椰糖

将香料放入煎锅内，用中火加热干烘，直至散发出芳香风味，然后研磨碎。倒入一只碗里，加入醋、盐和粗糖，搅拌至呈浓稠的糊状即可。

藤黄果是山竹科一种果实的干果皮，像罗望子一样用来给菜肴增加酸味。

印度南部和斯里兰卡香料

新鲜风味 | 清新爽口 | 味道醇厚

　　从喀拉拉邦的小豆蔻山到斯里兰卡的肉桂种植园，再到安得拉邦著名的辣椒收获地，这个地区的烹饪习俗源自几个世纪以来的香料贸易。

　　深受葡萄牙人、法国人、荷兰人、东南亚人的影响，并且英国人已经适应了当地的口味，而且，正是百吃不厌的桑巴尔（加有蔬菜的酸扁豆）、各种各样的米饭和马萨拉酸味鱼等主流菜肴使得这个地区的烹调风格与众不同。

罗望子

小豆蔻

香料版图

特色鲜明的香料

罗望子，芥末籽，葫芦巴，小茴香，小豆蔻，姜，大蒜，咖喱叶，辣椒

　　菜肴的风味特点是口感醇和型或者是火辣刺激型，取决于香料是否经过干烘、煎炸、捣碎，还是整个的使用。

辅助性香料

桂皮，肉桂，黑胡椒，豆蔻，阿魏

　　桂皮的味道比肉桂更强烈，更刺激，使其适合给特性鲜明的马萨拉酱调味；这两种香料都能与温和型的胡椒、豆蔻和辣椒很好地搭配在一起使用。

补充性香料

芝麻，八角，豆蔻皮

　　八角很可能是由中国商人引进到这个地区的，因为八角在南亚几乎没有种植。八角中茴香般的甜味与胡烤熟的芝麻以及芳香的豆蔻皮中的坚果风味非常匹配。

当地风味的混合香料

甘炮达（Gunpowder）

　　在米饭类菜肴、道萨（扁豆米饭煎饼）和艾德里（蒸米糕）上撒上这种极具南方风味印记的调味品。用少许油润湿后，会制作成一种味道浓郁的香料酱。

25克鹰嘴豆或者黄扁豆
25克小黑豆或者黑扁豆
25克新鲜的或者干的椰子肉
1汤勺黑芝麻
2汤勺咖喱叶（大约20片）

6~8个红辣椒，中辣或者辣，根据口味需要
1汤勺罗望子肉
1/4茶勺阿魏
2茶勺粗糖或者枣椰糖

　　将扁豆放入煎锅内，用小火加热，干烘7~10分钟，要不停地翻拌，直到上色。然后倒入一个碗里，让其冷却。以同样的方式将椰子肉干烘3~4分钟。当椰子肉变成浅金黄色时，加入芝麻、咖喱叶以及辣椒，继续加热，直至辣椒颜色变深。将罗望子肉和阿魏拌入锅内，继续干烘1分钟后再加入糖。将火关掉，搅拌至糖熔化开。将这些食材全部刮入到放有扁豆的碗里并让其冷却，然后研磨成粗粉状。在一个托盘内摊开晾干1个小时。

香料的世界

东南亚地区香料

当葡萄牙商人把辣椒带到东南亚时，当地人掀起了一场烹饪革命。如今，辣椒与大蒜、姜和柠檬草（香茅草）等特色鲜明的新鲜香料一起，主导着整个地区的香料版图。

出品香料的地区

缅甸

罗望子
罗望子是缅甸最大的出口农产品之一。

仰光

去往南亚

库特青柠檬
在热带的泰国，大多数农村家庭都有自己的青柠檬树。

泰

马来西

马六甲
在15世纪时期，对于阿拉伯和中国商人来说，马六甲是一个重要的贸易港口。

黑胡椒
印度尼西亚提供了世界上大约1/5的黑胡椒。

香料的战争
西方国家对香料的需求使得这一地区及其海上航线变得炙手可热。从16世纪到18世纪，葡萄牙、西班牙、荷兰和英国在争夺该地区的统治权时发生了许多小冲突和战斗。

澳门

越南
● 河内

柠檬草
这些芳香的茎秆在越南烹饪中扮演着重要的角色。

柬埔寨
边

胭脂树
原产于热带美洲，胭脂树如今在菲律宾茁壮生长。

马尼拉
西班牙帆船在马尼拉和阿卡普尔科之间航行，也就是今天的墨西哥，目的是为了香料和其他商品贸易。

菲律宾

香料的来源
几个世纪以来，马鲁古群岛一直是丁香、豆蔻和豆蔻皮的唯一来源，这使得它们对商人来说极具吸引力——这些商人首先来自中国、印度以及中东国家，后来则是来自欧洲国家。

新加坡
英国人将新加坡当成他们的香料贸易和加工的中心。

马来西亚

高良姜
高良姜原产于爪哇岛，现今在东南亚各国都有种植。

印度尼西亚

安汶

雅加达
荷兰人于1596年首次来到雅加达，不久之后雅加达就成为荷兰香料商人在该地区的贸易中心。

图例
◀···· 历史上的香料贸易路线

香料版图

姜粉

大蒜

特色鲜明的香料

姜，大蒜，辣椒

早期的中国和泰国，对缅甸香料版图产生了持久的影响：很少会有咸香风味的美味佳肴能够对这三种新鲜香料的风味视而不见。

辅助性香料

葛拉姆马萨拉，淡味咖喱粉，芝麻，香菜籽，柠檬草，姜黄粉，小茴香

几个世纪以来，孟加拉湾两岸的贸易往来已经将印度风味很好地融入当地的食谱中，其中葛拉姆马萨拉是一种特别受欢迎的混合香料。

补充性香料

黑胡椒，八角，肉桂，咖喱叶，罗望子

在缅甸，那些风味没有其他香料明显的香料也很有价值：芳香舒适型的胡椒，八角和肉桂；含有硫黄风味的咖喱叶；酸味的罗望子。

缅甸香料
味道强烈 | 风味芳香 | 开胃可口

不同的地势、气候和种族为缅甸人的餐桌带来了融合后的风味，而缅甸人吝惜般地使用来自印度和孟加拉国的干燥香料，以便用来增强现捣碎的香料糊的风味。与邻近的泰国相比较而言，这里的菜肴不是很甜，酸味非常受欢迎，人们更喜欢微辣而胜于纯辣。新鲜、芳香的香草叶片（无论是栽培的还是野生的）在大多数的菜肴中都能够找到它们的踪影，各种发酵的鱼类制品也是如此。

深受来自国内100多个土著群体和抵挡不住的邻国风味的影响，给缅甸的传统食谱提供了肥沃的土壤。

当地风味的混合香料
缅甸风味葛拉姆马萨拉
（Burmese Garam Masala）

印度最著名的混合香料在缅甸也深受欢迎。可以用作给菜肴调味的基础香料，或作为一种调味品在菜肴烹调结束时添加到菜肴中。

1茶勺香菜籽	1茶勺小豆蔻
1茶勺黑胡椒粒	1茶勺丁香
1茶勺小茴香籽	2.5厘米肉桂条
2片干香叶	2粒八角

将所有的香料放入煎锅内，用小火加热干烘，直至散发出芳香风味，冷却之后研磨成细粉末。

香兰叶被用来赋予菜肴一种类似于香草的味道，尤其是以椰子为主料的甜食类菜肴。

泰式沙拉，有切片牛排、辣椒和青柠酱，以及炒米。▼

当地风味的混合香料

炒米（Khao Kua）

这种经过干烘并研磨成粉状的黏米，用新鲜的香料调味，是老挝生肉沙拉和泰国牛肉沙拉的主要材料。它独具质感的特色无可替代。

6汤勺生的黏米
1根柠檬草，切成片
1块拇指大小的高良姜，切成片
3片马库特青柠叶，撕碎

将所有的原材料放入煎锅内，用中火加热干烘，期间要不停地翻动，直至米变成金黄色。让其冷却，然后将香料挑拣出来，将米用杵在研钵内捣碎成粗末状。

泰国、老挝和柬埔寨香料

热辣风味 | 新鲜风味 | 清爽口味

在香料之路上，没有哪个国家像泰国那样满怀热情地接受辣椒这种香料。没有加入大量辣椒的泰国菜是无法想象的，不过，柬埔寨菜肴的清淡口味确实暗示了没有放入辣椒之前的泰国菜品尝起来的味道。就如同内陆国家老挝的厨师一样，其他主要的香料则不那么受欢迎，泰国厨师仍然是喜欢使用新鲜捣碎的香料糊。与此同时，自13世纪以来就开始在柬埔寨种植的黑胡椒为柬埔寨烹饪增加出了更细腻的热度。

香料版图

黑胡椒

柠檬草

特色鲜明的香料

辣椒，大蒜，香菜根，柠檬草

在泰国菜和老挝菜中，这四种新鲜香料几乎无处不在。柬埔寨厨师很少使用辣椒，但是对其余几种香料的使用却情有独钟。

辅助性香料

青柠叶，高良姜，姜，野生姜，黑胡椒，罗望子

生姜科中的几种根类，以及马库特青柠叶，提供了更多的新鲜口味。而罗望子则用来提供酸味，黑胡椒或者白胡椒用来缓慢地增加热量。

补充性香料

姜黄，丁香，豆蔻，肉桂，茴香，小豆蔻，香兰叶，青胡椒

尽管在整个地区都可以购买到干香料，但干香料往往只会出现在少数的菜肴中，而在日常烹饪中则很少会使用。

香料版图

八角粉

柠檬草

特色鲜明的香料

姜，大蒜，辣椒

从这三种新鲜香料中可以看出中国菜对越南菜的影响，它们为越南厨师钟爱的所有香草提供了基本口味。

辅助性香料

柠檬草，香菜根，八角，多香果，姜黄，莳萝，香兰叶，黑胡椒

芳香型的香料为炖肉类菜肴和肉汤等增添了浓郁的风味，而黑胡椒则为那些被认为不适合放辣椒的菜肴提供了一定的热度。

补充性香料

小豆蔻，甘草，茴香，肉桂，丁香

这些香料很少会作为主要的调味料使用，通常被用来增加甜味和温和口感的底蕴风味。

越南香料

新鲜风味 | 温和风味 | 精致可口

虽然不像马来西亚和印度尼西亚那样受到香料贸易的影响，然而，越南还是保持着丰富的香料储备。大多数菜肴都带有一些来自干的芳香型香料的非常明显的基本韵味，但在香料盘上面，最夺人眼球的往往是许许多多的新鲜香草。越南南方菜肴使用的香料要比北方菜肴丰富得多。酸味、咸味菜肴在越南各地都非常普遍。对于一个做到兼收并蓄的越南人的厨房来说，法国殖民者使用更多的欧洲香料，如莳萝、茴香和甘草，给越南菜带来了一种细腻的风格。

当地风味的混合香料
酸甜汁
（Nuoc Chain）

在越南人的餐桌上如果没有一碗酸甜口味的蘸汁是不完整的，蘸汁可以用来蘸食从春卷到烤肉和海鲜等各种食物。

2个鸟眼辣椒，切碎
1瓣蒜，切碎
2茶勺棕榈糖
半个青柠檬，挤出青柠汁
2汤勺越南鱼露

将辣椒、大蒜以及糖放入一个研钵内，捣碎成糊状。加入挤出的青柠汁，加入2汤勺的水和鱼露，然后搅拌均匀。

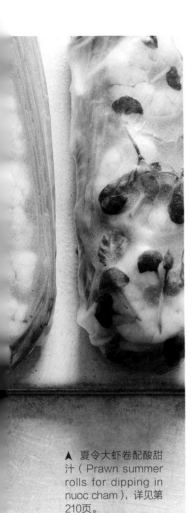

▲ 夏令大虾卷配酸甜汁（Prawn summer rolls for dipping in nuoc cham），详见第210页。

鸟眼辣椒在越南非常受欢迎，可能是在16世纪时由葡萄牙人引进越南的。

马来西亚和新加坡香料

味道多变 | 口感丰富 | 融合口味

无论是对于往返于中南半岛海域的船舶，还是那些前往更远的香料之路上目的地的商人来说，马来西亚南部港口马六甲是成为一个主要的贸易中心的理想位置。其结果是，在整个马来西亚和新加坡，那些有效运行的华人、印度人和穆斯林社区一直延续到今天，而整个地方美食的特色在于，它乐于接受如此多样化的文化影响，并去尝试新的口味。正如我们所知，融合食物的概念可以说是在马六甲诞生的，而来自中国、印度、阿拉伯和欧洲的食材，通常会发现它们会融于一个锅里。

当地风味的混合香料

马来西亚咖喱鱼酱
（Malaysian Fish Curry Paste）

以新鲜的高良姜、大蒜和干葱为主要材料，配以印度风格的干香料马萨拉，这种经典的融合酱通过与椰奶混合后，可以适合与所有硬质的白鱼类肉块一起炖，以制作成一道简便快捷的咖喱鱼。

2茶勺香菜籽　　　　　1/2茶勺姜黄粉
1茶勺小茴香籽　　　　拇指大小的高良姜块，
1/2茶勺茴香籽　　　　去皮后切碎
1/2茶勺黑胡椒粒　　　3瓣蒜，切碎
4个中等大小的干辣椒　50克干葱，切碎

将整粒的干香料放入炒锅内，略微干烘一下，让其冷却，然后与姜黄粉一起放入食品加工机内或者用手动搅拌器研磨成粉末状，将高良姜、大蒜和干葱加一点水快速搅打成蓉泥状。将干的马萨拉香料与刚搅打好的蓉泥混合好，形成咖喱酱。

香料版图

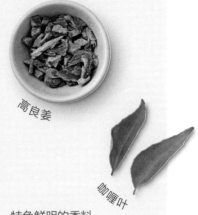

高良姜

咖喱叶

特色鲜明的香料

姜，大蒜，辣椒

经典的东南亚风味三部曲构成了马来西亚和新加坡大多数咸香风味食谱的基础，但这三种香料很少单独使用。

辅助性香料

小豆蔻，姜黄粉，干辣椒，黑胡椒，丁香，香菜籽和香菜根，小茴香，肉桂，咖喱叶，柠檬草，高良姜，罗望子，香兰叶，青柠叶

干的混合香料添加了温和的、土质风味的基本味道，用来衬托出如柠檬草、青柠和咖喱叶这些新鲜香料的风味。

补充性香料

茴香，大茴香，八角，干姜，桂皮，花椒，芝麻

马来西亚的厨师是沿着香料之路上新到来的大多数香料的热情拥趸，用琳琅满目的香料制作出了口味丰富的菜肴。

香料版图

姜粉

大蒜

特色鲜明的香料

大蒜，姜，干葱

印度尼西亚厨师使用的香料种类繁多，但很少像这三种一样被广泛使用的香料，它们构成了无数菜谱的基调。

辅助性香料

豆蔻，豆蔻皮，丁香，沙林叶，高良姜，柠檬草，香兰叶，青柠叶，罗望子，辣椒，姜黄粉，小茴香，肉桂

本地出产的豆蔻、豆蔻皮和丁香与新鲜的、芳香型的香料叶和香料根相混合——包括酸涩味的沙林叶以及来自香料之路进入的温和口味的香料。

补充性香料

黑胡椒，香菜籽，咖喱叶，小豆蔻，咖喱粉，花椒，葛缕子，大茴香

更多的来自印度的香料、中国的花椒以及来自地中海的葛缕子和大茴香，为印度尼西亚丰富多样的口味宝库锦上添花。

印度尼西亚香料

充满活力 | 风味丰富 | 多种多样

印度尼西亚由1.7万多个岛屿组成，拥有丰富的自然资源和历史悠久的贸易路线。印度尼西亚人喜欢香料版图中的香料就像他们的传统一样不拘一格。传统的说法是，"如果你的眼睛不流泪，食物就不好"，暗示这个国家已经完全接受了16世纪时到来的辣椒，但印尼菜不仅仅是让人流眼泪的辣。芳香的本地香料与来自伊朗、印度和中国的进口香料混合在一起，创造出了具有丰富风味内涵的菜肴。

当地风味的混合香料

本布（Bumbu）

许多印尼食谱都是基于某种形式的本布（香料酱）。每一个地区，每一名厨师——都有自己最喜爱版本的本布。

这道本布食谱非常经典。

1茶勺香菜籽	8个干葱，切碎
3粒丁香	3瓣蒜，切碎
1/2茶勺白胡椒粒	2个红辣椒，切碎
少许擦碎的豆蔻	1茶勺虾酱
1.5厘米长的高良姜，切碎	1汤匙色拉油，用于炒香料酱
2.5厘米长的鲜姜黄，去皮后切碎	

可以使用电动搅拌机，但是最好的味道是用杵和研钵捣出的。先加入干的香料捣碎，然后加入多纤维的高良姜和姜黄，接下来加入剩余的新鲜原料，最后加入虾酱搅拌好。

在一个铁锅或者煎锅内，将油烧热，加入捣碎的混合香料，用大火加热，煸炒大约5分钟，或者一直煸炒到香料酱变成金黄色。使用之前让其冷却。

Adobo（阿斗波）是一个西班牙语的术语，殖民者用它来形容菲律宾原住民用醋和香料腌制肉类的技法。

选出来的用于阿斗波腌料的几种简单的香料。 ▶

当地风味的混合香料
阿斗波腌料
（Adobo Marinade）

　　菲律宾食谱的制作通常都会从一种简单的腌料开始，一般会以椰子醋为主角。可以使用这道食谱中的腌料将鸡肉或者猪肉腌制一晚上。详见第208—209页，更加芳香版本的阿斗波腌料。

100毫升椰子醋
50毫升酱油
3瓣蒜，拍碎
1茶勺黑胡椒粒
2片香叶

　　将所有的原材料放入一个小号的少司锅内，将其加热烧开。一旦烧开，就将锅从火上端开，让其冷却到室温后使用。

菲律宾香料
口感温和 | 色彩丰富 | 风味芳香

　　考虑到食物对菲律宾人的生活方式有多么重要（一日五餐是常态），但出人意料的是，菜肴中对香料的使用毫无新意。大多数经典食谱的制作只使用两到三种香料，很少有人会把"香辛料"归于辣的范畴。

　　西班牙人统治了菲律宾300多年，在这个欧洲风味更甚于亚洲风味的香料版图中，显然留下了西班牙人清晰的烙印，菲律宾人对辣椒的喜爱与西班牙及其贸易伙伴在香料之路上的方式完全不同。

香料版图

香叶

黑胡椒

特色鲜明的香料

香叶，黑胡椒，大蒜
　　菲律宾烹饪中"形影不离的三种香料"，几乎出现在所有咸香风味的食谱中，包括非官方认定的"国菜"阿斗波。

辅助性香料

胭脂树，姜黄粉，姜，柠檬草，香兰叶
　　香料很少用来增加热量，但通常会作为天然食用色素（红色来自胭脂树，黄色来自姜黄粉）或者利用它们的芳香属性。

补充性香料

辣椒面，红椒粉，罗望子
　　当菲律宾人想吃辣的东西时，他们倾向选择辣椒面而不是新鲜的辣椒，或者选择红椒粉。他们喜欢酸味的程度要超过辣味，罗望子是流行的菲式酸汤的主要风味成分。

香料的世界

东亚地区香料

　　尽管东亚地区地处旧世界的远东边缘处，但它对全球香料贸易带来了极大的影响，从15世纪贸易路线上的重要停靠点，到今天的世界第四大香料生产地。这里的大多数香料都是温和型的；花椒是一种让人舌头发麻的例外。

喀什
丝绸之路的南北路线在这个绿洲城市交会。

中国

金奈

去往中东和欧洲

丝绸之路的起点

直到15世纪，在人们发现了更快的海上航线前，丝绸之路都是世界上最大的贸易通道。中国的长安（现在的西安）标志着这个6400千米路线的起点。

紫苏籽

也被称为Shiso，紫苏主要生长在日本中部地区。

芝麻

芝麻在东亚广泛生长，是世界上最古老的作物之一。

西安

西安老城的西部市场是世界各地商人的聚集地。

● 北京

鲁番

坐城市是丝绸路北段的一个要的贸易中心。

韩国

丽水

日本

● 上海

花椒

这种不可或缺的香料是东亚菜肴的一大特色。

● 成都

这个城市的市场以其高品质的花椒而闻名于世。

长崎

16世纪末，葡萄牙商人将长崎作为他们在日本的贸易基地。

甘草

在中国南方，甘草给腌肉增添了一种甜咸风味。

桂皮

这种甜味香料生长在中国南方的热带气候条件下。

台湾

澳门

各答

仰光

风味交流

中国和西方之间的香料贸易是双向的：像肉桂等香料向西传播到中亚和欧洲各地，而姜和藏红花则向东传播，成为中国许多地区烹饪风味不可或缺的一部分。

● 马尼拉

图例

◀·····　历史上的香料贸易路线

◀ ─ ─　古丝绸之路

香料版图

红辣椒粉

大蒜

特色鲜明的香料

芝麻，红辣椒，大蒜
　　韩国使用的香料风味醇厚
而浓郁，但也很细腻，如辣椒
和大蒜的辛辣风味通常会与浓
郁的烘烤过的芝麻香味相互作
用，或像泡菜一样在菜肴中经
过发酵而变得圆润。

辅助性香料

姜，黑胡椒，紫苏籽
　　辅助性香料，如姜和胡椒
会添加更深层次的辛辣味，而
紫苏籽中带有少许薄荷和甘草
的味道。

补充性香料

青辣椒，肉桂
　　当红辣椒在发酵的菜肴中
提供火辣感时，青辣椒和肉桂
则对韩国菜肴中辛辣和甜味方
面的特点进行了强化。

韩国香料

火辣风味 | 舒适风味 | 辛辣风味

　　直到最近，韩国菜才像其他久负盛名的亚洲
风味菜肴一样在世界各地流行起来，而且由于
其将热辣和酸味在烹饪中进行了令人陶醉的调
和，也就形成了复合的、强烈的、细腻的风味，
它很快就成为人们的最爱。毫无意外，考虑到韩
国的地理位置，来自邻国中国和日本的影响力和
香料随处可见，其中辣椒、姜和大蒜扮演着重要
角色。而且，韩国人利用发酵保存食物的关键技
术，创造出了这个国家独一无二的风味和菜肴。

当地风味的混合香料

杨尼姆江调味酱
（Yangnyeomjang）

　　一种非常受欢迎的，味道
浓郁，辛辣的调味酱。也是一
种非常棒的蘸酱和腌料。

2茶勺白芝麻
3汤勺酱油
1汤勺香油
1/2茶勺米醋
2茶勺红辣椒粉
1/2茶勺白糖或者蜂蜜
1瓣蒜，拍碎
1棵葱，切成片

　　将芝麻放入煎锅内，用大
火加热干烘，翻炒至刚好呈金
黄色。与其他原材料混合好即
可，在冰箱内冷藏可以保存一
周的时间。

紫苏籽采自薄荷科的一种植物。它们带有一种坚果味，略带薄荷一茴香的风味。

日本香料

风味新鲜 | 温和风味 | 色彩艳丽

作为一个相对较小的列岛，日本在其烹饪和香料方面丰富的变化令人赞叹。日本南方的烹饪是在16世纪和17世纪时期通过与少数获准访问该岛的外国人的互动而发展起来的。葡萄牙人引进了油炸、辣椒和醋，中国人带来了拉面、煎饺和饺子，英国人引进了咖喱。这种深受西方影响的烹饪方法与日本其他地方更加细腻的和食（日本料理）形成了鲜明的对比。

所有的日本料理都强调自然世界的原汁原味，以季节性食材为一切的核心。

◀ 煎豆腐配葱和杨尼姆江调味酱。

当地风味的混合香料

七味粉（唐辛子，Shichimi-togarashi）

这种芳香型的混合香料可以用作餐桌上的调味品，也可以用来给咖喱类、铁扒肉类和面条类菜肴调味。

- 2汤勺山椒粉或者花椒面
- 2汤勺干橙皮，柚子皮或者柠檬皮
- 4汤勺辣椒粉
- 2汤勺海苔碎片
- 2茶勺黑芝麻
- 2茶勺麻籽，亚麻籽或野鼠尾草籽
- 2茶勺大蒜粉

只需简单地将所有原材料混合到一起即可。

香料版图

特色鲜明的香料

芝麻，八角，姜

芝麻的饱满风味，山椒中柑橘风味的热度（类似于花椒），以及生姜中清新的活力都是既辛辣又细腻的烹饪风味的代表。

辅助性香料

白胡椒，辣椒，大蒜，八角

额外的热度来自辣椒的火辣感和白胡椒中缓慢的热感，而大蒜和八角则带来了硫黄和甘草的复合型的芳香风味。

补充性香料

丁香，多香果，肉桂，黑胡椒

这些味道较重的香料要少量使用。使用它们的目的是让风味具有层次感，而不是压制住日本料理中风味新鲜和色彩亮丽这些关键要素。

香料版图

花椒

芝麻

特色鲜明的香料

姜，芝麻，花椒

新鲜和简单是这一地区菜肴风味的核心，各种香料在羊肉、牛肉、鱼和面食中使用的量很少。

辅助性香料

八角，大蒜

在山东菜烹饪中，在制作豆腐和新鲜蔬菜类菜肴时会使用芳香的八角，而在北京的穆斯林居民中，大蒜与羊肉和牛肉密不可分。

补充性香料

小茴香，辣椒

起源于中国穆斯林的厨房杰作，羊肉串涂抹上小茴香和辣椒，在北京深受欢迎。

中国北方香料

咸香风味 | 酸味突出 | 口味清淡

在中国这样一个幅员辽阔的国家，烹调风格千差万别，一旦涉及香料，情况就更加复杂了，全国大部分地区都包含了山东菜、河南菜和北京菜等中国北方菜系中所使用的温和型的香料。山东菜对香料的使用是保留而不是主导菜肴中主要原材料的风味。河南菜的特色是更加细腻，但是风味融洽。而北京菜则受到这两种菜系的影响。

山东菜被认为是中国八大菜系之首。

当地风味的混合香料

山东风味香料袋
（ Shandong Spice Bag ）

这一系列的香料被用来浸泡中国北方许多炖鸡类菜肴的卤汤，如德州扒鸡或道口风味烧鸡等。

10粒小豆蔻	1/2汤勺小茴香粉
2粒八角	7.5厘米长的肉桂条
1/2汤勺花椒粒	10~12厘米长的甘草段
1/2汤勺丁香	1个橙子或者橘子的干皮

将所有的原材料放入到一块纱布里，或者装入到香料袋中，捆绑好，放入到加热的水中。

▲ 准备用于制作一个南京风味香料袋的纱布和原材料。

莲子有一种淡雅的香甜味，会让人情不自禁地想起新鲜的杏仁和松子仁。

香料版图

姜粉

白胡椒

特色鲜明的香料

姜，白胡椒，花椒，芝麻

该地区的特色香料从来不会占据主导地位；相反，它们被用来突出构成一道菜肴中的鱼或肉的味道。

辅助性香料

八角，肉桂，莲子

江苏菜系中的四种地方风味，在菜肴中使用像八角和肉桂等甜味香料，如无锡排骨。像荷花粥这样的甜点，是另一种受欢迎的美食。

补充性香料

黑小豆蔻，茴香，小茴香，甘草

苏州的糕点是由各种各样的香料和以香料为基础的原材料制作而成的，有着烟熏风味、香甜风味、咸香风味、坚果风味等，连同扑鼻而来的芳香风味。

当地风味的混合香料

南京风味香料袋
（ Nanjing Spice Bag ）

这些香料与鲜姜片和绍兴酒混合到一起，为著名的南京盐水鸭的高汤调味，详见第210页。

6粒丁香
4粒八角
1茶勺白胡椒粒，压碎
6片香叶
1个橘子的干皮（陈皮）
1茶勺甘草粉
1茶勺盐

将所有的原材料放入一块纱布里，或者装入香料袋中，捆绑好，放入加热的水中。

中国东部香料

风味细腻 | 芳香四溢 | 香甜甘美

中国东部地区的菜肴是一种对比鲜明的混合风味，很大程度上取决于不同的地域环境。在内陆，黄山和黄山地区是安徽菜系中采集独具特色的原材料的保护区，在菜肴中经常加入糖，以制作出丰盛的农家风味美食。相比较之下，沿海地区包括江苏、浙江和上海，是一种精致美味的烹调方式，其强调的是细腻的芳香风味，突出了该地区丰富的海河食品。

香料版图

姜粉

大蒜

特色鲜明的香料

大蒜，姜，辣椒，芝麻

中国南方的特色香料强化和加强了旨在保留主要原材料的风味，颜色和质地的技法。

辅助性香料

黑胡椒，沙姜，五香粉

木质风味的黑胡椒和樟脑味的沙姜粉为许多菜肴增添了一股回味。而五香粉则用来增加甜味和香味。

补充性香料

白胡椒，甘草

在需要一种更加持久的苦涩风味和茴香风味时，可以用甘草来代替五香粉。在台湾地区，白胡椒通常会与五花肉搭配。

中国南方香料

酸味突出 | 芳香四溢 | 香甜甘美

如果说有一个中国菜系风靡全球的话，那就是来自广东的粤菜，它是中国八大传统菜系中最靠近南端的一个菜系。由于主要是来自沿海地区的大量移民，使得蒸和炒这样的烹调技法传到了全世界。使用简单的调味品给菜肴增香——生抽、大蒜、姜和香油——在广东烹饪中占据主导地位，但是中国南方的其他菜系，尤其是湖南、福建和台湾，提供了更浓郁的风味——香辣、酸、甜以及苦味——通过如干燥和保存以及更广泛地使用香料等技术手段来做到这一点。

当地风味的混合香料

五香粉（Five-spice Powder）

毫无疑问，你可以在任何一家超市里买到五香粉，但是自己制作的五香粉却要比购买到的五香粉好上很多倍。五香粉可以用作烤肉的涂抹用料，或者加入炒菜和炖菜中。

2粒八角
1茶勺小茴香籽
1茶勺丁香
5厘米长的肉桂条
1汤勺花椒粒

只需将所有的香料研磨成细粉末状，然后根据需要，过筛掉所有的纤维组织即可。

炒五香虾仁（Prawn Stir-fry Flavoured with Five-spice），详见第211页。▼

花椒

鸟眼辣椒

香料版图

沙姜又称Sand Ginger，与姜一样具有清热爽口的特点，具有一定的药用价值。

中国西部香料

果香风味 | 温和口感 | 风味质朴

　　来自邻近的西亚和中亚的旅行者，将不常见的香料沿着丝绸之路引入了四川地区。于是就产生了广泛的混合香料，包括酸、甜、苦、咸、辣以及香味等。特别是在新疆的西部偏远地区，在这里，50%以上的人口是穆斯林，像小茴香和藏红花以及干果等香料，在羊肉、鸡肉以及蔬菜类菜肴中大量地使用，在很大程度上构成了维吾尔族和哈萨克族菜肴的特色。

中国西部菜肴的特色是以花椒为主，在该地区烹调中使用的历史已有2000多年。

特色鲜明的香料

鸟眼辣椒，花椒，大蒜

　　在经典的川菜，如水煮牛肉中，这三种香料的味道往往占据主导地位。

辅助性香料

八角，姜，芝麻，黑小豆蔻

　　八角、姜、芝麻和黑小豆蔻在川菜和新疆菜中都有使用，它们为棒棒鸡和火锅等菜肴的风味增添了多重变化。

补充性香料

小茴香，藏红花，肉桂

　　在喀什，市场上到处都是从中东传入维吾尔地区的香料，包括小茴香、肉桂和藏红花。

当地风味的混合香料

香辣豆瓣酱
（Chilli Black Bean Sauce）

　　这是自制版本的豆瓣酱，是四川发酵风味的豆瓣酱。可以用作腌料、蘸酱或在炒菜时使用。

200克鸟眼红辣椒，切碎　　2茶勺黑米醋
50克发酵黑豆（豆豉）　　1汤勺糖
洗净并切碎　　3瓣蒜
2汤勺色拉油　　7.5厘米长的姜块，
1汤勺米酒　　切成末

　　将辣椒和豆豉用油在锅内煸炒1分钟。加入米酒和黑米醋，用小火加热3分钟。加入糖，继续用小火加热10分钟。然后加入蒜和姜，继续用小火加热至油浮在表面上为止。在冰箱里可以储存3周以上的时间。

香料的世界

美洲地区香料

来自高山、峡谷、海洋、森林和岛屿的风味和质地的融合——加上来自亚洲和欧洲的无处不在的一系列的影响——美洲版图中的香料是不拘一格、随心所欲的，并且风味多变。

双向交通运输

香料在大陆之间双向流通。丁香、胡椒和肉桂从亚洲经海路到达新大陆，作为交换，辣椒、香草和可可豆等则都被运回到了旧世界。

去往亚洲

去往亚洲

图例

◄••••• 历史上的香料贸易路线

美国

红椒粉
这种香料有新鲜的、干燥的或者烟熏过的，在北美很受欢迎。

美国
美国是世界上最大的香料进口国，其中香草和胡椒是最受欢迎的香料。

穆拉托辣椒
棕黑色的穆拉托辣椒在墨西哥被广泛种植。

去往欧洲

墨西哥

哈瓦那

多香果
多香果是西半球唯一一种独家种植的香料。

维拉克鲁斯

牙买加
探险家克里斯托弗·哥伦布一直在寻找黑胡椒的来源之地，但在14世纪90年代，他在牙买加发现了多香果。

加勒比海

巴拿马

库马里辣椒
这些豌豆大小的辣椒生长在亚马孙雨林中。

阿卡普尔科
在17世纪，从亚洲运来的香料经陆路运往维拉克鲁斯，然后经海路运往西班牙。

可可豆
厄瓜多尔出产高品质的可可豆，用于制作优质的巧克力。

玛瑙斯

秘鲁

巴西

利马
库斯科

莫利
这种香料用于制作吉开酒，一种传统的香料啤酒。

拉巴斯

智利

新世界
在15世纪到18世纪之间，对香料的探索使得欧洲探险家在未知的海域进行了一系列的航行。他们发现了美洲——新世界，他们这么称呼——彻底改写了世界地图。

圣地亚哥

里约热内卢
在1502年，第一批拜访里约热内卢的欧洲人是葡萄牙香料搜寻团的成员。

大蒜
智利是大蒜在美洲的主要生产国之一。

香料版图

丁香

苏格兰帽辣椒

多香果

加勒比海香料

风味刺激 | 口感突出 | 香辛口味

当欧洲探险家们去寻找印度群岛时，他们反而发现了加勒比群岛。由此开始了几个世纪的疆域扩张，几乎将土著民消灭殆尽，并将西印度群岛变成了香料之路上的一个新的贸易中心。时至今日，这些因素使得加勒比美食成为大熔炉，融合了美洲印第安人、非洲人、克里奥尔人、西班牙人、荷兰人、葡萄牙人、英国人、拉丁美洲人、波斯人、南亚人和印度尼西亚人的美食。

加勒比地区各种不同的文化影响促使了不拘一格的香料使用方式，包括甜、酸、辣、刺激以及土质的风味。

特色鲜明的香料

苏格兰帽辣椒，多香果，丁香，姜，豆蔻，肉桂

苏格兰帽辣椒，这些主要的香料在甜食和咸香风味的食谱中都有使用。而本地出产的多香果则加入来自亚洲的芳香型香料的行列中。

辅助性香料

黑胡椒，小茴香，大蒜，红椒粉，哈瓦那辣椒

主要用于在一锅菜肴中制作出更加厚重的风味，这些香料带来了来自南亚，地中海和中美洲的风味。

补充性香料

姜黄粉，香菜籽，葫芦巴，卡宴辣椒，黑种草

前三种香料是西印度咖喱粉中不可或缺的香料，卡宴辣椒适用于制作更辣一些的混合香料，而烘烤过的黑种草籽可以用来给面包和蔬菜类菜肴增添风味。

当地风味的混合香料

牙买加杰克涂抹香料（Jamaican Jerk Rub）

用来腌制鸡肉、鱼、猪肉和牛肉的一种干燥的调味料。这种混合香料在牙买加发明，并在加勒比地区进行了适当的调整。

2茶勺多香果	1茶勺姜粉
1茶勺黑胡椒粒	1/2茶勺肉桂粉
1/2茶勺丁香	2茶勺洋葱粉
1茶勺辣椒粉	2茶勺大蒜粉
1茶勺红椒粉	1茶勺干燥的百里香
1茶勺研磨碎的豆蔻	2茶勺红糖
	2茶勺海盐

将所有整粒的香料研磨碎，与剩余的其他香料混合好。风味的强弱取决于腌制的时间。

墨西哥牛至有着明显的柑橘和茴香的香味。经过干燥后，可以加到辣椒粉混合香料中。

烤蔬菜配摩尔少司（Roast vegetables served with mole sauce）。▼

当地风味的混合香料

摩尔混合香料
（Mole Mix）

每个国家都有自己的摩尔混合香料制作版本，一定要使用三种不同的辣椒来制作。

干的安祖辣椒、帕西拉辣椒和穆拉托辣椒，每一种分别取用2个
3汤勺可可豆肉
1汤勺芝麻
2厘米长的一段肉桂条
1/4茶勺小茴香籽
1/4茶勺大茴香籽
1/4茶勺黑胡椒粒
1/4茶勺丁香
1/4茶勺干燥的百里香
1/4茶勺干燥的马郁兰
1片干的香叶，掰碎

将整粒的香料放入煎锅内，用中火加热干烘，翻炒至散发出芳香风味。与其他剩余的原材料混合好并研磨碎。加到炒好的洋葱和大蒜锅里，然后与切碎的番茄一起用小火加热熬制成摩尔少司。

墨西哥和中美洲香料

热辣风味 | 烘烤风味 | 多变风味

在墨西哥和中美洲的日常菜肴中所使用的众多香料和该地区历史上的烹饪文化影响一样复杂多变。文化融合在其中起到了关键作用：伯利兹美食借鉴了玛雅人、加利佛纳人、克里奥尔人，甚至英国人的饮食。而墨西哥菜则要得益于玛雅、阿兹特克和西班牙殖民时期的影响。玛雅人经常使用加拉配涅青红辣椒，阿兹特克人通常使用切普特辣椒、可可和香草。所有这些香料都是通过西班牙征服者传到世界各地的，而作为交换，他们带回来了小茴香、胡椒、丁香和肉桂。

香料版图

红椒粉

小茴香

特色鲜明的香料

辣椒（安祖，加拉配涅，帕西拉，穆拉托，切普特，阿尔柏利），红椒粉，小茴香

为了达到火辣的效果，需要使用60种不同辣椒中的任意一种，这些辣椒可以提供不同程度的辣度，辣椒可以是新鲜的、整个干燥的，也可以是粉末状的，而小茴香是辣椒粉混合香料中必不可少的成分。

辅助性香料

黑胡椒，大蒜，肉桂，丁香，香草

黑胡椒通常需要慢火加热烹调，以充分释放出其复合型的辛辣风味。咸香风味的菜肴和甜食都会使用后三种香料，而肉桂是当地巧克力棒的传统风味香料。

补充性香料

可可，芝麻，多香果，墨西哥牛至，香菜籽，胭脂树粉

前三种香料都可以用来制作摩尔少司，而墨西哥牛至和香菜籽给辣椒混合香料带来了额外的丰富口感。胭脂树粉主要用于给肉类、米饭和炖菜类菜肴上色。

香料版图

姜黄粉

大蒜末

特色鲜明的香料

辣椒（阿吉，阿马里洛，罗考托，米尔坤），小茴香，大蒜

辣椒在安第斯山脉美食中占据主导地位。提供热量，新鲜感以及丰富的色彩，通常是作为主要的原材料使用。任何慢火加热的菜肴里都可以加点香辛少司提味。

辅助性香料

胡椒（白胡椒和黑胡椒），莫勒（粉色胡椒），姜黄粉，肉桂，红椒粉（香甜味和烟熏味）

这些温热型的香料往往被添加到慢火加热的菜肴和汤中，以制作出厚重的风味和颜色。

补充性香料

胭脂树粉，香菜籽，芥末籽

在墨西哥和中美洲更为常见的香料，胭脂树粉也给安第斯山脉的菜肴带来了丰富的色彩。香菜籽和芥末籽增添了细腻的芳香和温暖的感觉。

安第斯山脉香料

温热风味 | 土质风味 | 辛辣风味

安第斯山脉从南至北全长8900余千米，始于阿根廷和智利，穿越玻利维亚、秘鲁和厄瓜多尔，一直延伸到哥伦比亚和委内瑞拉。生活在安第斯山脉或者生活在周边，在海拔1000~3000米或更高海拔的人们，通常会采用小火加热烹调一些丰盛的菜肴，比如炖菜和汤等。辣椒在其中扮演着主要角色；阿马里洛（黄色辣椒）已经种植了8000多年，是印加美食中的主要食材。在秘鲁的安第斯山脉，乌出库塔是一种使用罗考托辣椒和香草制成的香辛风味的莎莎酱；拉朱拉（一种辣酱）在玻利维亚和阿根廷同等重要。

当地风味的混合香料

奇米丘里辣酱（Chimichurri）

一种深受欢迎的用香料和香草现制作而成的少司，广泛用于搭配香肠和牛排一起食用。

1茶勺辣椒粉
1/2茶勺干辣椒碎
1/2茶勺红椒粉
2瓣蒜，切成细末
1个洋葱，切成细末
4茶勺切成细末的香芹或者香菜
1茶勺切成细末的牛至
3茶勺白葡萄酒醋或者红葡萄酒醋
6汤勺橄榄油
适量盐和黑胡椒粉

将所有的原材料放入一个碗里，搅拌好，使其混合均匀。

▲ 撒有奇米丘里辣酱的切片牛排。

莫勒是秘鲁胡椒树上所产的干的粉色浆果。它们与胡椒粒相类似，但是在植物上却没有亲缘关系。

亚马孙流域香料
风味独特 | 玄妙异常 | 热辣风味

分布于九个不同的国家，亚马孙是世界上最大的热带雨林。受远古时期的影响，汇聚于热带雨林中的三个主要的国家之间——巴西、秘鲁以及哥伦比亚——再加上受到来自欧洲的很大影响，这其中最引人注目的是来自葡萄牙和西班牙，他们都在这个广阔的储藏食物之地发挥着自己的作用。亚马孙辣椒是世界上最辣的辣椒之一，经常被使用——与大蒜，小茴香和姜黄粉一起——用来腌制肉类和鱼。

主宰着香料轨迹的是自前哥伦布时代以来就一直在这里种植的辣椒。

当地风味的混合香料
图卡皮（Tucupí）

巴西一种像肉汤一样的少司，由木薯根制成，可以配鸭肉、猪肉或鱼一起食用。

2千克甜木薯根，去皮后切碎
2瓣蒜，切成细末
3~4个辣的鲜红辣椒，切成细末（按口味需要酌情添加）
1茶匙黑胡椒粒，研磨成胡椒粉

将木薯根用750毫升水，在食品加工机内搅打成浓稠的蓉泥状。倒入一块放置在碗上方的纱布中，挤出淀粉状的汤汁。
让汤汁静置，然后将沉淀好的汤汁过滤到罐子里，将沉淀物丢弃不用。将罐子盖好，让其在室温下发酵24小时。将发酵好的汤汁倒入锅内，拌入香料，加热烧开，然后用小火加热熬煮30分钟。

黑胡椒

小茴香

特色鲜明的香料

黑胡椒，辣椒（阿马里洛、奥吉托、平吉塔、普库努乔、科马里、马拉盖塔、卡宴），大蒜，小茴香

在当地有着数百种的辣椒品种，有着各种各样的形状和大小，从温和到火辣不一而足，它们能被广泛地应用于许多菜肴中就不足为奇了。

辅助性香料

胭脂树粉，巴西莓浆果，坚布，顿加豆，姜黄粉

坚布是一种花，由于有麻木的作用，引出了它的"牙痛植物"绰号。坚布可以用来制作塔卡卡，这是一道巴西最受欢迎的汤菜之一。

补充性香料

普里奥卡，瓜拉那，姜，肉桂，丁香，胡椒粉，香草，科波阿组，马卡博

普里奥卡干燥的根（一种莎草）提供了一种胡椒的突出风味。而瓜拉那籽被用作兴奋剂，多于使用其风味，但是很常见。科波阿组和马卡博是可可的近亲。

香料版图

胡椒

香草浸出液

特色鲜明的香料

辣椒（阿勒佩诺，波布兰诺，安乔，卡宴），大蒜，胡椒（黑胡椒和白胡椒），香草

除了大蒜和辣椒之外，胡椒和香草是最常见的进口香料，分别为日常的咸香风味菜肴和甜食增添温暖的风味。

辅助性香料

红椒粉，芥末籽，姜，豆蔻，肉桂，丁香

口味较温和的芥末籽尤其适合当作餐桌上的佐餐调味料，而豆蔻、肉桂和丁香则是甜味烘焙食品的首选香料。

补充性香料

大茴香，芝麻，小茴香，红椒粉，姜黄粉，豆蔻皮

这些形形色色的香料，适用于中东烹饪和亚洲烹饪的菜肴，它们对北美食品市场的影响力越来越大。

北美洲香料

口感热辣 | 风味香甜 | 不拘一格

欧洲殖民者把有限的几种香料随身带到了北美，主要是作为长途旅行保存食物的一种方式。渐渐地，来自中美洲（辣椒、胭脂树），加勒比海（多香果）和南美洲（莫勒）的香料留下了他们的烙印，不过只有辣椒因为毗邻墨西哥而经久不衰。时至今日，北美菜系是真正的融为一体，从墨西哥法吉塔到印度咖喱和日本拉面都成为日常饮食的一部分。

当代北美不拘一格的香料版图反映出了该地区移民的多样化。

当地风味的混合香料

烧烤涂抹香料（BBQ Rub）

一种用于烤肉的干制混合香料，具有许多不同的地区风味。这道食谱采用了来自堪萨斯城的红糖和来自孟菲斯的红椒粉。

1汤勺小茴香粉	1/2汤勺卡宴辣椒粉
1汤勺辣椒粉	3汤勺红糖
1汤勺黑胡椒粉	2汤勺烟熏味红椒粉
1汤勺洋葱粉	2汤勺海盐
1汤勺大蒜粉	

将所有的原材料混合到一起，以制作出一种用于烤肉的，干的涂抹用的混合香料，从牛排或牛胸肉到手撕猪肉和鸡翅都可以使用。

阿吉利莫是一种带有浓郁柠檬风味的辣椒，它的名字来自利马地区。

蒂格雷腌泡汁腌制生白鱼（Ceviche of Raw White Fish Marinated in Leche de Tigre）。▶

当地风味的混合香料

蒂格雷腌泡汁
（Leche de Tigre）

翻译过来的意思是"虎之奶"，这是腌制生鱼用的腌泡汁，这道生鱼菜肴原本来自秘鲁，现在在太平洋沿岸很受欢迎。

1/2~1个阿吉利莫辣椒，哈宾奴辣椒，或者其他品种的辣椒，切成细末
1瓣蒜，拍碎
2.5厘米长的姜块，擦碎
1汤匙鲜香菜梗，切成细末
1/2个小红洋葱，切成细末
5个青柠檬，挤出柠檬汁
适量的盐

将所有原料混合好，放入冰箱内冷藏1小时后，即可用来腌制新鲜的白鱼肉。传统上，吃完鱼之后，人们会将蒂格雷腌泡汁喝掉。

太平洋南美洲香料
清新风味 | 香辛风味 | 柑橘风味

从巴拿马湾到巴塔哥尼亚尖峰，南美洲广阔的海岸线自然而然地依托海水而生：各种各样的海鲜都可以煎、铁扒或者炖。原居民文化习俗，西班牙殖民统治，奴隶交易以及亚洲和阿拉伯的移民都对菜肴形成了一定的影响，从清淡可口的辣椒与椰子鱼汤到香浓的墨西哥蔬菜炖牛肉。辣椒是混合香料中的关键成分，新鲜的辣椒常用于制作酸橘汁腌鱼，而日本传统料理中的菜肴——日本料理和秘鲁菜肴的融合——利用像姜、芝麻、罗望子和酸梅酱等来调味。

香料版图

姜粉

香菜梗

特色鲜明的香料

辣椒（阿吉利莫，潘卡，琼博），大蒜，香菜梗

辣椒，通常会使用新鲜的，使用极其广泛，常用来给海鲜类菜肴增添活力。而香菜梗会带来一丝花香风味。

辅助性香料

小茴香，辣椒粉，姜，新鲜青柠檬，姜黄粉

小茴香通常是作为一种调味料使用，而辣椒粉提供了一个比较温和的选择，以取代使用整个的辣椒带来的火辣感。新鲜，干爽的原材料，如姜和青柠檬，可以用来添加到汤菜和炖菜中。

补充性香料

胭脂树粉，芝麻，罗望子

味道浓烈的罗望子可以增加甜味和酸味，芝麻增添了丰富的坚果风味，而胭脂树鲜红的颜色，可以给汤菜和炖菜上色。

香料的世界

欧洲地区香料

尽管欧洲菜肴丰富而多样化，但是欧洲大陆几乎没有原产地的香料。差不多所有在该地区使用的香料都是通过全球香料贸易引进的，其香料传承与欧洲香料版图中的香料大致相类似——虽然令人感兴趣的地区香料变种仍然存在。

出品香料的地区

欧洲帝国

欧洲各国为控制全球贸易，包括香料贸易而展开了激烈竞争，从而导致这些国家纷纷在非洲、亚洲和美洲建立殖民地。到19世纪末，欧洲控制着世界上85%的国土面积。

英国

伦敦

埃斯普莱特辣椒
这种口感温和的辣椒被用来给传统的法国巴斯克风味菜肴调味。

葡萄牙

西班牙

里斯本

去往亚洲和美洲

葛缕子
芬兰葛缕子富含精油，使其非常受欢迎。

瑞典

芬兰

挪威

奥斯陆

里伯
香料在9世纪通过北欧人的贸易城市里伯，传到斯堪的纳维亚半岛。

为香料而生的城市
在中世纪时，威尼斯所处的地理位置意味着，大部分运往欧洲的黑胡椒都要经过这座城市。威尼斯商人控制了欧洲的胡椒贸易，其结果就是这座城市变得极其富有和强大。

阿姆斯特丹
17世纪是阿姆斯特丹的黄金时代，它的财富建立在主宰世界香料贸易的基础上。

布鲁日

法国

红椒粉
在匈牙利的房屋和花园中挂着一串串晾干的辣椒。

匈牙利

蓝色的葫芦巴
这种芳香的香料在格鲁吉亚北部山区的野外生长。

威尼斯

格鲁吉亚

意大利

伊斯坦布尔

希腊

乳香脂
希腊希俄斯岛是世界上乳香脂的主要产地。

塞浦路斯

热那亚
热那亚借助于香料贸易所带来的财富成为一个强大而富有的城邦。

罗马
作为罗马帝国时代的中心，罗马是古代丝绸之路西方的终点。

亚历山大港

图例
┈┈► 历史上的香料贸易路线
━━► 古代丝绸之路

香料版图

蒔萝

豆蔻

葛缕子

特色鲜明的香料

小豆蔻，肉桂，葛缕子，蒔萝，豆蔻

　　小豆蔻是最重要的香料，肉桂紧随其后，而葛缕子在芬兰更受欢迎。蒔萝籽在酸渍溶液中很常见。

辅助性香料

姜粉，丁香，多香果，甘草，芥末籽，藏红花，杜松子

　　姜、丁香以及多香果常用于时令性的甜味烘烤食品中，而多香果也适用于腌渍鲱鱼和猪肉。咸味的甘草是一款独具特色的斯堪的纳维亚美食。

补充性香料

当归，苦橙粉，干玫瑰果，茴香

　　当归和橙皮粉在芬兰很常见——后者可以添加到饼干、蛋糕以及传统的复活节甜点，复活节布丁中。玫瑰果被用来给果冻、果酱、油脂和茶调味。

斯堪的纳维亚半岛香料

风味香甜 | 土质风味 | 芳香风味

　　北欧国家整洁、精致的菜肴中有一些在全欧洲最独具特色的香料。最引人注目的是对小豆蔻的使用，据说是在1000年前被维京人从君士坦丁堡（伊斯坦布尔）带到北方的。如果没有肉桂、丁香、姜和多香果所具有的令人愉悦的风味，丹麦面包和其他北欧烘焙食品就会失去其风味。在该地区的挚爱——泡菜和腌制食品中，可以见到大量的芳香型香料，如蒔萝籽和本地产的杜松子。这些香料也用来制作野味类菜肴和芬兰的莎蒂啤酒。褐色芥末籽通常会作为一种调味品，以及作为一种整粒的香料来使用。

当地风味的混合香料

芬兰风味姜饼香料（Finnish Gingerbread Spice）

　　一种芳香、温和的混合香料，是制作经典的芬兰风味姜饼饼干——皮帕卡库特不可或缺的基础用料。

1汤勺苦橙粉
2茶勺丁香粉
2茶勺姜粉
2茶勺肉桂粉
1茶勺小豆蔻粉

　　只需简单地把所有的原材料混合到一起即可。这些混合香料足以和出一块能够制作出大约30块饼干的面团。

▲ 由芬兰姜饼面团切割出来的饼干造型，详见第211页。

苦橙粉是由塞维利亚橙子的干橙皮制成的，带有一种酸涩的柑橘风味。

英国香料

温和风味 | 不拘一格 | 丰盛气派

　　英国的烹饪文化遗产之一是对南亚香料的喜爱，经常被用来混合成适合各种用途的咖喱粉。这些在同名的"国菜"中被广泛使用，还有一种配炸薯条用的肉汁状的少司被称为酸辣泡菜的腌制蔬菜，以及夏季自助餐的主食加冕鸡。时间追溯到中世纪的英国，人们就已经喜欢在寒冷的冬天用温和的芳香型香料给甜味的烘烤食品和酒精饮料调味，对英国人来说，丁香、肉桂、豆蔻、姜和豆蔻皮都能立刻唤起人们对节日的回忆。

当地风味的混合香料

莫令混合香料（Mulling Spice）

　　在冬季庆典活动上，从篝火之夜到第十二夜的果园酒宴上，可以用这些精选好的整个的甜味香料来加热浸渍红葡萄酒或苹果酒，作为传统的美酒饮用。

2根肉桂条
6粒丁香
6粒多香果
1/2个豆蔻
2片香叶

　　将香料加入锅内的红葡萄酒或苹果酒中，用小火加热烧开，或者先把香料用一块纱布捆绑好，这样更容易将它们取出来。加入糖或者蜂蜜，橙子片和/或柠檬片，以及适量的朗姆酒或黑刺李杜松子酒。这些香料足够浸渍两瓶红葡萄酒或1.75升的蒸馏苹果酒。

香料版图

芥末籽

丁香

特色鲜明的香料

咖喱粉，多香果，丁香，肉桂

　　咖喱粉是一种由葫芦巴、姜黄粉、姜和小茴香等香料混合而成的。多香果适用于许多甜味菜肴中，也可以用在咸牛肉中。

辅助性香料

芥末籽，卡宴辣椒粉，豆蔻，豆蔻皮，姜，杜松子

　　浓郁的英式芥末是与熟肉类搭配的必备佐料。火辣的卡宴辣椒粉可以用于芥末酱腰子，而杜松子通常来说用于制作野味类菜肴。

补充性香料

藏红花，白胡椒，香菜籽，大茴香，姜黄粉

　　从历史上看，藏红花和白胡椒很受欢迎，但它们的传统用途已经在很大程度上各自减少到用于制作康沃尔面包和腌肉中。除了用于腌制香料以外，香菜籽还可以给兰卡斯特古斯勒蛋糕增加风味。

香料版图

大蒜

芥末籽

特色鲜明的香料

大蒜，芥末籽，茴香，豆蔻

法国烹饪和大蒜是密不可分的。无论是烟熏的、新鲜的还是绿色的，对许多人来说，它都是法国美食的标志性味道。

辅助性香料

葛缕子，香草，大茴香，白胡椒，杜松子，藏红花

白胡椒是四香粉混合香料中必不可少的香料，你会发现在高寒地区会经常用到杜松子，藏红花常用于南方风味的炖鱼汤中，葛缕子、香草和大茴香会用来给奶油和蛋糕调味。

补充性香料

当归，熏草豆，丁香，豆蔻皮

法国人在烹调时会使用许多与众不同的香料：当归的茎秆可以添加到甜食和餐后的利口酒中，而味道浓烈的熏草豆则可以浸渍在奶油和卡仕达酱中调味。

法国香料

辛辣风味 | 芳香风味 | 舒适风味

法国不会马上令人联想到它是一个在烹调中会使用丰富香料的国家，然而，香料（Spice）这个词本身就源自于古法语Espice（意为调味品），正是18世纪的法国植物学家皮埃尔·普瓦雷打破了荷兰人对走私到摩鹿加（现在的马鲁古）香料群岛的丁香和肉豆蔻的控制。的确，很难想象在一道经典的奶油焗土豆（Dauphinoise potato）中没有添加温暖舒心的豆蔻，在普罗旺斯风味烹调中，没有茴香中的茴香味，或者在不可胜数的法国菜肴中没有大蒜，或者大藏芥末，以及波尔多芥末。

法式烹饪倾向于从大蒜和胡椒中获取热量，但辣椒是巴斯克和普罗旺斯菜肴的特色。

当地风味的混合香料
四香粉（Quatre Épices）

这种"四种香料"的混合物经常用来给肉批调味。所使用的比例可以按需要随时进行调整，令人有些困惑的是，肉桂可以作为第五种香料添加进去。

1汤勺白胡椒粒
1茶勺丁香
1茶勺豆蔻粉
1茶勺姜粉

将整粒的香料研磨碎，与豆蔻粉和姜粉混合好。要制作出用于烘烤的甜品类的混合香料，可以用多香果或者肉桂代替白胡椒。

当地风味的混合香料
西班牙海鲜饭混合香料（Paella Mix）

藏红花和辣椒粉对海鲜饭的风味至关重要，海鲜饭是西班牙多用途的以米饭为基本原材料的菜肴。

2撮藏红花
3汤勺辣椒粉（烟熏风味辣椒粉和甜椒粉混合而成）
2茶勺大蒜粉
2茶勺洋葱粉
1茶勺卡宴辣椒粉
1茶勺黑胡椒粉
1茶勺干的牛至
1/2茶勺个的香芹
1/2茶勺丁香粉
1/2茶勺小茴香粉

将藏红花丝用研钵捣碎，与剩余的原材料混合好。大约可以制作出6汤勺的用量。

西班牙和葡萄牙香料

烟熏风味｜香甜风味｜辛辣风味

来自北非的阿拉伯征服者在8世纪时，首次将藏红花引入伊比利亚半岛种植。

　　在15世纪末由哥伦布从美洲带回的，甜辣椒和红辣椒在这个地区就成为不可忽略的香料。西班牙厨师经常会情不自禁地使用辣味适度的皮门顿辣椒粉，而葡萄牙人则勇敢地面对马拉盖塔辣椒的辣味。干的诺拉辣椒是制作搭配鱼食用的加泰罗尼亚风味罗梅斯科少司所必不可少的香料，而绿色的格瑞拉辣椒被用来制作来自迦纳利亚的一种辣汁。藏红花在安达卢西亚美食制作中随处可见，并用来制作瓦伦西亚经典菜肴——海鲜饭，而肉桂则点缀着葡萄牙甜食。

准备好的用来制作西班牙海鲜饭的混合香料和原材料，详见第211页。▼

香料版图

皮门顿辣椒粉

皮里皮里辣椒

特色鲜明的香料

皮门顿辣椒粉，红辣椒（马拉格塔）

　　西班牙鲜红色的皮门顿辣椒粉（红椒粉）有三个种类：杜尔赛（甜味）、阿格道斯（苦中带甜）和阿修马多（烟熏味）。辣的马拉格塔辣椒在葡萄牙风味炖菜和其他肉类菜肴中很受欢迎。

辅助性香料

皮肯特辣椒粉，诺拉干辣椒，红辣椒（皮里皮里），大蒜，藏红花

　　辛辣的皮肯特辣椒粉的受欢迎程度不如它的口感更加温和一些的版本，但却常见于迦纳利亚和加利西亚菜肴制作中。在葡萄牙，皮里皮里辣椒可以与马拉格塔辣椒互换使用。

补充性香料

干的考瑞切洛辣椒，红辣椒（格恩迪拉，亚历格阿斯），可可，大茴香，丁香，肉桂

　　可可豆偶尔会用来制作野味类菜肴和炖牛肉。在葡萄牙，芳香风味的大茴香会与栗子搭配，在加泰罗尼亚则会与无花果干搭配。

香料版图

黑胡椒

香草浸出液

茴香

特色鲜明的香料

红辣椒（派珀诺车诺），黑胡椒，茴香

辣椒在意大利南部一直深受欢迎，尽管它们的吸引力越来越往北方传播。在意大利，黑胡椒不仅仅是一种调味料，其用途超出了欧洲其他任何地方。

辅助性香料

香菜籽，豆蔻，大蒜，藏红花，丁香，香草

香菜籽是一种很受欢迎的制作肉类菜肴时使用的调味料，并且看起来几乎是每一道意大利奶酪类菜肴都以肉豆蔻为特色。

补充性香料

姜，可可，甘草，肉桂，大茴香

姜的用量比较少，而可可豆可能是酸甜口味的阿格道斯少司的特色。卡拉布里亚人会把甘草和野味配在一起使用，并用甘草给利口酒调味。

▶ 意大利通心粉配阿拉比亚塔少司，帕玛森奶酪和新鲜罗勒（Penne pasta with arrabiata sauce, Parmesan, and fresh basil）。

意大利香料

风味浓郁 | 乡村风味 | 温暖舒心

从8世纪到15世纪，在威尼斯共和国掌控贸易的时代，意大利在香料的历史上扮演了重要的角色。时至今日，不同地区的香料版图，反映出了意大利作为一个不同的国家香料聚集地的历史，茴香、豆蔻和藏红花在意大利各地都很受欢迎，用来给肉类、奶酪、意大利面类菜肴和意大利调味饭增添风味。卡拉布里亚的辛辣食物是用辣的派珀诺车诺辣椒来给奶酪、色拉米和油脂调味。丁香也是如此，在甜食中也会经常用到——例如，密实紧凑的锡耶纳面包馅饼，以及在乡村风味的咸香口味的菜肴中使用。

当地风味的混合香料

阿拉比亚塔少司（Arrabiata Sauce）

翻译为"愤怒"，这种速食意大利面少司因为使用了大量的辣椒和黑胡椒而享有盛誉。

1汤勺红辣椒碎
1茶勺干的牛至
1茶勺大蒜粉
1茶勺盐
1茶勺黑胡椒粉
1汤勺橄榄油
50克意大利烟肉丁
1个洋葱，切成细末
2罐各400克的番茄碎罐头

将前5种原材料放在一起混合好，放一边备用。在锅内加热橄榄油，放入意大利烟肉丁和洋葱煸炒5分钟。加入混合好的香料和番茄碎，继续用小火加热10分钟。可以配通心粉一起食用。

佩韦里诺是一款来自威尼斯的胡椒风味饼干，它的历史可以追溯到威尼斯作为欧洲香料贸易中心的鼎盛时期。

欧洲东南部香料

与众不同 | 土质风味 | 用料大方

　　这些地中海东部和前社会主义国家的食物完全不会大量的使用香料，而希腊食物尤其倾向于使用香草调味。即便如此，匈牙利红椒粉（17世纪由土耳其人引进）和格鲁吉亚蓝色葫芦巴代表了欧洲最独具特色的两种风味。辣椒会经常出现在巴尔干半岛的烹调中，但辣度很低，在热量方面往往来自黑胡椒。在匈牙利，葛缕子常与卷心菜搭配使用，在巴尔干半岛，偶尔也会与鱼类相互搭配使用。而肉桂在罗马尼亚很受欢迎。塞浦路斯的美食通常会用香菜籽点缀，并且会使用罕见的如同松香般的乳香脂。

当地风味的混合香料

克梅利-苏内利（Khmeli-suneli）

　　在格鲁吉亚深受欢迎。克梅利-苏内利可以用来涂抹到肉上，或者用来制作味道浓郁的炖菜，它几乎可以撒在任何菜肴上，都非常美味可口。

1汤勺香菜籽	1/2茶勺辣椒粉
1茶勺黑胡椒粒	2汤勺干的金盏花
2片干的香叶	2汤勺干的香薄荷
1汤勺蓝葫芦巴叶	2汤勺干的马郁兰
1汤勺蓝葫芦巴籽	1汤勺干的薄荷
1汤勺大蒜粉	1汤勺干的莳萝
	1茶勺干的海索草

　　将整粒的香料研磨碎，并与剩余的原材料混合好即可。

香料版图

蓝色葫芦巴

红椒粉

特色鲜明的香料

蓝色葫芦巴，黑胡椒，红椒粉

　　蓝色葫芦巴，几乎是格鲁吉亚菜系的御用香料，尝起来味道有点像干草和焦糖。其籽和豆荚都可以研磨成粉状。

辅助性香料

肉桂，葛缕子，茴香，红辣椒

　　除了给希腊穆萨卡提供温和的香料味道，肉桂还是罗马尼亚烹饪中极具特色的风味，而其他香料则用量不大。葛缕子有时候会被添加到希腊橙味的洛卡尼克香肠中。

补充性香料

莳萝，角豆树，香草，乳香脂

　　在东欧，莳萝籽常与鱼类搭配使用。角豆树作为巧克力的替代品很受欢迎，在希腊角豆蛋糕中使用。匈牙利人通常会在奶油和蛋糕中加入香草。

香料的剖析

借助于书中深入详尽的科学知识和给出的实用性建议去探索所有你想要知道的世界上相关的顶级香料，借助于创新性的食谱去开始你大胆的烹饪探索。

肉桂（CINNAMON）

香甜风味 | 风味芳香 | 口感温和

植物学名称
Cinnamomum verum

别名
锡兰肉桂，"真正的"肉桂

主要风味化合物
肉桂醛

可使用部位
嫩树枝的干皮

栽种方式
树木在18~24个月大的时候像灌木一样，树桩被覆盖，使其就像灌木一样生长。新的嫩枝芽被从树木上取下，剥取树皮。

商业化制备
内层树皮在阳光下晒干，然后用手工卷成长长的"鹅毛笔"状，之后肉桂经过分级并切割。

烹饪之外的用途
用于制作香水和作为一种天然的防腐剂使用。

肉桂香料的故事

从公元前1600年起，古埃及人就开始使用肉桂作为熏香和防腐用的香料，他们通过非洲贸易商从亚洲进口。目前还不确定这是来自斯里兰卡的肉桂还是中国的桂皮。从公元8世纪开始，阿拉伯商人控制了贸易，并编造了一些荒诞的故事来保护他们的香料来源和高昂的价格。在这个神话故事中，据说巨人鸟从一个未知之地收集肉桂树皮，用它在高高的悬崖上筑巢，收集肉桂树皮的唯一方法是用大块的肉把巨人鸟引诱走。直到16世纪初，葡萄牙人发现肉桂树生长在斯里兰卡，并迅速占领了该岛，在这之前，真正的肉桂来源对欧洲人来说一直是个谜。接下来，他们又被荷兰人驱逐，荷兰人为了争夺领土控制权和利润丰厚的贸易，与英国人打了几个世纪之久的仗。

植物
肉桂是桂树科中的一种小型的常绿树木。生长在野外潮湿的热带森林中。

嫩枝
树皮每两年收获一次。

肉桂粉
肉桂粉很快就会失去其风味。要少量的购买，将肉桂粉置于密闭容器内，阴凉处保存，6个月内使用完。

整根的肉桂
肉桂条的风味可以保持一年。浅棕色，更薄一些，更易碎裂的肉桂条品质更高。

肉桂的栽种区域
肉桂原产于斯里兰卡，现在主要在缅甸、越南、印度尼西亚种植，东非沿海的塞舌尔群岛也有种植。

在厨房内创造性地使用香料

肉桂本身尝起来并没有甜味，但它能够增强其他原材料的甜味感知。这使得它可以完美地用于甜味的烘烤食品和甜食的制作中，并在咸香风味的菜肴中勾勒出甘美的余韵风味。

香料调配使用科学

肉桂醛是一种主要的风味化合物，是舌头上的温度感受器所能感觉到的，肉桂醛赋予了肉桂温暖的品质，使其成为其他温和型香料的好搭档。通过木质风味的石竹烯、丁香酚渗透性的芳香以及芳樟醇的花香增强了进一步的联系。

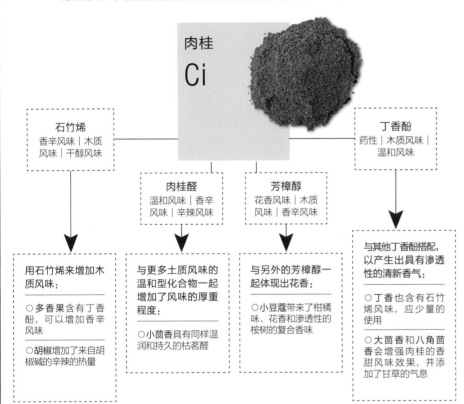

肉桂
Ci

石竹烯
香辛风味｜木质风味｜干醇风味

丁香酚
药性｜木质风味｜温和风味

肉桂醛
温和风味｜香辛风味｜辛辣风味

芳樟醇
花香风味｜木质风味｜香辛风味

用石竹烯来增加木质风味：

○多香果含有丁香酚，可以增加香辛风味

○胡椒增加了来自胡椒碱的辛辣的热量

与更多土质风味的温和型化合物一起增加了风味的厚重程度：

○小茴香具有同样温润和持久的枯茗醛

与另外的芳樟醇一起体现出花香：

○小豆蔻带来了柑橘味、花香和渗透性的桉树的复合香味

与其他丁香酚搭配，以产生出具有渗透性的清新香气：

○丁香也含有石竹烯风味，应少量的使用

○大茴香和八角茴香会增强肉桂的香甜风味效果，并添加了甘草的气息

与食物的搭配

⊕**水果**　把肉桂粉和糖混合好，撒在桃子、无花果、苹果和梨上，然后再烤或者铁扒，或者加入面糊里，用来制作李子或者樱桃风味的克拉芙缇。

⊕**甜美烘焙食品**　可以用肉桂粉给北欧面包、意大利面包或者法国馅饼调味。

⊕**番茄和茄子**　肉桂风味番茄沙司是烤茄子的绝佳浇淋少司。

⊕**红肉类**　可以将1~2根肉桂条加入羊肉塔吉锅内，可以加入伊朗霍拉克炖牛肉，或者香浓的越南牛肉河粉汤中。

⊕**鸽子**　肉桂是摩洛哥馅饼菲罗酥皮鸽子馅饼的主要风味调味料。

混合着试试看

使用并调整这些用于经典的以肉桂风味为特色的混合香料食谱。

- 阿德维耶，详见第27页
- 缅甸风味葛拉姆马萨拉，详见第48页
- 牙买加杰克涂抹香料，详见第64页
- 摩尔混合香料，详见第65页
- 莫令混合香料，详见第73页

释放出风味

肉桂中的味道成分需要一定的时间才能从其木质基质中释放出来，并且其关键的风味化合物——肉桂醛，不溶于水。

在加热烹调的过程中要尽早加入，让肉桂的风味有充分的时间在菜肴中弥漫开来。

油脂和酒会有助于将肉桂醛分散开。

蒸汽也是肉桂醛的载体，所以要盖上锅盖用大火煮开。

桂皮（CASSIA）

香甜风味 | 胡椒风味 | 收敛作用

植物学名称
Cinnamomum cassia, C. loureirii, C. burmanii

别名
中国肉桂，越南/西贡肉桂，印度尼西亚/爪哇/科林特肉桂

主要风味化合物
肉桂醛

可使用部位
干皮，未成熟的果实（"蓓蕾"）

栽种方式
这种树皮在季风季节每隔两年从至少四年树龄的树木上收割一次。

商业化制备
条状的内层皮在阳光下晒干，呈自然卷曲状，形成厚片；蓓蕾也被晒干。

烹饪之外的用途
用于制作香水，在中医中用于治疗腹泻和消化不良。

植物
桂皮来自桂树科中的一种常绿树种，与肉桂关系亲密。

叶和花蕾也带有芳香风味，与"真正的"肉桂不同。

树皮粗糙，呈灰褐色。

花蕾
这种未成熟的干的果实与丁香相类似，在远东地区被当作腌渍香料使用。

树皮
树皮的颜色更深，更厚实，盘绕得更松散，比肉桂更难折断。它具有更浓郁的香气和更强烈的风味。

桂皮香料的故事

公元前2700年开始，中国古代就将桂皮用作药用，并且是最早通过古代贸易路线到达地中海的香料之一。埃及人将桂皮作为一种烹饪香料使用，并利用其保健功能，但是目前还不清楚他们使用的是肉桂还是桂皮。波斯人称桂皮和肉桂为达奇尼（Darchini），并把它们用在咸香风味的菜肴和甜食中。到了公元前5世纪，桂皮已经被确认和肉桂是不同的香料。中世纪的英语和法语烹饪书籍中把桂皮和肉桂称为"卡内拉"（"Canella"），但桂皮弱于肉桂的风味使其地位有所下降：约翰·罗素（John Russell）在他15世纪的礼仪著作《教养体系》中写道，"Synamone代表贵族，Canelle代表平民"。如今，桂皮占全球肉桂供应量的近50%，是中国和东南亚的主要香料。它在北美很受欢迎，那里的大部分"肉桂粉"实际上是桂皮粉。

桂皮的栽种区域
桂皮原产于中国南方地区潮湿的热带森林。在南亚和东亚都有种植。但主要分布在中国南方地区、越南和印度尼西亚。

在厨房内创造性地使用香料

桂皮有一种香甜、温暖的味道，但是带有苦味，并且缺乏肉桂中的花香、柑橘的味道。虽然桂皮可以用于甜味的烘烤食品中，但是它更厚重、更香辛，没有那么细腻的风味，最适合味道浓烈的咸香风味的菜肴。

香料调配使用科学

肉桂醛是桂皮中的主要风味化合物，这种风味化合物使得肉桂和桂皮具有容易辨认的味道。单宁酸，能够给人带来一种使口腔收缩的涩感，也存在于桂皮中，桂皮中包含有香豆素，这是一种在"真正的"肉桂中没有的酚类，以及含有桉树香味的桉油精。

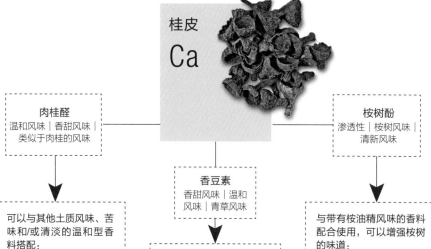

桂皮
Ca

肉桂醛
温和风味｜香甜风味｜类似于肉桂的风味

香豆素
香甜风味｜温和风味｜青草风味

桉树酚
渗透性｜桉树风味｜清新风味

可以与其他土质风味、苦味和/或清淡的温和型香料搭配：

○角豆树具有香甜的土质风味并含有肉桂醛

○小茴香能带来一种土质风味，略带有温和的苦感

○八角添加了草本植物的风味、土质风味和花香的味道，还有甘草的回味

○姜带来辛辣的温热感和柑橘的甜味

可以与其他香甜风味的香混合使用，让风味更佳：

○马哈利樱桃含有香豆素，并产生出杏仁风味

○豆蔻与其是绝佳的搭配，增添了苦中带甜的木质风味

○香草如同蜂蜜般香甜，并有点坚果风味

○大茴香强化了甜度，并增加了香草的味道

与带有桉油精风味的香料配合使用，可以增强桉树的味道：

○小豆蔻增添了香甜的薄荷风味的韵味

○香叶富含桉油精风味，并且具有一种清新的松香和花香般的复合风味

○多香果提供了一种香甜的胡椒般的温辣风味

○塞内加尔胡椒有一种药味，并增加了松木的风味，花香和木质风味

与食物的搭配

⊕ **牛肉，猪肉**　在意大利牛肉酱或牛尾酱、辣焖牛肉，或猪肉咖喱中，可以加入包含着一块桂皮以及其他温和型的香料。

⊕ **豆类，谷物类**　在常用的香料原材料中，加入一块桂皮，可以用来做肉饭、印度木豆或咖喱菜肴等。

⊕ **烘焙食品**　使用桂皮粉，创作出美国冰镇肉桂卷的独特香味，在圣诞糖果、水果蛋糕和香味饼干面团中加入研磨碎的花蕾粉。

⊕ **腌制食品**　将桂皮花蕾加入酸黄瓜腌制汤汁、番茄酸辣酱，或烧烤少司中。

混合着试试看

使用并调整这道经典的以桂皮为风味特色的混合香料。

● 葛拉姆马萨拉，详见第40页

小心谨慎使用香豆素

香甜味的香豆素如果摄入过量会导致暂时性的肝损伤。因此，经常食用肉桂风味食品的人应该选择"真正的肉桂"而不是桂皮。

儿童
3.5克（1/8盎司）

成年人
7克（1/4盎司）

医学权威已建议桂皮每周最大的食用量，超过此量不宜长期食用。

释放出风味

桂皮中的大多数风味化合物，包括占主导地位的肉桂醛，不溶于水，但是其风味能持续的从桂皮基质中逸出。

桂皮最好用电动研磨机研磨成粉。
只在使用之前再将**桂皮**研磨碎，以尽量减少因挥发而失去风味精油。

在菜肴中加入油脂和/或者**酒**，以帮助风味化合物融到菜肴中。

蒸汽会使肉桂醛分散开，如果在有盖的平底锅中煮，那么一道以水为基本材料的菜肴就能够充满芳香风味。

丁香（CLOVE）

香甜风味 | 收敛作用 | 樟脑风味

植物学名称
Syzygium aromaticum

别名
钉子香料：由于其钉子的形状，在许多语言中被翻译成"钉子香料"。

主要风味化合物
丁香酚

可使用部位
花蕾

栽种方式
每年采摘两次，花蕾在刚刚变成粉红色，几乎要开花之时，就会被手工采摘下来。

商业化制备
花蕾在阳光下晒干，直到变成深褐色并变硬。

烹饪之外的用途
在印度尼西亚用来给丁香香烟增添风味；用在一些牙科护理产品中，以及用来治疗恶心、消化不良和炎症反应。

丁香香料的故事

印度尼西亚的摩鹿加群岛（现在的马鲁古群岛）曾因三种本土香料而以香料群岛闻名于世——丁香、豆蔻和豆蔻皮——近2000年来，它们在那里种植，独此一家。在中国的汉朝（公元前202年至公元220年）时期，朝臣们对皇帝讲话时用丁香来使他们的气息变得令人愉悦。罗马人将香料命名为"clavus"（拉丁文意为"钉子"），并将其用作熏香和香水。在中世纪时，丁香作为一种烹饪香料在西方开始流行起来。起初，威尼斯共和国几乎垄断了这种利润丰厚的贸易，但是葡萄牙人、荷兰人、西班牙人和英国人为了夺取控制权进行了一连串的战争，荷兰人最终胜出。在18世纪，法国人皮埃尔·普瓦雷千方百计地将丁香幼苗走私到了毛里求斯。

未采摘的花蕾会发育成深红色的花朵，雄蕊中带有奶油色的泡沫。

丁香的圆头是花朵中未开放的花瓣。

光滑的，如同月桂叶般的叶片也芳香扑鼻。

整粒的丁香
要挑选那些饱满的丁香，不要干瘪的，也不要破损的，而且大多数丁香的顶部都是圆形的。可以通过用指甲按压丁香的茎秆检查其质量：丁香油应该会渗透出来。

植物
丁香树是一种热带常绿植物，生长在火山岩和壤土中。树木在生长五年之后才会开花，但丁香树可以保持100年的花期产量。

丁香粉
丁香粉很快就会失去其风味，所以最好是购买整粒的丁香，然后根据需要研磨成粉状。十二粒丁香大约相当于一茶匙的丁香粉。

丁香的栽种区域
印度尼西亚是最大的丁香生产国，尽管大部分丁香被当地的丁香香烟卷烟业所使用。其他主要生产国是马达加斯加和坦桑尼亚，来自印度、斯里兰卡和巴基斯坦的产量较少。

在厨房内创造性地使用香料

丁香浓郁的风味通常可以通过将其与其他类似的温和型香料混合使用从而让其风味变得柔和。具有防腐性能使其成为一种常见的腌制泡菜时使用的香料，但要慎用。

香料调配使用科学

在所有香料中，丁香是丁香酚含量最高的香料，这种芳香的、温和型的酚类化合物有着一股像桉树一样的气味，并且对舌头有增强甜味的作用。木质风味的石竹烯是另外一种可以与之配对使用的风味化合物，类似于绿色香蕉状的甲基乙基酮和薄荷味的水杨酸甲酯使其味道更加圆润。

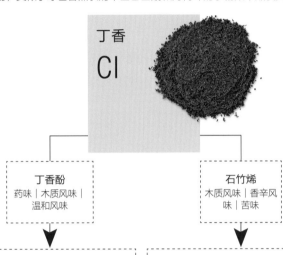

丁香
Cl

丁香酚
药味 | 木质风味 | 温和风味

石竹烯
木质风味 | 香辛风味 | 苦味

可以与其他含有丁香酚的香料相互搭配使用：

○ 多香果提供了一种香甜的，胡椒风味的温热感

○ 甘草含有甜香风味和桉树一样的味道

○ 少量使用豆蔻或肉桂会增加温和的香辛风味

○ 香叶和葫芦巴是咸香风味的绝佳搭配

与更多的含有石竹烯的香料一起，衬托出更加香辛的风味：

○ 摩洛哥豆蔻带来一种胡椒风味的温热感并有着渗透性的香辛风味

○ 黑胡椒粉增添了温热感，同时也带有木质的风味

○ 可可增加了浓郁的干烘过的苦味

与食物的搭配

⊕ **番茄和紫甘蓝**　在番茄沙司中或者当开始炖紫甘蓝时加入一点丁香粉。

⊕ **桃子**　桃子中含丁香酚，使其与丁香成为天然搭配。将桃子保存在用肉桂、鲜姜和整粒的丁香（每个桃子放2~3粒）浸渍出的风味糖浆中。

⊕ **牛肉和猪肉**　可以在烩牛肉、炖猪肉或传统的法国菜肴砂锅牛肉中加入几粒丁香调味，或者加入马萨拉中用来制作喀拉拉风味咖喱牛肉。

⊕ **牛奶**　在将牛奶加热制作白色少司，或制作印度乳粥，或印度米饭布丁之前，可在热牛奶中加1~2粒丁香。

⊕ **热饮**　在茶或咖啡中加入一粒丁香，以取得没有增加卡路里的甜味。丁香也是热葡萄酒或苹果酒中必不可少的芳香材料。

混合着试试看

试试这些以丁香为特色的经典混合香料食谱，或为什么不用一些香料调配科学来调整它们呢？

● 肉饭马萨拉混合香料，详见第34页

● 文达路咖喱酱，详见第44页

● 芬兰风味姜饼香料，详见第72页

释放出风味

丁香中的主要风味化合物，丁香酚和石竹烯是油基性化合物。它们一经释放就会迅速挥发，并且几乎不溶于水。

使用整粒的**丁香**或者只在使用时研磨碎，并加入到菜肴中。

尽早加入到**菜肴**中，以给出足够的时间让香味从木质基质中散发出来。

酒　　　油脂

需要一些油脂/脂肪和/或酒以将风味化合物散发出去。

多香果（ALLSPICE）

温热口感 | 胡椒风味 | 香甜风味

植物学名称 *Pimenta dioica*	**栽种方式** 在夏天，当浆果成熟后但仍然是呈绿色的时候，人们用手工将带有一串串浆果的小树枝从树上采摘下来。
别名 牙买加胡椒，丁香胡椒，西班牙甜椒	**商业化制备** 浆果经过"捂"（见香草的商业化制备，第100页），然后在阳光下晒上几天，或者在采摘前经过人工加工。
主要风味化合物 丁香酚	
可使用部位 干的浆果；新鲜的叶片偶尔可用	**烹饪之外的用途** 用于香水和化妆品中的精油，药物中的增香剂；杀虫剂和杀菌剂；防腐剂以及帮助消化。

多香果香料的故事

至少从公元前2000年开始，中美洲的玛雅人就开始使用多香果来给尸体防腐，缓解关节炎症状，并用来为巧克力饮料调味，而加勒比土著则用它来保存肉和鱼。1494年，在牙买加，克里斯托弗·哥伦布是第一个邂逅这种香料的欧洲人，但是把它误认为是一种辣椒，因此它的西班牙名字是Pimento。从一开始，欧洲人就迷恋上了它的防腐能力，直到今天，这种香料还被斯堪的纳维亚捕鱼业用作防腐剂。

当俄罗斯在19世纪早期被拿破仑入侵时，俄罗斯军队将压碎后的多香果放入到他们的靴子里，以防止脚部细菌和真菌感染。

植物
多香果是桃金娘科的一种常青树木。它在生长7年或者8年时开始结果，并且可以持续长达100年。

多香果浆果
在树上成熟后会变成深紫色，但会失去大部分的芳香气味。

在加勒比地区，光滑的叶片被用来酿入肉类。

多香果粉
多香果粉很快就会失去效力。要少量购买，并密封好，在阴凉、避光的地方，可以保存6个月。

多香果粒
干燥的多香果浆果能很好地保留住它们的风味，并且密封好，在阴凉、避光的地方几乎可以无限期地保存下去。

粗糙的外皮
中含有微小的油腺。

大部分风味会集中在皱缩的外皮（或"果皮"）中，而不是在籽里。

多香果的栽种区域
原产于西印度群岛、墨西哥和中美洲，多香果主要在牙买加种植，但在洪都拉斯、墨西哥、危地马拉、夏威夷和汤加也有种植。

在厨房内创造性地使用香料

正如其名字一样，这种风味浓郁的、用途广泛的香料既适合于甜食，也适合于咸香风味的菜肴，并且可以很和谐地与其他香料混合在一起使用。多香果是牙买加菜系中的支柱，也是牙买加杰克涂抹香料的重要成分。

香料调配使用科学

多香果与其他含有酚类化合物丁香酚的香料是最佳搭配，它们带有浓重的药香味。其他与桉油精有关的含有桉树风味的香料，其渗透性能也非常相配。少量较清淡的萜烯类水芹烯、芳樟醇、月桂烯以及蒎烯使其口味变得更加圆润。

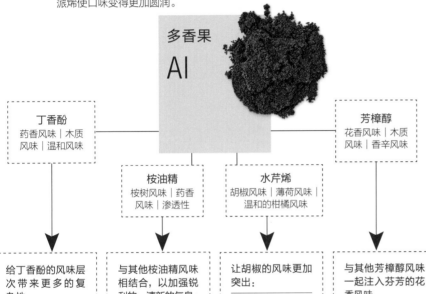

多香果
AI

丁香酚
药香风味 | 木质风味 | 温和风味

芳樟醇
花香风味 | 木质风味 | 香辛风味

桉油精
桉树风味 | 药香风味 | 渗透性

水芹烯
胡椒风味 | 薄荷风味 | 温和的柑橘风味

给丁香酚的风味层次带来更多的复杂性：

○ 豆蔻和肉桂会散发出更加温和的气息

○ 甘草突出了香甜的药香味道

○ 香叶中的丁香酚更清新，更有花香风味

与其他桉油精风味相结合，以加强锐利的、清新的气息：

○ 高良姜会提供一种柑橘的风味

○ 小豆蔻带来一种温和的渗透性风味

○ 黑小豆蔻在桉树风味之下增加了一层烟熏风味

让胡椒的风味更加突出：

○ 八角还为甜味大茴香的辛香风味加上了桉油精的风味

○ 黑胡椒能产生出一种温和的辛辣味

与其他芳樟醇风味一起注入芬芳的花香风味：

○ 香菜籽还增添了显著的柑橘的香味

○ 塞内加尔胡椒也具有同样的桉树脂风味，增强了多香果中胡椒风味的一面

与食物的搭配

⊕ **生鱼类**　与芥末籽混合，可以作为生鱼的腌制香料，例如鲱鱼，或用来制作墨西哥风味油炸调味鱼。

⊕ **甜味的蔬菜类**　要想让蔬菜散发出天然的香甜风味，可以试着将其加到番茄沙司或汤里，甜菜风味罗宋汤里，或者甘薯泥里。

⊕ **红肉类**　将研磨碎的香料加到炖牛肉中（尤其是番茄炖牛肉）和猪肉酱或者野味酱混合物中。

⊕ **核果类和大黄**　在煮李子、苹果、梨或大黄时，可以在锅里撒上一点多香果粉。

⊕ **甜味烘焙食品**　在饼干面团、姜味蛋糕、牛奶布丁中，或蒸布丁时，加入一点多香果粉。

混合着试试看

试试这些以多香果为特色的经典混合香料食谱，或者尝试用一些香料调配科学来调整它们。

● 阿拉伯风味巴哈拉特混合香料，详见第26页

● 牙买加杰克涂抹香料，详见第64页

● 莫令混合香料，详见第73页

释放出风味

来自吡嗪风味中更深层次的烟熏风味，干烘的芳香风味可以通过在研磨前将整粒的香料碎裂开并经过干烘而产生。

在干烘之前，先在研钵内用杵轻捣多香果浆果，使其外壳碎裂开。

风味化合物集中在外壳内。

将外壳碎裂开有助于释放出储存在微小腺体中的风味香油。

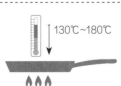

130℃~180℃

在煎锅里干烘。新的风味化合物，如吡嗪，会在130℃以上的温度形成，但在180℃焦煳的风味会占据主导。

大茴香（ANISE）

樟脑风味 | 香甜风味 | 温和风味

植物学名称
Pimpinella anisum

别名
洋茴香，甜茴香，白茴香

主要风味化合物
茴香脑，茴香醇

可使用部位
无肉果壳内的小籽

栽种方式
作为一年生作物生长，当大茴香成熟时，植物就被拔除或割掉。

商业化制备
大茴香果实被留下来干燥一个星期，然后经过反复敲打，与花头分离开。

烹饪之外的用途
其精油常用于咳嗽药、香水和肥皂。也被当作治疗呼吸困难和头痛的传统疗法。

大茴香香料的故事

有记载表明，古埃及人被蛇咬伤时，会用大茴香来治疗。但是罗马人真正喜欢上这种极其甘甜的甘草味香料，是从一个不起眼的百夫长的食物，到给考恩特姆葡萄酒增添风味和在特别宴会上供应的香浓的马斯塔乔蛋糕都可以用大茴香来调味。大茴香作为一种受欢迎的菜园植物一直延续到中世纪，尤其是在比利牛斯山脉一带，在那里，修道士们酿造了一种大茴香风味的利口酒，法国人作为开胃酒饮用，也加到炖菜和高汤中。时至今日，有一些利口酒仍然使用大茴香精油来调味，包括法国帕蒂斯大茴香酒、希腊乌佐酒、土耳其拉基酒和阿拉伯阿拉克酒等。大茴香也一直被认为是一种行之有效的助消化剂；在今天的印度，人们通常会在饭后整颗咀嚼大茴香籽。

植物
大茴香是一种对霜冻敏感的非木本植物。这些花朵在仲夏时节开花，过一两个月之后就发育成成熟的果实。大茴香在弱碱性土壤中生长旺盛。

小花为黄白色，呈伞形花序簇群生长。

类似于蕨类植物的叶片有一种细腻的风味，可以当作香草使用。

大茴香籽通常会保留少量的茎秆，但过多的茎秆则表明质量不合格。

要检查大茴香籽中有没有灰尘。

整粒的大茴香
棕绿色椭圆形的大茴香籽，最好整粒地购买，并根据需要研磨成粉状。大茴香籽可以在密封的容器中保存两年的时间。来自意大利卡拉布里亚的黑色野生大茴香比常见的大茴香更香甜一些、苦味更少一些，但更难采摘到。

大茴香的栽种区域
大茴香在其原产地区域地中海东部、埃及和中东地区广泛种植，如今，作为商业作物的种植范围已远至波罗的海国家和拉丁美洲。栽种区域也向东传播到了印度、中国和日本。

在厨房内创造性地使用香料

大茴香最常见的用途是给甜味烘焙食品增添风味，但也有许多咸香风味的菜肴同样适用。在亚洲烹饪中，在大多数情况下，大茴香和茴香籽是可以相互替换使用的。如果使用基于茴香风味的利口酒，只需轻轻地淋洒上最小的用量，以避免遮盖住菜肴的原来风味。

香料调配使用科学

大茴香中非常明显的甘草风味来自强力的茴香脑化合物。香料的匹配可以通过与其他更细腻的风味化合物来实现——茴香醇有着樱桃、香草和巧克力的味道，以及草蒿脑和微量的蒎烯和柠檬烯。

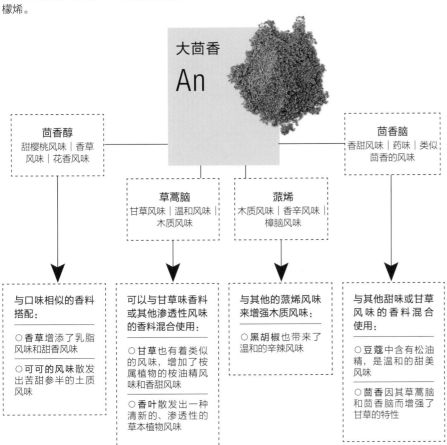

大茴香
An

茴香醇
甜樱桃风味│香草风味│花香风味

茴香脑
香甜风味│药味│类似茴香的风味

草蒿脑
甘草风味│温和风味│木质风味

蒎烯
木质风味│香辛风味│樟脑风味

与口味相似的香料搭配：

○香草增添了乳脂风味和甜香风味

○可可的风味散发出苦甜参半的土质风味

可以与甘草味香料或其他渗透性风味的香料混合使用：

○甘草也有着类似的风味，增加了桉属植物的桉油精风味和香甜风味

○香叶散发出一种清新的、渗透性的草本植物风味

与其他的蒎烯风味来增强木质风味：

○黑胡椒也带来了温和的辛辣风味

与其他甜味或甘草风味的香料混合使用：

○豆蔻中含有松油精，是温和的甜美风味

○茴香因其草蒿脑和茴香脑而增强了甘草的特性

与食物的搭配

⊕ **块根芹**　将大茴香粉加入风味浓郁的少司中，用来制作块根芹蛋黄酱。

⊕ **土豆**　将切碎的洋葱与大茴香、咖喱叶和芥菜籽一起煸炒，用来给咖喱土豆和豌豆增添风味。

⊕ **鱼类**　将一茶匙的大茴香粉加入到南印度风味的椰子鱼汤中或者加到以番茄为基础材料的地中海风味炖鱼中混合好。

⊕ **猪肉**　将烘好的大茴香籽加到做香肠用的碎肉中，用作肉丸或馅料。

⊕ **水果**　将大茴香籽揉到甜味油酥面团中，用来制作柠檬挞、柑橘挞或者苹果馅饼。或者把它们放在面糊里，做成油炸苹果或者油炸香蕉。

释放出风味

茴香脑能溶于酒精和油脂，但不溶于水。在拌入其他食物中之前，先用油或其他油脂略微煸炒，或者使用酒类（如米酒）使其风味在基于液体类的菜肴中扩散开。

酒类　　　　油脂

甜味化合物

大茴香中含有高达90%的风味香油，并散发出甘草风味。这种化合物还能刺激人类味蕾上的甜味神经末梢，使其比糖更甜——但却不包含卡路里。因此，大茴香长期以来一直都是香甜的糖果和利口酒的首选风味调味料，也就不足为奇了，尤其是在没有得到糖之前。

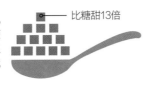

比糖甜13倍

混合着试试看

试试这些以大茴香为特色的经典混合香料食谱，或者为什么不用一些香料调配科学来调整它们呢？

● 缅甸风味葛拉姆马萨拉，详见第48页
● 山东风味香料袋，详见第58页
● 南京风味香料袋，详见第59页

八角（STAR ANISE）

甘草风味 | 香甜风味 | 温和口感

植物学名称
Illicium verum

别名
八角茴香，巴贝多茴香，西伯利亚茴香

主要风味化合物
茴香脑

可使用部位
八角豆荚，八角籽

栽种方式
从夏末到初冬，八角在成熟之前收获。

商业化制备
八角通常在阳光下晒干，直到变得坚硬、木质化，八角豆荚尖端裂开，露出里面的籽。

烹饪之外的用途
用于肥皂、香水和止咳合剂中，在中医中用于治疗胃痛、头痛和风湿病症。

八角香料的故事

八角的拉丁文名称*Illicium*的意思是"诱惑"，指的是它的香甜的气味和美丽的形状。它在其原产地的中国和越南种植了3000多年，用于烹饪和药物。在中国文化里，它象征着好运，如果发现一个超过正常的八个臂的八角，就会被认为是非常幸运的。从中世纪后期开始，人们就沿着茶道从中国经由俄罗斯进行贸易，在大部分的这段时间里，它被称为西伯利亚豆蔻。因为八角相对来说比较高的价格，并且在亚洲烹饪越来越受到欢迎，八角从未像今天这样得到如此广泛的应用。事实上，由于八角中含有莽草酸，所以在国际上流感爆发期间就出现了短缺，这是一种用于制造抗病毒药物达菲的化学物质。

植物

八角是中国的一种常绿小树的果实，与木兰类植物有密切的亲缘关系。树木可以结出100年或更长时间的果实。

叶大，芳香，蜡质，成束状。

八角粉
八角籽和木质的心皮可以用来制作成粉状的香料。其风味化合物很快就会挥发，所以八角粉不能长时间保持新鲜程度。

类似水仙花的花朵在结出果实之前会变成黄色。

每条"臂"上都有一个包含着种子的心皮。

整个的八角豆荚
富有光泽的八角籽要比果皮的风味更淡一些，果皮是芳香型防御化合物的集中地。

芳香的白色树干。

八角的栽种区域
原产于中国西南部地区和越南东北部地区，八角在中国、印度、老挝、越南、菲律宾和日本都有种植。

在厨房内创造性地使用香料

八角是制作中国菜必不可少的香料，也是五香粉中不可或缺的香料。在印度南部地区，它可以添加到印度香饭中，并可以在葛拉姆马萨拉中使用。越南河粉中如果没有它独具特色的味道就称不上完整。

香料调配使用科学

八角与大茴香、茴香和甘草都具有茴香脑风味化合物，即使它们来自于毫不相干的植物。茴香脑比食糖甜13倍，会赋予香料香甜风味。它的整体风味比其他含有茴香脑的香料要更为复杂，并且具有芳樟醇诱人的花香。

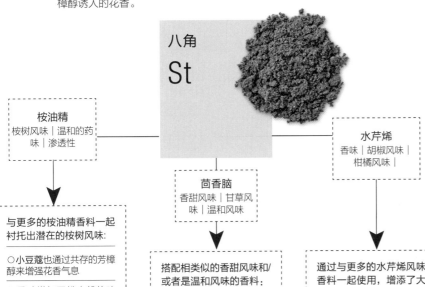

八角
St

桉油精
桉树风味 | 温和的药味 | 渗透性

茴香脑
香甜风味 | 甘草风味 | 温和风味

水芹烯
香味 | 胡椒风味 | 柑橘风味 |

与更多的桉油精香料一起衬托出潜在的桉树风味：

○小豆蔻也通过共存的芳樟醇来增强花香气息

○香叶增加了松木般的味道，并分享着芳樟醇的清新，芬芳的花香，并略微有些苦味

○黑小豆蔻和塞内加尔胡椒会给混合香料提供一种促进食欲的木质烟熏香味

○高良姜和姜也是极好的，清新爽口的搭配

搭配相类似的香甜风味和/或者是温和风味的香料：

○豆蔻、豆蔻皮和多香果含有丁香酚，可与茴香脑起到增效作用；豆蔻和豆蔻皮也拥有着松油醇清新的木质风味

○肉桂有一种香甜、温和的香味，对茴香脑的风味形成了补充

通过与更多的水芹烯风味香料一起使用，增添了大量清新的香草的浓郁风味：

○胡椒带来挥之不去的香辣感

○莳萝也含有特色鲜明的柠檬烯，具有较浓郁的柑橘味

与食物的搭配

⊕ **蔬菜类** 在炖韭葱、卷心菜或者茴香时，可以加入一瓣八角，可以将八角粉撒到南瓜、根类蔬菜，以及瑞典甘蓝上，然后再烤，可以在甜味蔬菜蓉汤里加入一点八角粉。

⊕ **米饭** 煮印度香米或泰国糯米时，可以在锅里放一个整的八角——其柔和的、香甜的味道补充了印度香饭和肉饭的风味。

⊕ **牛肉，猪肉** 用整个的八角香料来增加炖牛尾的清新风味，或者加入到中式炖猪肉中。

⊕ **海鲜** 把八角、姜和胡椒粒在少司锅里混合好，然后加入海蛤或者贻贝以及葡萄酒或者少许雪利酒或者潘诺茴香酒，可以用来制作成一道越南风味的菜肴。

⊕ **蜜饯** 与温柏、无花果、苹果、杏以及菠萝、芒果等热带水果混合到一起，增添清新的甘草味道。

混合着试试看

试试这些以八角为特色的经典混合香料食谱，或者为什么不用一些香料调配科学来调整它们呢？
- 文达路咖喱酱，详见第44页
- 缅甸风味葛拉姆马萨拉，详见第48页
- 山东风味香料袋，详见第58页
- 南京风味香料袋，详见第59页
- 五香粉，详见第60页

释放出风味

八角大部分的风味被锁定在豆荚的硬质外皮中，外皮可以保护八角籽，并含有浓缩的风味化合物，这些化合物经过进化可以抵御害虫。有很多种可以释放出与增强这种独特的风味化合物的方法。

使用**油脂和酒**（如米酒、酿造酱油）来让茴香脑风味扩散开。

在130~180℃下干煸，以生成坚果味的吡嗪化合物。

当硫黄风味与茴香脑风味起化学反应时，用葱加热烹调时会产生出肉香味。

使用整个的八角豆荚在慢火加热烹调时，可以让其风味从木质外皮中释放出来。

中式辣椒和八角风味
清蒸三文鱼
（CHINESE STEAMED SALMON WITH CHILLI AND STAR ANISE）

制作简单且易于制备，这道经过精心调味的中式菜肴配上八角和苏格兰帽辣椒，赋予了三文鱼几分辛辣的回味，在丰富了菜肴口感的同时又不失鱼肉的温和味道。与淡味烟熏三文鱼搭配效果特别好，但是如果你喜欢，也可以使用没有经过烟熏的三文鱼片。

香料
使用创意

换用不同颜色的辣椒：黑胡椒增加一种更加芳香、较复杂的辣味；青椒有着占据主导的草本植物风味。

受新鲜香料的启发，可以**尝试着用来替代八角**：多香果能从辣椒中提取出果脂；柑橘类花香风味的香菜籽能增强姜中的柠檬醛风味。

用干辣椒代替新鲜辣椒——用水泡软后切成片——得到烟熏的干烘过的风味。

供4人食用

制备时间30分钟

加热烹调时间10分钟

4块淡味烟熏三文鱼排，去皮
1/2茶勺白胡椒粉
少许八角，掰碎
1汤勺绍兴酒或者干雪利酒
1汤勺细姜末
1个苏格兰帽辣椒，去籽后切成大约12条
2茶勺生抽
2茶勺老抽
2棵春葱，切成细末
1汤勺植物油
2茶勺香油
1茶勺辣椒油

1 用白胡椒粉涂抹三文鱼排。把它们呈单层地摆放在一个耐热餐盘内，在每块鱼排的下面分别放一片八角，在每块鱼排的上面再分别摆放一片八角。

2 倒入绍兴酒或者干雪利酒，将姜末撒到鱼排上，在每一块三文鱼排上面分别摆放上几条辣椒。

3 在一个蒸锅内，或者在一个底部带有三脚架的深平底锅内，倒入2厘米高度的水，用小火加热烧开。将盛鱼的餐盘放到锅中，用锡纸将锅密封好，根据三文鱼排的厚度，用中小火加热蒸8~10分钟。根据需要，可以在锅内加入更多的开水。

4 当三文鱼蒸熟之后，将盛鱼的餐盘从锅内取出，并去掉八角。将酱油浇淋到鱼排上并撒上春葱。

5 用大火将锅或者厚底锅加热。加入三种油，沿着锅底搅动加热。当油非常热并略微冒烟时，将锅从火上端离开，将热油浇淋到鱼排上。配米饭和炒青菜，炒油菜等一起食用。

茴香（FENNEL）

大茴香风味 | 温和风味 | 苦中带甜

植物学名称
Foeniculum vulgare（苦味茴香）
F. v. var. dulce（甜味茴香）

别名
茴香籽

主要风味化合物
茴香脑

可使用部位
果实（误称为籽），花粉

栽种方式
当籽在开花的伞状花序上成熟后并呈灰绿色的颜色时，植物就会被收割下来。

商业化制备
结有果实的伞状花序被晒干，然后经过敲打、清洗，并挑选分级。

烹饪之外的用途
精油可用于止咳药、肥皂和香水中。在草药中可用于改善视力和帮助消化。

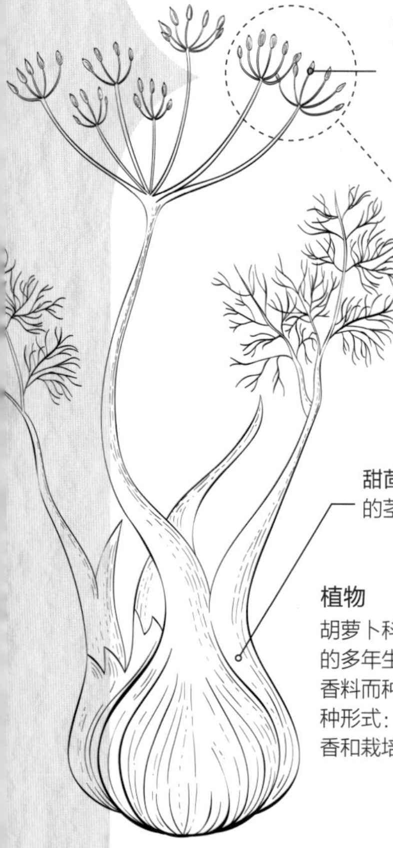

茴香香料的故事

从印度的吠陀到古希腊医学文献的作者们，历代草药学家都赞同茴香具有恢复视力的功效，并认为茴香是被蛇咬伤后的解毒剂。茴香在希腊语中是马拉松的意思，而马拉松平原，是公元前490年希腊人在与波斯人的决战中获胜的地方，那里就是以"茴香之地"命名的。罗马人把香料带到了他们征服过的所有土地上，到了中世纪早期，茴香在欧洲广受欢迎，这要部分的感谢法兰克王国国王查理曼大帝（公元742—814年），他要求在他的帝国农场里种植茴香。欧洲殖民者使用茴香作为防腐剂，用来掩盖快过期肉类的味道。他们把这种植物传播到美洲和澳大利亚，那里野生的茴香现在被认为是有毒的杂草。

果实是由黄色的小花结出的。

水果足够柔软，可以整粒食用。

椭圆形的外壳中含有茴香籽。

甜茴香长有膨胀的茎基部。

植物
胡萝卜科中的一种耐寒的多年生草本植物，为香料而种植的茴香有两种形式：野生的苦味茴香和栽培的甜味茴香。

整粒的茴香
苦味茴香有一种微苦的味道，有点像芹菜籽。风味如同大茴香的甜味茴香，用途更为广泛。

颜色从绿色到黄褐色不等。

茴香的栽种区域
原产于地中海，在整个欧洲都有种植，实际上茴香主要产自印度。其他闻名的种植地包括土耳其、日本、阿根廷、北非和美国（主要是加利福尼亚）。

在厨房内创造性地使用香料

茴香以其温和的大茴香特性增强了甜味和咸香味菜肴的风味。这种香料最引人注目的是作为意大利色拉米香肠的调味料，在遍及克什米尔到斯里兰卡的整个南亚地区的马萨拉混合香料中都会使用到茴香。

香料调配使用科学

茴香中主要的甜味大茴香风味来自强劲的茴香脑风味。同时具有渗透性的茴香酮有着苦辛味，并且也含有少量的柑橘风味的柠檬烯和有着松木香味的蒎烯。

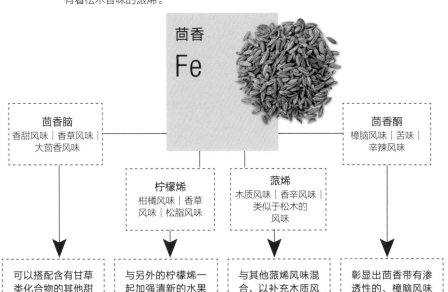

茴香 Fe

茴香脑
香甜风味｜香草风味｜大茴香风味

柠檬烯
柑橘风味｜香草风味｜松脂风味

蒎烯
木质风味｜香辛风味｜类似于松木的风味

茴香酮
樟脑风味｜苦味｜辛辣风味

可以搭配含有甘草类化合物的其他甜味香料：

○ **大茴香和八角**以茴香脑风味为主，并添加了香草风味和花香风味

○ **莳萝籽**带来了薄荷味，甘草般的香芹酮和柑橘味的柠檬烯风味

○ **豆蔻**也一样带有甜味；丁香酚和茴香脑很相配

与另外的柠檬烯一起加强清新的水果味道：

○ **小豆蔻**中渗透性的，类似于桉树风味的桉油精也有助于平衡茴香脑的风味

与其他蒎烯风味混合，以补充木质风味香料的味道：

○ **黑胡椒**增添了辛辣的舒适感

○ **小茴香**有一股土质的，略带有苦涩的风味

彰显出茴香带有渗透性的、樟脑风味的那一面：

○ **桂皮**中的樟脑风味会突出茴香酮的风味，但它的甜味会平衡苦味

与食物的搭配

⊕ **李子和无花果** 在煮李子和无花果时，或者在制作果酱和酸辣酱时可以加入干烘过的茴香籽。

⊕ **果实类蔬菜** 可以将茴香粉拌入到茄子、小胡瓜和番茄炖菜中。

⊕ **猪肉和牛肉** 可以拌入到肉丸内，或者轻轻压碎与盐一起用作涂抹料，以作烤带皮五花肉之用。

⊕ **油性鱼类** 压碎后与少许胡椒粉和盐混合好，然后在煎鱼之前，撒到鱼排上。

⊕ **杏仁** 可以在刚出炉的杏仁饼干上撒上混合着糖的碎茴香。

释放出风味

茴香中所含有的风味精油被储存在果实中的脊状外皮里面的空心管囊中。

研磨茴香籽会将空心管囊碎裂开，这有助于风味精油的逸出。

提前**干煸**会产生出新的带有烘烤过的、坚果味的吡嗪风味，它能迅速地与现有的风味化合物相结合。

混合着试试看

试试这些以茴香为特色的经典混合香料食谱，或者尝试用一些香料调配科学来调整它们。

●**潘奇佛兰**，详见第43页

●**五香粉**，详见第60页

甘草（LIQUORICE）

香甜风味 | 大茴香风味 | 风味温和

植物学名称
Glycyrrhiza glabra

别名
月桂树，西班牙果汁植物，杰希马多

主要风味化合物
甘草酸

可使用部位
根和根茎（地下茎）

栽种方式
根和根茎是在植物生长3~5年的时候将整个植株挖出来后收获的。

商业化制备
根和根茎被切割下来，清洗和修剪，然后干燥几个月的时间。

烹饪之外的用途
用于烟草香料，止咳药、含片成分，在传统医学中用于治疗发炎症状、消化性溃疡和胸部不适。

甘草香料的故事

古代亚述人、巴比伦人、埃及人、希腊人和罗马人都通过咀嚼甘草来解渴、令口气清新，并增强耐力。2000多年前，这种香料经由丝绸之路传到中国，它被用作兴奋剂和解毒剂。到了12世纪，甘草萃取液在北欧被广泛使用。甘草通常由僧侣种植，专门用于治疗咳嗽、胃溃疡和胸痛。第一块甘草糖是在1760年制成的，到了19世纪末，欧洲各地，尤其是北欧国家，都在生产甘草糖和利口酒。该种香料也被用来给烟草调味，今天世界上大部分的甘草作物都是为此目的而种植的。甘草作为香料的使用仍然仅限于中国、印度和斯堪的纳维亚半岛。

植物
甘草是豆科中多年生草本植物，具有根状茎，形成一棵分枝的，扩散开的网状植物。

蓝紫色的花朵会繁殖出红棕色的、长有钢毛的籽荚。

甘草粉
取决于植物品种和加工方法的不同，磨成粉状的干块根有着不同的颜色和"精细"或者"生的"种类划分。

整根的甘草
干的甘草根可以购买到切片的，也可以购买到长达20厘米的甘草段。存放在密封的容器内，放在阴凉干燥的地方几乎可以无限期地储存。

根状茎呈亮黄色并且如同铅笔般粗壮。

甘草的栽种区域
甘草原产于地中海地区和西亚。它主要在俄罗斯、西班牙和中东种植，但在北非、法国、意大利、土耳其、北美、印度和中国也有种植。

在厨房内创造性地使用香料

干的甘草根或根茎有着强烈的大茴香风味和温和、持久的香甜味。它可以用来加入甜味菜肴、汤菜、少司和炖菜中浸渍出风味，还可以添加到像中国风味五香粉等混合香料中。要适量使用，以避免遮盖住菜肴原来的风味。

香料调配使用科学

甘草根中强力的增甜效果来自甘草酸，一种比糖要甜50倍左右的化合物。这种香料中温热的药香风味是由三种化合物产生的——类似于茴香风味的草蒿脑、类似于桉树风味的桉油精、类似于丁香风味的丁香酚。少量花香的芳樟醇、类似于黄瓜风味的醛类和牛至味道的酚类赋予了甘草圆润、层次丰富的口感。

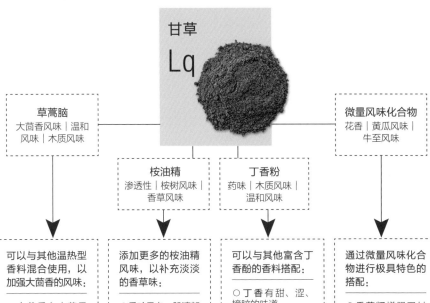

甘草
Lq

草蒿脑
大茴香风味｜温和风味｜木质风味

微量风味化合物
花香｜黄瓜风味｜牛至风味

桉油精
渗透性｜桉树风味｜香草风味

丁香粉
药味｜木质风味｜温和风味

可以与其他温热型香料混合使用，以加强大茴香的风味：

○ 大茴香在大茴香风味之外，加上了一丝樱桃、香草和可可豆的风味

○ 茴香增强了甜味，增加了大茴香风味属性的复杂性

○ 伴着甜味的茴香脑风味，八角具有渗透性的桉树风味和辛辣的薄荷味

添加更多的桉油精风味，以补充淡淡的香草味：

○ 香叶具有一股清新的、渗透性的，草本植物的花香风味

○ 小豆蔻强化了桉树的味道，增添了薄荷味和柠檬味

可以与其他富含丁香酚的香料搭配：

○ 丁香有甜、涩、樟脑的味道

○ 肉桂和桂皮同样香甜，并增加了木质和柑橘的香味

通过微量风味化合物进行极具特色的搭配：

○ 香菜籽增强了甘草中的花香风味

○ 香草具有花香、叶香味，同时具有大茴香般的茴香醛风味和奶油味

○ 黑种草和香旱芹籽会与牛至般的风味化合物亲密无间

与食物的搭配

⊕ **柑橘类**　在西柚和橙子沙拉上可以撒上一点甘草粉。

⊕ **芦笋，茴香**　可以在黄油少司中加入甘草粉，用来配铁扒芦笋，或者与柠檬一起撒到烤茴香上面。

⊕ **油性鱼类**　在腌制三文鱼或者鳟鱼的腌料中，可以加入甘草粉。

⊕ **火腿，牛肉**　可以在炖火腿或牛胸肉的汤汁中，加入甘草根。

⊕ **烘焙食品**　在姜饼面团中可以加入甘草粉，或者将甘草根浸渍在糖浆中，用来制作蒸海绵布丁。

⊕ **蜜饯**　可以用甘草来给苹果冻和樱桃果酱调味，或者与小豆蔻和香菜籽一起加入到斯堪的纳维亚李子酸辣酱中。

释放出风味

甘草中的甘草酸通过与油和水混合，帮助融合菜肴中甘草和其他所有香料的味道。

油滴在水中悬浮着。

加入水中，甘草酸可以变稠形成凝胶，使得油和水可以形成细滑的混合物。

在**加热烹调**开始之前就加入甘草，以使其风味最大化。

对于烹饪时间较短或者汤汁较少的菜肴，可以先将甘草根用热水浸泡。

混合着试试看

使用并调配这些以甘草为特色的经典混合香料。
● 南京风味香料袋，详见第59页
● 五香粉，详见第60页

马哈利樱桃（马哈利樱桃籽，MAHLEB）

苦中带甜 | 水果香味 | 木质风味

植物学名称
Prunus mahaleb

别名
黑樱桃籽，马赫乐比，岩石樱桃，圣露西樱桃

主要风味化合物
香豆素

可使用部位
果实中的果核里面的内核（籽）

栽种方式
成熟的樱桃在秋天被采摘下来，那时候的樱桃已经变成了深紫黑色。

商业化制备
这种小而软的内核是通过敲碎裹着一层薄薄果肉的樱桃核而获取的。然后将籽烫熟、干燥、磨成粉或整粒出售。

烹饪之外的用途
精油可用于制作香水。

马哈利樱桃香料的故事

在地中海和中东的史前遗址中发现了马哈利樱桃核，但是有关它们在古代使用的书面证据却很少。在最早的香水配方中列出的以香味著称的果仁可以追溯到公元12世纪。然而，有一些证据表明，马哈利樱桃可能早在苏美尔时代（公元前4500年至公元前1900年）就在古代美索不达米亚，大约在伊拉克和叙利亚附近被栽种。在马哈利樱桃树的原产地地区，干果仁、果仁粉作为一种烹饪香料使用可以追溯到几个世纪以前。在宗教节日享用的香浓的面包和蛋糕中使用非常受欢迎。尽管希腊裔美国人经常把它添加到他们制作的欧式酵母蛋糕和糕点中，但是马哈利樱桃籽在希腊、土耳其、北非和中东以外的地方并不常用。

植物
马哈利樱桃是一种落叶树或大的灌木，属于蔷薇科。

磨碎的马哈利樱桃籽粉应该是呈淡奶油色。

马哈利樱桃籽粉
比整个内核苦味更少，风味更加丰富，这种粉末由于其含油量高，很快就会变质。

椭圆形的内核是柔软的，且有胡椒粒那么大。

整粒的内核
整粒的内核比研磨成粉能更好地保留它们的味道，但是需要冷冻储存，以延长其保质期。

樱桃非常酸，被认为不适合食用。

白色的花朵芳香四溢。

马哈利樱桃的栽种区域
马哈利樱桃原产于地中海地区、中亚部分地区和伊朗。现在主要在土耳其安纳托利亚地区以及叙利亚和伊朗种植。

在厨房内创造性地使用香料

马哈利樱桃口味是奢华的甜味和水果味，有着杏仁的芳香和木本樱桃的滋味；整粒的果仁在咀嚼时也会释放出苦味。主要以被用作烘焙香料而闻名，它可以给咸香风味的菜肴添加上水果和坚果的风味。

香料调配使用科学

一种称作香豆素的内酯能让马哈利樱桃籽产生出奶油般的滋味，如同草木樨和杏一样。杏仁味来自甲氧乙基肉桂酸，香料中还含有木香风味，胡椒风味的甘菊环和香脂的风味，水果风味的戊醇，以及类似青苹果风味的二氧戊环。新鲜香料中的苦味则来自酚类物质。

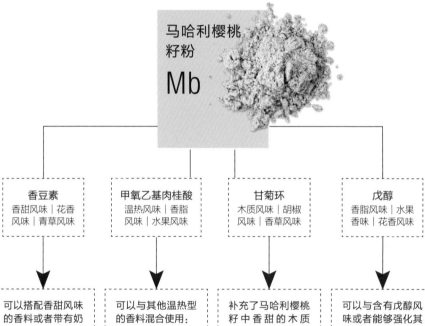

马哈利樱桃籽粉 Mb

香豆素
香甜风味｜花香风味｜青草风味

可以搭配香甜风味的香料或者带有奶油风味的香料：

○丁香有甜、涩、樟脑的味道

○豆蔻增加了温热的香味

○甘草带有甜味和桉树的味道，有时还含有类似香豆素的成分

○香草提供了丰富、醇厚的奶油味

甲氧乙基肉桂酸
温热风味｜香脂风味｜水果风味

可以与其他温热型的香料混合使用：

○肉桂和桂皮具有香甜、香辛、木质风味的特性

○高良姜含有一种类似于肉桂酸的化合物和淡淡的樱桃味，增加了一种具有渗透力的辛辣味

○生姜增加了辣味和甜味，带有柑橘味

甘菊环
木质风味｜胡椒风味｜香草风味

补充了马哈利樱桃籽中甜味的木质风味：

○芝麻能调和坚果和面包的味道，浅色的，未经干烘过的芝麻也会带有一股奶油味

○可可豆增加了巧克力的苦味，与甜味的香豆素能很好地搭配

戊醇
香脂风味｜水果香味｜花香风味

可以与含有戊醇风味或者能够强化其风味的香料搭配：

○柠檬桃金娘具有独特的，来自庚酮的水果味道的绿色气味，并添加了一股强劲的柠檬和青柠檬风味

与食物的搭配

⊕**核果类水果**　用磨碎的马哈利樱桃籽粉来给甜味的樱桃少司增稠，将马哈利樱桃籽粉加到李子碎顶料上，或者撒在烤好的杏或桃上。

⊕**肉类**　可以添加到土耳其干的涂抹香料中，用于烤鸭腿、猪肉或羊肉。

⊕**烘焙食品**　在节日烘焙食品中，可以加入马哈利樱桃籽粉和其他温和风味的香料，或者把它加到甜味面团中做成杏挞。

⊕**冰淇淋**　可以撒到樱桃冰淇淋中，并且在表面用蜜饯开心果装饰。

⊕**黑香豆**　与像香草一样的黑香豆很般配，在甜食中，其香豆素的含量也同样高。

释放出风味

在马哈利樱桃籽中的风味化合物里，只有二氧戊环和一些苦味的酚类能在很大程度上溶于水中。因此，在水基液体中加热烹调会呈"绿色"并有苦味，应予以避免。

把马哈利樱桃籽研磨碎以释放出寿命短暂的油脂。放置几分钟后再使用，让苦味的酚类挥发掉。

在混合使用之前加入脂肪，让甜味和木质风味能够彰显出来。

加热会使苦味减少，并让樱桃的果香风味显现出来。

香草（香子兰，VANILLA）

香甜风味 | 麝香风味 | 木质风味

植物学名称
Vanilla planifolia

主要风味化合物
香草醛（香兰素）

可使用部位
"豆荚"（其实是真正的果实）

栽种方式
植物固定好呈杆状或者乔木状，花朵经由人工授粉。豆荚在熟透之前就进行采摘。

商业化制备
豆荚在烫过或者蒸过之后，放入密封容器中，使其释放出自身防御性的苯酚分子。这些分子与空气产生化学反应，破坏了植物中的酶结构并衰变成深色的，香味浓郁的化合物。然后豆荚经过干燥处理，直到变成黑色，并且皱缩到原本重量的五分之一。

烹饪之外的用途
制作香水和化妆品。

香草香料的故事

香草最初是由于其本身散发出的气味而被关注，在1000年以前，由墨西哥东海岸的托托纳克人首先种植的。香草第一次作为调味香料使用的记载可以追溯到公元15世纪，当阿兹特克人征服托托纳克人的时候，发现了这种豆状的果实，并用它来给可可饮料调味。1519年的阿兹特克国王就给西班牙征服者科尔特斯提供过这种饮料，后者将香草豆荚和可可豆带回了西班牙。但是墨西哥仍旧保持着垄断地位，因为香草豆荚只有通过本地的兰花蜜蜂授粉才可以长成。这种情况直到19世纪30年代，一位比利时植物学家揭开了这个谜团，并开发出一种人工授粉技术。1874年，德国化学家创造出了一种人造香精来代替天然的香草风味，目前，97%的香草调味食品是用合成香草醛（人造香草香精）制成的。

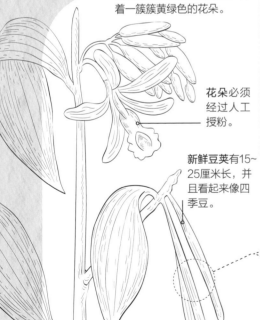

香草植物
香草是一种多年生的，葡萄藤状的热带兰花植物的果实，开着一簇簇黄绿色的花朵。

花朵必须经过人工授粉。

新鲜豆荚有15~25厘米长，并且看起来像四季豆。

香草浸出液（香草香精）
这是用酒浸泡香草豆荚之后制作而成的。标签上会注明"天然浸出液"，并且酒的含量在35%左右。

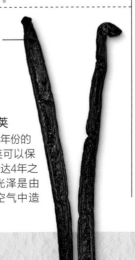

深色，饱满的外观是析出水分和熟化之后的良好标志。

整根的香草豆荚
脆度是豆荚熟化年份的标志，但是豆荚可以保留它们的风味长达4年之久。表面没有光泽是由于豆荚暴露在空气中造成的。

香草的栽种区域
香草原产于墨西哥和中美洲地区，现在那里还有种植。在马达加斯加、留尼旺岛、印度、斯里兰卡、印度尼西亚和塔希提岛等地也有种植。

在厨房内创造性地使用香料

> 浓郁、芳醇的香草历来都会用于甜食的烹制中，但在咸香风味的菜肴中使用香草也越来越受到人们欢迎，特别是鱼类和海鲜类菜肴。不过，要谨慎使用，因为香草的风味会很容易遮盖住一道菜肴的原有风味。

香料调配使用科学

香草醛是一种苯酚，占香草风味中的85%，与其他甜美芳香种类的香料有着天然的亲和力。目前有超过250种风味化合物存在，其中包括有木香、辛香、花香和果香风味。这些次级别的化合物，与香草豆荚和合成香草醛风味香料等有所区别。

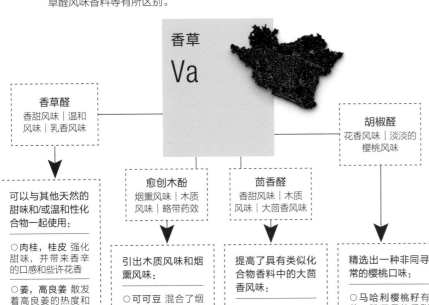

香草
Va

香草醛
香甜风味 | 温和风味 | 乳香风味

胡椒醛
花香风味 | 淡淡的樱桃风味

愈创木酚
烟熏风味 | 木质风味 | 略带药效

茴香醛
香甜风味 | 木质风味 | 大茴香风味

可以与其他天然的甜味和/或温和性化合物一起使用：

○ **肉桂，桂皮** 强化甜味，并带来香辛的口感和些许花香

○ **姜，高良姜** 散发着高良姜的热度和甜味，以及少许樱桃味

○ **甘草** 因为带有浓烈的甘草酸和本身的大茴香风味，甘草是一种其他香料的完美搭档

引出木质风味和烟熏风味：

○ **可可豆** 混合了烟熏风味，土质风味，相互之间有着的增效作用

○ **多香果** 有着一股令人舒适的木质风味

○ **黑胡椒** 温和的木质风味，以及所含有的柑橘风味使其成为一种出乎意料的好搭档

提高了具有类似化合物香料中的大茴香风味：

○ **丁香，豆蔻** 是香甜风味，木质风味，以及有些渗透性的风味，与大茴香的风味非常协调

○ **大茴香**，作为一种微量的化合物也有茴香醛的成分

精选出一种非同寻常的樱桃口味：

○ **马哈利樱桃籽** 有着一股坚果的香甜风味，以及挥之不去的樱桃口感

与食物的搭配

⊕ **蔬菜类** 香草籽可以加入胡萝卜、菜花、根类蔬菜或者土豆中。劈开的香草豆荚可以加入番茄酸辣酱中。

⊕ **草莓** 在焦糖糖浆中混入香草和黑胡椒，可以用来浸渍草莓。

⊕ **鱼，海鲜** 在融化的黄油中拌入香草，用来涂刷到铁扒龙虾、扇贝或者鱼上；在蒸贻贝之前，可以将一小段豆荚放入锅内。

⊕ **甜点** 可以加入巧克力和奶油布丁中。在蛋糕面糊和薄饼面糊中可以使用香草风味糖。

释放出风味

香草中的许多微量化合物很快就能挥发掉：取出的香草籽要立刻使用并采用小火加热，以避免这些微量混合物的流失。

将豆荚轻缓地捣碎，以释放出来自豆荚内部纤维里面的风味。

在开始加热烹调时就**加入整根的豆荚**，让风味从老韧的豆荚外皮中散发出来。

香草豆荚的选择

根据它们生长的地方不同，以及它们被干燥和腌渍的方式，香草豆荚是三种兰花物种中的一种，并且分别含有不同程度的香草醛，并带有不同的风味。

国家	种植	风味含量	说明
马达加斯加，留尼汪岛	香草兰	含有2%的香草醛	波旁香草被认为是风味浓郁而均衡的香草
墨西哥	香荚兰	含有1.75%的香草醛	墨西哥香草带有如同葡萄酒和水果般的风味化合物
塔希提岛	塔希提香草兰	含有1.70%的香草醛	最昂贵的香草，带有醇厚的风味，包括樱桃巧克力、甘草和焦糖等风味
印度，斯里兰卡	香草兰	含有1.50%的香草醛	生长在南亚地区的香草，香草醛的含量较低，因而香草中有一种温和的味道和烟熏味

豆蔻（NUTMEG）

苦中带甜 | 木质风味 | 口感温和

植物学名称
Myristica fragrans

别名
真肉豆蔻，芳香豆蔻

主要风味化合物
肉豆蔻醚

可使用部位
种仁

栽种方式
一年可以收获多次果实，一棵树一年能产一万多颗的豆蔻。

商业化制备
果实切开后，经过干燥处理，去掉种皮做成豆蔻皮。打碎种子外壳以取出果核。

烹饪之外的用途
在制药行业，包括制作牙膏和止咳糖浆。具有轻度的止痛作用，可以用于治疗牙痛和关节痛。

豆蔻香料的故事

原产于印度尼西亚马鲁古群岛的班达群岛，豆蔻有着复杂而暴力的历史。对最初的商人来说，他们想要垄断这些价格昂贵的豆蔻商品，因为物以稀为贵的豆蔻，其风味，以及效果显著的壮阳作用和治疗功能而被人们看重，因此，它的来源是被保密的。到了16世纪，欧洲对豆蔻的需求量是如此之大，据说豆蔻比黄金还要珍贵，从而引发了搜寻并控制豆蔻来源的激烈竞争。 葡萄牙于1511年征服了马鲁古群岛，然后荷兰人在1599年夺取了其控制权，到了1603年，英国占领了班达群岛中的两个岛屿。豆蔻被荷兰人看重，因此他们不惜与英国人达成协议，以收回其中一个岛屿作为他们在新大陆定居的条件。他们给英国人的土地当时被称为新阿姆斯特丹，即今天的纽约市。

植物

豆蔻来自一种热带的常绿树，能够出产两种不同的香料：籽（豆蔻），以及它的外皮（豆蔻皮）。

肉质的果壳包裹着木质的籽。

钟形的花朵中有一股铃兰的芳香风味。

至少可以生长到16米高。

豆蔻粉
肉豆蔻可以预先研磨，但是其风味油是所有香料中挥发最快的。最好是购买整粒的豆蔻或者是现磨碎的豆蔻。

果核是打碎种子外壳后露出来的。

整粒的豆蔻
豆蔻在一个密封的容器内，放在一个凉爽、避光的地方，至少可以保存一年的时间。如果豆蔻上长有黑色的斑点要丢弃不用。

豆蔻的栽种区域
豆蔻树在印度尼西亚的马鲁古群岛都有栽种，在斯里兰卡、加勒比地区（主要是格林纳达）和南非等地也有栽种。

在厨房内创造性地使用香料

豆蔻的醇厚、香甜、木质的风味与甜食和咸香风味菜肴搭配都游刃有余。单宁具有一定的渗透力和单宁酸的涩感，它的风味可以很容易地遮盖住一道菜肴的风味，但与其他风味浓郁的香料可以完美地混合到一起。

香料调配使用科学

豆蔻中的木质芳香风味来自豆蔻醚，虽然它只占其本身芳香油中很少的成分比例，但却是其风味的组成部分。豆蔻中还含有胡椒味，果味香桧烯，花香叶醇和黄樟素，类似于丁香风味的丁香酚，桉树风味的桉油精，以及针叶树类的蒎烯等风味。

豆蔻
Nu

丁香酚和桉油精
丁香风味 | 桉树风味 | 渗透性

香叶醇与黄樟油素
玫瑰风味 | 香甜风味

肉豆蔻醚
木质风味 | 温风味 | 香脂风味

桧萜
橙子风味 | 胡椒风味 | 木质风味

可以与其他渗透性香料一起使用：

○ 小豆蔻含有这两种风味元素，并带来花香的甜美风味和樟脑的少许味道

○ 塞内加尔胡椒含有桉油精，也含有蒎烯，具有如同迷迭香风味般的一股药用的樟脑味

○ 丁香的风味来自桉油精，给菜肴的风味增加了醇厚程度和甜度

○ 桂皮中含有桉油精素，本身的桂皮醛能够与豆蔻相媲美

给甜味增加了醇厚的程度：

○ 多香果中含有相类似的花香芳樟醇，还含有丁香酚和桉油精

○ 咖喱叶与豆蔻的风味有许多重合之处，都拥有这两种风味，并且还含有蒎烯和桉油精

对口感温和的香料形成了有效的补充：

○ 姜中所含有的姜油酮与柑橘香味相互作用，可以增加刺激性风味的程度

○ 黑胡椒中也含有一种同样的花香，以及柑橘风味的回味

○ 大茴香中含有适量的肉豆蔻醚，对豆蔻中的木质甘美风味有增强作用

可以彰显出桧萜中的水果风味：

○ 大蒜和桧萜一样，其刺激性的硫黄风味与豆蔻强劲的风味不相上下

○ 杜松子与豆蔻一样含有蒎烯，柠檬烯中的柑橘风味与桧烯的橙味可以很好地匹配

与食物的搭配

⊕ **菠菜**　在黄油菠菜或者奶油菠菜上撒上一些擦碎的豆蔻，或者加入菠菜乳清奶酪云吞馅料中。

⊕ **羊肉**　在羊肉丸子馅料中多加入一些研磨碎了的豆蔻，或者加到希腊风味菜肴羊肉茄子木莎卡中。

⊕ **少司和饮料**　包括在贝夏美少司，奶酪火锅，蛋奶酥，印度黄金拿铁咖啡，蛋奶酒以及加勒比豆蔻风味冰淇淋中加入豆蔻。

⊕ **烘烤的甜味食品**　可以用来制作锡耶纳风味面包，或者撒在卡仕达挞上。

释放出风味

豆蔻精油的风味是如此的强大，它们可以轻易地遮盖住一道菜肴的风味，但是其寿命也是短暂的。

要节俭着使用：a grating，其字面意思是将豆蔻在研磨器上只擦取一次。

由于豆蔻精油易挥发，因此要在菜肴加热制作快要完成时加入豆蔻，以给菜肴带来一种更加浓郁，更加复合的风味。

新木脂素类的冷却作用

最近，在豆蔻油中发现了一组名为新木脂素的化学物质。这些物质作用于舌头和口腔内的温度传感神经，给人一种挥之不去的凉意。

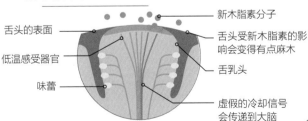

新木脂素分子

舌头的表面

低温感受器官

味蕾

舌头受新木脂素的影响会变得有点麻木

舌乳头

虚假的冷却信号会传递到大脑

混合着试试看

使用并调整这些经典的以豆蔻为特色的混合香料：

● 土耳其巴哈拉特，详见第23页
● 本布，详见第52页
● 牙买加杰克涂抹香料，详见第64页
● 莫令混合香料，详见第73页
● 四香粉，详见第74页

印度比尔亚尼风味鸡肉和茄子配七香粉
（CHICKEN AND AUBERGINE BIRYANI WITH SEVEN-SPICE）

比尔亚尼（Biryani）是一道真正能溶于口的砂锅类菜肴。在波斯首创，然后由阿拉伯商人传入印度，几乎在印度各个地区都深受欢迎。七香粉，黎巴嫩对葛拉姆马萨拉的称呼，给这个版本的混合香料带来一种浓郁的、烟熏味的中东风味。要减少一点辣椒的辛辣劲，只需简单地将辣椒碎减半使用即可。

香料
使用创意

可以尝试着制作出符合自己口味的七香粉混合香料：用小茴香来代替有着甜味的香料，和/或者使用黑种草以去掉其土质味，或者使用葫芦巴遮盖住其丝丝的霉味，甜中带苦的味道。

用富含桉树油的高良姜代替新鲜的姜，以提升几种干香料中含有的类似于桉树油一样的桉油精的风味。

通过在烹调加热的稍后时间加入新鲜的姜，可以保留更多辛辣的姜辣素和姜烯——同时加入青豆——味道会更突出。

供4~6人食用
制备时间30分钟
加热烹调时间100分钟~110分钟

制作七香粉用料
1汤勺黑胡椒粒
1汤勺多香果
1茶勺丁香
1茶勺香菜籽
1汤勺肉桂粉
1茶勺姜粉
1茶勺研磨碎的豆蔻

制作比尔亚尼用料
75克黄油
4根去掉鸡皮和骨头的鸡腿
4粒丁香
1瓣八角
8粒黑胡椒
250克印度香米
4~5汤勺植物油
6~8瓣蒜，切成薄片
尝一尝海盐和现磨碎的黑胡椒
7厘米长的鲜姜块，擦成碎末
1汤勺七香粉（见上面用料）
1茶勺辣椒碎
2个茄子，切成1厘米见方的块状
100克冷冻的青豆

1 将整粒的香料研磨碎，并与剩余的香料混合好制作成七香粉。预留出1汤勺的用量，将剩余的七香粉储存好。

2 将烤箱预热至160℃。在一个大号耐热锅内加热融化约25克的黄油，将鸡腿放入锅内，加入丁香、八角和黑胡椒粒用小火煎炒。当鸡腿开始变色后，加入开水盖上锅盖，用小火加热烧开。将平底锅连同锅盖一起放入烤箱内焖烤约1小时，直到鸡腿变得嫩熟。将鸡腿取出，备用。

3 将香料从汤汁中捞出，然后在锅内加入开水、印度香米和少许盐，煮3~4分钟，直到大米开始变软。在煮大米的时候，将鸡腿肉切成丝，在一个大号的厚底少司锅内铺上油纸。将米饭沥干水分，并用冷水漂洗好。

4 在煎锅内加热2汤勺油，放大蒜用中火煸炒不到1分钟。然后加姜、辣椒碎、1汤勺七香粉和适量海盐，加鸡腿肉，再加一点油和茄丁。翻炒约5分钟，直到鸡肉和茄子与油、香料混合均匀。用盐和胡椒粉调味。

5 将剩余的黄油与少许油一起加热化开，然后倒在铺有油纸的少司锅内，撒上海盐，再铺上薄薄的一层米饭，然后盛入一层炒好的鸡肉和茄子。交替重复此操作步骤，最上一层铺好米饭。用木勺柄在铺好的混合物上戳几个洞，让蒸汽可以从其中逸出。

6 用一块毛巾将锅盖包起来，盖在锅上。用微火加热35~45分钟。在最后剩余15分钟时，将青豆放入锅内。在加热的最后时刻，用一把餐叉检查一下锅底的米饭是否形成了一层硬皮。如果还没有形成，将火调大一些，再继续加热5分钟。

7 上菜时，将少司锅内的菜肴扣到一个餐盘内，这样金黄色的脆皮米饭底——在波斯语中被称为塔希德（Tahdig）——是在上面。如果想要一层更焦脆的米饭，可以不使用油纸，但是要确保在加热的过程中米饭不会焦煳。

豆蔻皮（MACE）

香甜风味 | 温热风味 | 芳香风味

植物学名称
Myristica fragrans

主要风味化合物
桧萜

可使用部位
豆蔻种子的假种皮（覆盖种子的）

栽种方式
成熟的果实通常是使用一根带篮子的长杆从树上采摘下来的，称之为盖盖（Gai-gai）。

商业化制备
裂开的果实中露出了豆蔻种子和带有一层塑料质地般的，称为假种皮的猩红色的覆盖物。皮革质地的假种皮被剥离下来，经过加工和干燥处理。格林纳达豆蔻皮传统上要在避光的地方加工熟化几个月的时间。经过干燥处理之后的豆蔻皮就可以研磨成粉状或者整块的作为"叶片"出售。

烹饪之外的用途
可用于制作香水、肥皂和洗发水，在传统医学中用于缓解支气管疾病和风湿病，帮助消化，改善循环机能。

豆蔻皮香料的故事

原本只原产于印度尼西亚马鲁古群岛的小班达群岛，到公元6世纪时，拜占庭帝国开始进行豆蔻皮的贸易。那时候，它被广泛地认为是一种万能药、食品防腐剂、熏蒸剂。到了中世纪，豆蔻皮已经成为欧洲烹调中最受欢迎的和最昂贵的香料之一。对这些香料的需求引发了葡萄牙人、荷兰人和英国人之间长达几个世纪的，以获得控制这些香料生长区域的血腥的权力争夺。最终，英国人成功地将豆蔻树及其种植土壤移植到包括格林纳达和斯里兰卡在内的几个殖民地，从而建立了自己的供给渠道。随着需求的大量增加，豆蔻和豆蔻皮取代了藏红花和芥末，成为西餐中首选香料。而豆蔻皮比豆蔻更常见（也更便宜）。

植物
豆蔻皮来自一种热带树木，它含有两种香料：里面的子核（豆蔻）和种子的壳状覆盖物（豆蔻皮）。

钟形的花朵有着淡黄色、蜡质状的花瓣。

有着纹路，像杏一样的果实。

豆蔻皮粉
尽管缺少了更细腻的风味，预制成粉状的豆蔻皮保留着相当不错的风味。

豆蔻皮叶片
当用手指甲按压豆蔻皮时，豆蔻皮会渗出油脂。

整块的豆蔻皮
干燥的豆蔻假种皮，或者其中的块状豆蔻皮，称之为叶片。橙红色的叶片往往来自印度尼西亚，而格林纳达的叶片干燥后会呈淡橙黄色。

豆蔻皮的栽种区域
豆蔻皮在印度尼西亚的马鲁古群岛上种植，也在斯里兰卡、南非和加勒比海地区种植，尤其是格林纳达，其国旗上就有豆蔻图案。

在厨房内创造性地使用香料

在制作绝大多数甜食类菜肴时，豆蔻皮可以用来代替豆蔻，但是豆蔻皮主要用来给咸香风味少司、肉类、泡菜类以及酸辣酱类菜肴调味。可以使用整片的豆蔻皮来给浅色的奶油和清汤调味，此时如果使用研磨后的豆蔻碎末会让人不喜。

香料调配使用科学

在豆蔻皮中所含有的胡椒风味桧萜没有豆蔻中的含量多，但是豆蔻皮中含有更多的芳香精油，并具有种类更加繁多的芳香型化合物，包括植物榄香素等，可以与松油醇，以及少量的丁香酚和黄樟油精相互作用，豆蔻皮中不含有如同豆蔻中令人口腔干涩的单宁，口感会更加顺滑。

豆蔻皮
Ma

桧萜
木质风味｜胡椒风味｜柑橘风味｜樟脑风味

松油醇
花香风味｜柑橘风味｜松木风味

黄樟油精
香甜风味｜温和风味｜类似于大茴香的风味

丁香酚
桉树风味｜温和风味

可以与其他桧萜类香料搭配使用：

○ 黑胡椒是一种非常适合与其他香料搭配使用的香料，可以一起共享很多桧萜的风味

○ 黑色小豆蔻也会带来烟熏风味，以及柠檬烯的韵味，以增强柑橘风味

○ 咖喱叶也带有木质风味、松木风味和淡淡的薄荷风味

与其他香料搭配，具有舒缓的风信子般的芳香：

○ 香菜籽具有浓郁的花香风味，含有独特的松木风味和柑橘类风味化合物，可以非常高效地与其他香料进行匹配使用

从其他香料中增添黄樟油精：

○ 八角还含有这种罕见的风味化合物，有着与大茴香风味一样的茴香脑的强烈风味。也会带来具有渗透性的胡椒风味

从其他香料中提取桉树风味的丁香酚：

○ 丁香的香甜风味来自于丁香酚。它可以强化豆蔻皮中的桉树风味，并且共同拥有松油醇

○ 多香果中也含有浓郁的丁香酚，并添加了厚重的，甜美的胡椒风味并伴有一些植物花香的回味

与食物的搭配

⊖ **蔬菜类** 在烤奶油土豆，菠菜或胡萝卜汤上撒上研磨碎的豆蔻皮，或者试着加到蔬菜肉饭里。

⊕ **贝类海鲜** 可以在贝类海鲜汤里加一片豆蔻皮，或者将研磨碎的豆蔻皮撒到锅中的虾或螃蟹上，再拌入到热的意大利面或者摆放到烤至焦黄的黑麦面包片上享用。

⊕ **猪肉，鸡肉** 可以在猪肉、意大利乳清奶酪和柠檬肉丸的混合物中撒一点研磨碎的豆蔻皮。可以在贝夏美少司中加入一片豆蔻皮，用来制作奶油鸡肉馅饼。

⊕ **奶酪少司** 用一片豆蔻皮浸渍牛奶，然后用来制作成奶酪少司，可以用于制作千层面或者奶酪通心粉。

⊕ **甜品** 在卡仕达酱中加入少量豆蔻皮，或者拌入到打发好的甜奶油中，配水果一起食用。

⊕ **烘焙** 将研磨碎的豆蔻皮加入蛋糕面糊中来增加芳香风味，或者在美式南瓜派、牛奶布丁上撒上一点。

释放出风味

豆蔻皮中的油基性风味化合物水溶解性很差，而其风味会随着长时间的加热而产生令人讨厌的味道。

混合着试试看

使用并调整这道以豆蔻皮为特色的混合香料食谱：
● 葛拉姆马萨拉，详见第40页

豆蔻皮中更敏感的萜烯风味会通过挥发而消失，因此需要使用时再研磨并且要立即使用。

包括在汤汁中的油脂，或者在开始制作菜肴时加入的油脂，用洋葱为主料轻煎。

尽早加入整片的豆蔻皮，让精油有充分的时间从豆蔻皮中浸出，但要注意加热的时间不要过长。

豆蔻皮粉要随后再加入，因为其浸出和挥发得非常快，这样做就会减少萜烯的挥发。

葛缕子（CARAWAY）

薄荷醇风味 | 温和风味 | 土质风味

植物学名称
Carum carvi

别名
卡维斯，以及（错误的）野生小茴香，波斯小茴香，子午线茴香

主要风味化合物
S-香芹酮

可使用部位
子状果实

栽种方式
植物生长期为两年，在第二个夏天，当子状的果实变黑之后开始收获。

商业化制备
剪下的花头在清洗和脱粒之前，要放置长达10天的时间来干燥和成熟。

烹饪之外的用途
用于商业化的漱口水和儿童药物的关键风味精油，可以作为一种促进消化的传统药物。

葛缕子香料的故事

考古学家在石器时代废弃的矿坑中和5000年前瑞士的民居中发现了葛缕子，但最早可以追溯到公元前1500年左右，在一本埃及植物百科全书中有其文字记载。这种香料对埃及人来说也具有象征意义，他们把葛缕子埋在坟墓里以驱除邪灵。罗马人把它称作卡罗或者卡拉姆，并将这种香料引入北欧。到了中世纪，葛缕子已经成为烹调野味类菜肴和肉类菜肴时的一种常用香料，还有豆类和卷心菜类菜肴，以及更甜一些的糖果，酒类的香味调料等；德国人用葛缕子制作的库莫尔酒，也是一种至今仍很受欢迎的利口酒。民间传说，把葛缕子种子放在情人的口袋里可以保证他们的忠诚。

植物
葛缕子是胡萝卜科中一种耐寒的二年生植物。它在肥沃的黏土中生长，可以长到60厘米高。

葛缕子果实由呈伞状花序状的乳白色花朵发育而成。

柔软如羽毛状的叶片可以食用，口感和莳萝非常相似。

其"籽"实际上是干燥的果实。

整粒的葛缕子
把这些呈月牙状的褐色"籽"存放在密封的容器里，在阴凉、避光的地方，可储存6个月的时间。用慢火干烘可以让其风味得到释放。

葛缕子粉
可以购买到粉状的葛缕子，但是其风味很快就会消散，因此，最好是购买整粒的葛缕子，并根据使用需要研磨碎。

葛缕子的栽种区域
葛缕子原产于中欧和亚洲，其主要产地为芬兰、波兰、荷兰、德国、乌克兰、匈牙利和罗马尼亚。种植区域也蔓延到北非、埃及和北美地区。

在厨房内创造性地使用香料

葛缕子带有一种复合型的温和的口感，在许多中欧菜肴中都可以看到它的身影。它是阿尔及利亚和突尼斯混合香料塔比尔的主要成分，还可以在哈里萨辣椒酱中使用，这种辣椒酱来自北非。

香料调配使用科学

最丰富的风味化合物是亲油性的萜烯混合物S-香芹酮，它与大多数的萜烯类风味化合物都不相同，具有强烈的香辛风味，有着淡淡的薄荷醇和黑麦的味道，会让人想到大茴香的风味。其他的主要化合物是有着柑橘风味的柠檬烯，以及少量有着木质风味的桧萜。

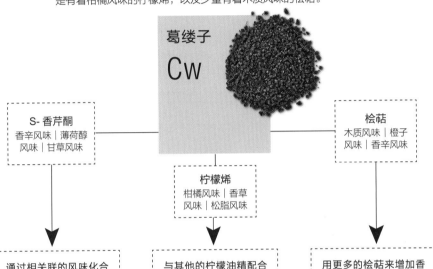

葛缕子 Cw

S- 香芹酮
香辛风味 | 薄荷醇风味 | 甘草风味

柠檬烯
柑橘风味 | 香草风味 | 松脂风味

桧萜
木质风味 | 橙子风味 | 香辛风味

通过相关联的风味化合物使甘草/大茴香的味道变得更加醇厚：

○大茴香和八角 也如同甘草一样，有着药用价值的茴香脑，并且两者都带有木质风味的舒适感

○肉桂和多香果具有非常相似的丁香酚，会将葛缕子中的甜味彰显出来

与其他的柠檬油精配合使用，以加强清新爽口的气息：

○小豆蔻也会带来甜味和具有穿透力的香草风味

○黑胡椒增添了温和的辛辣风味，并强化了胡椒风味

○姜有着一股互补性的柑橘风味的回味，给菜肴带来特有的热度

用更多的桧萜来增加香甜的柑橘气味：

○豆蔻和肉桂皮都含有在一定程度上占据着主导地位的桧萜，并添加了一股浓郁的香甜风味

与食物的搭配

⊕ **卷心菜，甜菜** 在黄油卷心菜中加入研磨碎的葛缕子，在甜菜卷心菜沙拉中或者甜菜汤菜中加入整粒的葛缕子。

⊕ **红肉类** 可以拌入香肠、牛肉，或者炖羊肉中，或者用来给馅料调味并用作蘸料享用。

⊕ **鸭，鹅** 在烤之前，用研磨碎的葛缕子、盐和大蒜混合好，然后涂抹在鸭和鹅身上。

⊕ **油性鱼类** 将胡椒、茴香以及香菜籽混合好用来腌制调味。

⊕ **瑞士奶酪** 将少许研磨碎的葛缕子加入丝滑的奶酪火锅里。

⊕ **饼干** 将葛缕子撒到刚刚烤好出炉的酥饼上。

释放出风味

用油加热烹调可以让葛缕子的风味混合物溶解开，如果使用的是研磨碎的葛缕子，可以在烹调加热的后期加入锅内。

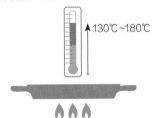

130℃~180℃

干煸后的葛缕子增加了风味浓度，但是要注意不要过度干烘，否则会让葛缕子味道变苦。

混合着试试看

试试这一道以葛缕子为特色的经典混合香料食谱，或者运用一些香料调配科学来调整它。

● 哈里萨辣椒酱，详见第33页

化合物的镜像

S-香芹酮，葛缕子中的主要风味化合物成分，与D-香芹酮分子式完全相同，这是在留兰香中发现的一种清凉的薄荷风味的化合物。然而，它们只是镜像相同，换句话说这两种相似的化学物质会产生出完全不同的芳香风味，而且葛缕子的风味是留兰香的分子结构从里朝外翻转过来形成的！

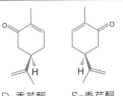

D-香芹酮
（留兰香）

S-香芹酮
（葛缕子）

莳萝（DILL）

苦味 | 柑橘风味 | 木质风味

植物学名称
Anethum graveolens

别名
假大茴香

主要风味化合物
D-香芹酮

可使用部位
"籽"（学术上的果实）

栽种方式
果实在开花之后收获。籽留在茎秆上成熟并干燥。

商业化制备
割下来的茎秆堆积在一起，干燥一周左右的时间。然后用机器把果实从花头上脱离出来。

烹饪之外的用途
在传统的治疗胃病的药物中——它是肠痛水药物中一种常见的原材料——是一种温和的镇静剂。

莳萝香料的故事

有证据表明，莳萝植物的种子和叶子早在公元前3000年就在埃及被用来作为药用，古希腊人非常欣赏莳萝的促进消化和镇静作用。在斯堪的纳维亚半岛以及中欧和东欧地区，这种种子最初被用作调味料和用于制作醋和泡菜的风味调料使用。到中世纪时，莳萝是一种在烹饪中常用的香草，也被用于巫术、媚药和壮阳药中。清真食品莳萝泡菜后来成为生活在东欧和俄罗斯犹太人的一种主要食物，并在19世纪末和20世纪初被东欧犹太移民引入美国。莳萝很快成为美国腌渍业的一种重要的经济作物，尽管今天大部分腌渍业的种子供应来自印度。

植物
莳萝是欧芹科中一种耐寒的一年生植物。

"籽" 是植物成熟的果实，并让其在茎秆上干燥。

像蕨类植物一样的叶片可以当作香草使用。

莳萝粉
莳萝籽是可以预先研磨碎的，但是不要把它和"莳萝叶"弄混淆了。有时候一种干燥的香草也会以这个名字售卖。

整粒的莳萝
这种椭圆形的、米褐色的莳萝籽看起来很像茴香籽。在被碾碎和研磨碎之前，它们几乎闻不到什么香味。

莳萝的栽种区域
莳萝原产自南欧、中东和高加索地区。目前主要在印度、巴基斯坦、美国和地中海东南部国家种植。

在厨房内创造性地使用香料

莳萝籽的风味介于大茴香和较温和一些类型的葛缕子之间，带有柠檬余韵和淡雅的木质气息的香草风味，还有一丝苦涩感。

香料调配使用科学

莳萝籽的风味以D-香芹酮为主，这是一种萜烯类的风味化合物，带有丝丝的薄荷醇、黑麦和像茴香类甘草的芳香风味。另一种重要的风味化合物是有着柑橘类芳香风味的柠檬烯。还含有少量的苦莳酮和水芹烯，它有着薄荷的芳香风味。

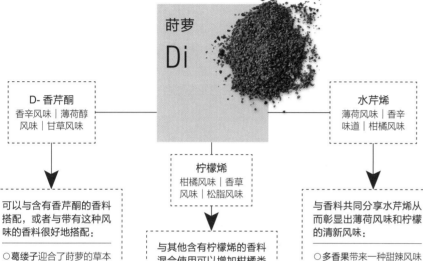

莳萝
Di

D-香芹酮
香辛风味｜薄荷醇风味｜甘草风味

水芹烯
薄荷风味｜香辛味道｜柑橘风味

柠檬烯
柑橘风味｜香草风味｜松脂风味

可以与含有香芹酮的香料搭配，或者与带有这种风味的香料很好地搭配：

○葛缕子迎合了莳萝的草本植物芳香风味，引入了松树和木质风味的品质

○大茴香增强了莳萝中的甘草气息

○茴香添加了类似于大茴香风味的复杂性，并通过共享的柠檬烯而带来了柑橘韵味

与其他含有柠檬烯的香料混合使用可以增加柑橘类的风味：

○香菜籽是一种有着特别效果的配对香料，增加了温热感和花香风味

○小豆蔻带来了一种香甜的，渗透性的薄荷风味

○姜由于共享了柠檬烯风味，是引入刺激性热感的最佳香料，也增加了香甜的风味

与香料共同分享水芹烯从而彰显出薄荷风味和柠檬的清新风味：

○多香果带来一种甜辣风味的温暖感觉

○八角散发着土质风味、花香韵味和桉树风味的回味，就如同大茴香的风味一样

○香叶增添了清新的花草香味，渗透着桉树的芬芳，并带有淡淡的苦味

与食物的搭配

⊕ **苹果**　用黄油和糖，以及莳萝籽一起制作成焦糖苹果，适合单独食用或者搭配烤猪肉一起食用。

⊕ **胡萝卜，洋葱**　将莳萝撒到烤洋葱上或者蜜烤胡萝卜上。

⊕ **鱼类**　将莳萝籽与小茴香和香菜籽一起略微干烘，研磨成颗粒状，在铁扒或者烤鱼之前涂抹到鱼皮上。

⊕ **匈牙利肉汤**　在用红椒粉调香的牛肉或者猪肉制成的匈牙利肉汤中，可以将葛缕子换成莳萝籽，多配一些酸奶油食用。

⊕ **烤饼**　在融化的黄油或酥油中加热莳萝籽，在食用之前涂刷到烤饼上。

莳萝泡菜

虽然莳萝的风味化合物很难溶解于水中，但足够多的酸渍时间和发酵过程有助于化合物逸出到溶液中。

香芹酮和柠檬烯等化合物可溶于酒精中。

低温酸渍**发酵**产生的酒精有助于将风味化合物扩散到液体中。

释放出风味

莳萝通过干烘，从糖和氨基酸的相互作用中得到益处，从而创造出新的风味化合物。可是，新产生的化合物和现有的化合物都很难溶于水。

干煸莳萝籽可以释放出坚果风味和带有干烘味道的风味化合物，特别是吡嗪风味。

在油脂或脂肪中加热烹调，可以让风味化合物的风味散发出来。

黎巴嫩小胡瓜，费塔奶酪和莳萝蛋卷，配黑青柠哈里萨辣椒酱
（EJJEH WITH COURGETTE, FETA, AND DILL AND BLACK LIME HARISSA）

埃杰（Ejjeh）是一种使用新鲜的香草和小胡瓜制作而成的黎巴嫩风味蛋卷，通常用当地的巴哈拉特风味香料调味（见第23页和26页内容），但这里使用了北非的哈里萨辣椒酱让这道菜充满了活力。在这一道常见的哈里萨辣椒酱食谱中，使用莳萝籽代替葛缕子，用黑青柠代替腌渍的青柠，浓郁的烟熏味来自于墨西哥烟味辣椒，代替了其中烟熏风味的红椒粉。

香料
使用创意

试着用莳萝把带有大茴香风味的其他香料进行交换，比如大茴香、八角、多香果或者甘草等。

试着用不同的酸甜口味的香料来代替黑青柠，如漆树粉、伏牛花、芒果粉、石榴籽、罗望子或柠檬桃金娘等。

充分利用各种各样的辣椒，新鲜的和干燥的，以体现出不同程度的热量、烟熏味，以及风味的多样性。

供2~3人食用

制备时间10分钟

加热烹调时间30分钟

制作哈里萨辣椒酱用料

5个大的干红辣椒
1个鲜红辣椒
1汤勺墨西哥辣椒酱
1/2茶勺干辣椒碎
1/2茶勺小茴香籽，干烘后磨成粉
1/2茶勺莳萝籽，干烘后磨成粉
2瓣大蒜，拍碎
1½茶勺红酒醋
3汤勺橄榄油
少许海盐
1/2茶勺黑青柠粉

制作蛋卷用料

1汤勺橄榄油，多准备一些用于制作沙拉汁
1个小胡瓜，擦碎
1大把香芹叶，切碎
1大把薄荷叶，切碎
1汤勺哈里萨辣椒酱（喜欢吃辣，可以多放一些）
200克费塔奶酪，控净汤汁并大体切碎
4个大的鸡蛋，打散并用海盐和黑胡椒调味
海盐和黑胡椒

配餐

皮塔饼和一份胡萝卜及生菜沙拉，用橄榄油和扎阿塔调味（详见第22页）。

1 先制作哈里萨辣椒酱。将烤箱预热至200℃。将干红辣椒和鲜红辣椒放入一个涂刷了薄薄一层油的烤盘内，放入烤箱中，将干红辣椒烘烤15~20分钟，鲜红辣椒大约烘烤30分钟——期间要翻动几次，直到变得软嫩并略微烤焦上色。

2 将鲜红辣椒从烤箱内取出，放入一个密封的塑料袋内静置几分钟，以助其外皮变得松弛。一旦红辣椒的温度降低到可以用手拿取的程度时，将其拭干并去掉外皮。去掉籽并切碎，与烘烤好的干辣椒放到一起。

3 将干辣椒和红辣椒放入到食品加工机内搅打，然后加入剩余的制作哈里萨辣椒酱的原材料，快速搅打成细腻的蓉泥状。搅打的过程中如果过于浓稠，可以加入一点水澥开，倒入一个小的洁净的玻璃罐内，密封好后放入冰箱内冷藏储存。可以制作出足够15汤勺用量的哈里萨辣椒酱，并且可以在冰箱内保存大约一周的时间。

4 制作蛋卷。将焗炉用高温加热。将一个中号的煎锅用中火加热，加入橄榄油，放入擦碎的小胡瓜煸炒4~5分钟，直到小胡瓜开始变软并呈淡金色。

5 在锅内撒入香草，淋入哈里萨辣椒酱，然后加入切碎的费塔奶酪，研磨碎的一两粒黑胡椒。加热30秒钟后，倒入鸡蛋液，继续加热3~4分钟，直到底部的蛋液变得凝固，而表面的蛋液仍然呈液体状。将煎锅放到焗炉里焗1~2分钟，直到蛋卷膨胀起来，但是仍然有少许的黏稠。

6 将酿入蛋卷馅料的皮塔饼搭配浇淋上扎阿塔的胡萝卜生菜沙拉一起食用。

胭脂树籽（ANNATTO）

胡椒风味 | 土质风味 | 香甜风味

植物学名称
Bixa orellana

别名
胭脂树，宝卓利，口红树，鲁古，乌鲁古

主要风味化合物
大根香叶烯

可使用部位
籽

栽种方式
当成熟的豆荚裂开露出里面三角形的籽时，开始收获豆荚。

商业化制备
成熟的豆荚干燥之后，用棍子敲打，以剥离开胭脂树籽，最后用人工或机器小心地筛选出来。

烹饪之外的用途
用于织物染色；化妆品和药物中的着色剂；在传统的南美和阿育吠陀医学中使用。

胭脂树籽香料的故事

这种来自新世界的香料，有时候会被称为"穷人的藏红花"，作为天然染料使用已经有几个世纪之久了。中美洲的玛雅印第安人用颜色鲜艳的胭脂树籽粉制作出了一种红色的糊状物，在准备作战的时候会涂抹在他们的身上。胭脂树籽也被早期的阿兹特克文明用作一种仪式上给身体着色的颜料，而这显然是一种保护皮肤免受晒伤的方法。阿兹特克人会在热饮中加入胭脂树籽，使他们的嘴唇变成红色——因此有了"口红树"这个通俗的名称。到了17世纪，这种香料进入欧洲，并被当作食品着色剂使用。后来，它成为一种用来使奶酪和熏鱼产品染上诱人的金橙色的流行的方法——这种做法一直延续到今天。

植物
胭脂树是一种热带常绿灌木或者胭脂树科中的小树。

胭脂树籽的颜色是鲜红色的，并可以产出一种鲜艳的橙黄色染料。

每个多刺的红色果实蒴果内含有大约50粒的籽，上面覆盖着红色的蜡质状的果肉。

整粒的胭脂树籽
如果没有一台功率强大的搅拌机，整粒有棱角的胭脂树籽都很难研磨碎，应该在使用之前去掉。胭脂树籽的储存时间长达三年。

心形有光泽的叶片上生长着微红色的叶脉。

胭脂树籽粉
胭脂树籽粉有着较淡的香气和较温和的味道，但使用起来会更方便，也比使用整粒的上色更快。这种粉状香料的保质期为一年。

胭脂树的栽种区域
胭脂树原产于加勒比海和热带南美洲地区。在菲律宾、斯里兰卡、印度、非洲和亚洲也有种植。

在厨房内创造性地使用香料

通常只用于染色，胭脂树不仅仅可以用来上色，还能给菜肴带来胡椒风味、少许的柑橘风味以及差不多像是烟熏过的土质风味。

香料调配使用科学

温和口味的萜烯类化合物给胭脂树提供了大部分的味道，它们以大根香叶烯、榄香烯和胡椒烯的形式存在，都拥有潜在的甜香风味。与胭脂树风味形成鲜明对比的胡椒风味，淡淡的苦味来自石竹烯。

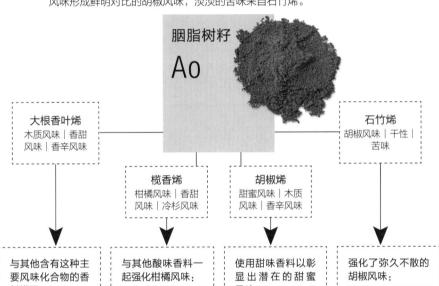

胭脂树籽 Ao

大根香叶烯
木质风味｜香甜风味｜香辛风味

榄香烯
柑橘风味｜香甜风味｜冷杉风味

胡椒烯
甜蜜风味｜木质风味｜香辛风味

石竹烯
胡椒风味｜干性｜苦味

与其他含有这种主要风味化合物的香料搭配：

○ 杜松子带来了一种类似松木般的果香风味，也适用于榄香烯风味

○ 阿魏中的洋葱风味被大根香叶烯中的香甜韵味衬托得更加圆润

与其他酸味香料一起强化柑橘风味：

○ 香菜籽强化了香甜的柠檬果实的品质，带来了花香气息

○ 漆树粉可以强化榄香烯的柑橘风味品质

使用甜味香料以彰显出潜在的甜蜜风味：

○ 肉桂同样是带有甘美，芳香和木质风味

○ 多香果给混合物增添了舒适感和香辛风味

○ 丁香带有樟脑的风味，也适用于冷杉树的榄香烯风味

强化了弥久不散的胡椒风味：

○ 黑胡椒共享着石竹烯和大根香叶烯，并有着包括柑橘风味和松木风味等的口感

○ 塞内加尔胡椒有一股烟熏风味的胡椒味道，共有着大根香叶烯风味

释放出风味和颜色

整粒的胭脂树籽风味最佳，但是，质地坚硬而密实的胭脂树籽需要时间来释放出香味分子，并且必须在食用之前从菜肴中取出。基于这些原因，最好是用胭脂树籽调味过的油脂或者水来加热烹调菜肴。

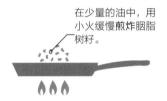

在少量的油中，用小火缓慢煎炸胭脂树籽。

用油浸渍
因为大部分的风味混合物都溶解在油中，因此胭脂树籽油有着浓郁的味道。喜油性的胭脂素色彩十分丰富，所以用这种油脂加热烹调会使菜肴的颜色更加鲜艳。

胭脂树籽至少要浸泡一个小时。

用水浸泡
要比用油浸渍使用更多的胭脂树籽，因为其风味化合物很难溶于水。并且水溶出的胭脂树素色素要比胭脂树素色素少四倍。

与食物的搭配

⊕ **甜玉米** 将胭脂树籽油淋洒到热气腾腾的玉米棒上。

⊕ **鱼类** 将胭脂树籽用热油浸渍，并用这种油来煎鱼饼或者炸鱼。

⊕ **肉类** 在慢火加热之前，将胭脂树籽酱加入腌泡汁中，用来腌制鸡肉、猪肉或者牛肉，然后塞入到墨西哥玉米卷或者玉米饼中。

⊕ **米饭** 使用浸泡胭脂树籽的水代替藏红花用来制作西班牙米饭配鸡肉。

⊕ **巧克力** 可以将少许研磨碎的胭脂树籽粉，肉桂粉和辣椒面加入巧克力慕斯中。

乳香脂（MASTIC）

类似于松木的风味 | 树脂风味 | 木质风味

植物学名称
Pistacia Lentiscus

别名
阿拉伯树胶（不要和金合欢树胶混淆），希腊乳香胶，乳香树

主要风味化合物
蒎烯

可使用部位
树脂

栽种方式
在夏末时节在树皮上刻出划痕，以分泌出树脂。树木生长到第5年就能够产生出树脂，并且可以一直持续60年。

商业化制备
树脂在树的底部逐渐变硬，形成梨形的泪滴状，然后收集起来、清理干净并进行干燥处理。

烹饪之外的用途
可用于化妆品和香水行业，在传统医学中用于治疗伤口。

植物
乳香脂是从漆树科的小型常绿乔木中提取的，与开心果关系密切。

不可食用的浆果由红变黑。

可以生长到2~6米高。

颜色最初是浅乳白色，由于与阳光和空气相互作用而变暗至金黄色。

"泪滴形"乳香脂
质地坚硬、呈半透明状的乳香脂块可用于烹饪，被称为燧石。等级较低的、较软的、较大的泪滴形乳香脂被称为康泰尔斯（起泡），主要用于制作口香糖。

乳香脂香料的故事

　　孕育出乳香脂的树只在希腊的希俄斯岛上生长，这种独具特色的产品在那里已经种植了2500多年。古希腊人和古罗马人把它作为一种爽口剂咀嚼——这是单词Masticate（咀嚼）的起源。当热那亚人在公元1346年从威尼斯人手中夺走希俄斯岛时，他们为岛上居民提供了免受海盗侵扰的保护，作为回报，他们垄断了利润丰厚的乳香脂贸易，这在当时是一种非常受欢迎的香料。在1566年，奥斯曼土耳其人占领了该岛，并控制了乳香脂贸易，直到1913年希俄斯岛成为希腊的一部分。时至今日，剩下了24个生产乳香脂的村落——称之为Mastichochoria（在希腊语中是"乳香脂村"的意思）——用同样久负盛名的古老方法收获和加工乳香脂。希俄斯乳香脂现在是一个受原产地命名保护的产品（PDO），它的大部分产品出口到土耳其和中东地区。

乳香脂的栽种区域
乳香树原产于地中海，而树脂只在希腊的希俄斯岛上才有收获。

在厨房内创造性地使用香料

在土耳其，乳香脂被用来添加到土耳其软糖中；在黎巴嫩，乳香脂可以略微增加一点耐嚼的风味，可以给没有添加鸡蛋的冰淇淋增添风味，可以给玫瑰水增添芳香风味。在埃及，乳香脂被添加到红肉和家禽类菜肴中，通常与小豆蔻一起使用。

香料调配使用科学

乳香脂细腻的芳香风味主要应归功于风味化合物蒎烯，其中至少80%的化学成分都来自于此。少量的月桂烯和其他的萜烯类化合物可以使乳香脂能够与各种各样的咸香风味的香料、甜味香料或者是木质风味等香料搭配使用。

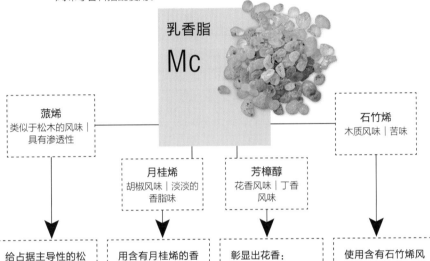

乳香脂 Mc

蒎烯
类似于松木的风味 | 具有渗透性

月桂烯
胡椒风味 | 淡淡的香脂味

芳樟醇
花香风味 | 丁香风味

石竹烯
木质风味 | 苦味

给占据主导性的松木风味增加了复合的风味：

○豆蔻带来一种有着橙味、花香以及木质风味的复合风味，在共享莰烯风味的同时，樟脑风味也同样溶于其中

用含有月桂烯的香料来强化胡椒风味：

○香菜籽增加了柑橘类清新爽口的品质，并一起共享着许多其他种类的化合物风味，使它成为一种最佳匹配的香料

○多香果有着胡椒风味的香甜，也有着芳樟醇风味的花香

彰显出花香：

○玫瑰带来了一股浓郁芬芳的花香

○小豆蔻中香甜的薄荷风味和渗透性的桉树风味，与芳樟醇风味一起，也有助于平衡乳香脂中占主导风味的松木风味

使用含有石竹烯风味的香料来增加更多的木质风味：

○肉桂也会带来令人舒适的香甜风味和芬芳的花香

○丁香中强力的类似于桉树风味的丁香酚也能与乳香脂中的蒎烯风味相抗衡

与食物的搭配

⊕**果酱** 在苹果酱或者无花果果酱中可以加入一点乳香脂。

⊕**烤羊腿** 在烤羊腿之前可以用乳香脂、洋葱碎和大蒜，以及一些小豆蔻等涂抹到羊腿上。

⊕**面包** 可以将1茶勺的乳香脂粉和一些茴香籽加入到咸香风味的面包面团中。

⊕**烘烤的甜食** 在马卡龙中加入乳香脂——乳香脂的风味与杏仁非常般配——或者加入到用玫瑰水增香的海绵蛋糕中。

⊕**大米布丁** 制作用乳香脂增香的大米布丁，并淋洒上香橙花风味的糖浆。

释放出风味

乳香脂最好是在使用之前先研磨碎，并与其他粉状的原材料混合好，以使其均匀地分散在整道菜肴中。

与糖一起研磨碎，用来制作甜点，或者与盐混合好用于咸香风味的菜肴，或者与面粉混合好，用来制作甜点和咸香风味的菜肴。这种做法也防止了乳香脂粘连到研磨机上。

可以试着通过制作一种由面粉、乳香脂以及黄油或者其他油脂做成的炒面粉制作而成的少司来给菜肴添加乳香风味。

可塑性的乳香脂

把整块的乳香脂放到一锅热的汤中会生成粘连在锅底的、胶质状的、可塑性的糊状物的风险。

与水混合，乳香脂中的月桂烯风味分子彼此迅速地结合在一起，形成长链或聚合物，这些长链或聚合物缠在一起形成一团黏性的物质。

显微镜下，极薄的连线与那些存在于天然和人造塑料和橡胶中的连线极其相似。

杜松子（JUNIPER）

树脂风味 | 刺激风味 | 花香风味

植物学名称
Juniperus communis

别名
欧洲刺柏

主要风味化合物
蒎烯

可使用部位
浆果（实际上是松果，像松树上的那些松果一样，但有着肉质的鳞片）。

栽种方式
杜松子灌木在白垩土壤上生长。浆果在夏末或秋季收获。

商业化制备
浆果通常会在低于35℃的温度下经过部分脱水，以限制其精油的挥发，因为其中含有香精化合物。

烹饪之外的用途
用于制作香水；可以作为织物染料，作为杀虫剂。在传统医学中，可以作为利尿剂和消炎药。

杜松子香料的故事

在民间传说中，杜松子与康复和神奇的力量有关，浓密的灌木被认为是一个安全的避难场所；在一个传说中，年幼时的耶稣被藏在杜松树篱中，以躲避希律王士兵。自古以来，杜松子灌木的枝条就一直被用来当作柴火燃烧，以制作烟熏肉和鱼，在中世纪时期，人们在瘟疫流行的时候焚烧杜松子的树木以使空气得到净化。意大利对外出口本国出产的杜松子已经有超过500年的历史。他们国内所产的大部分杜松子直接被送到酿酒厂以生产杜松子酒，杜松子是所有杜松子酒中占主导地位的芳香型香料，目前这仍然是一个法律规定。13世纪的荷兰人大概是第一个用杜松子给烈酒调味的人。他们用未成熟的绿色杜松子酿造了一种烈性酒精饮料，取名为杰尼弗（Jenever）。

植物
杜松子植物是一种浓密多刺的常绿灌木。雌球果产生出"浆果"，需要数年时间才能够成熟。

研磨碎的杜松子
可以购买到预先研磨碎的杜松子，但是含有香料化合物的精油很快就会降解，因此研磨后的香料需要立刻使用。

杜松子中的含油量表明其品质优良。

每一个杜松子中含有6粒黑色的种子。

整粒的杜松子
可以购买到新鲜的杜松子，但是通常都会是半干的。要储存于密封容器内，因为其风味油非常容易挥发；整粒的杜松子颗粒最好在6个月之内使用完。

"浆果"肉中包含几个有着风味香油的液囊。

杜松子的栽种区域
杜松子原产于欧洲、俄罗斯、高加索、北美和日本的温带地区。味道最好的杜松子生长在气候温暖、阳光充足的南欧地区。

在厨房内创造性地使用香料

在杜松子香甜滋味中有着浓郁的松木芳香风味和松脂的余韵。其清爽的，柑橘的风味品质使其特别适合于肉类，在这方面其酸性有着温和的使肉质变嫩的效果。

香料调配使用科学

杜松子的主要风味——淡雅的木质松木风味——折射出针叶树的起源；香醇的萜烯类化合物占杜松子中芳香油的80%，其中以松木香的蒎烯风味为主。这一系列芳香怡人的萜烯类化合物，加上杜松子中的高糖含量（高达33%），给香料提供了充分的调配混合使用机会。

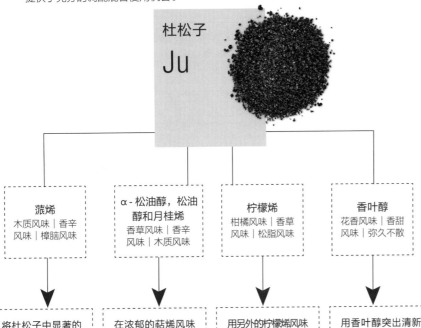

杜松子 Ju

蒎烯
木质风味│香辛风味│樟脑风味

α-松油醇，松油醇和月桂烯
香草风味│香辛风味│木质风味

柠檬烯
柑橘风味│香草风味│松脂风味

香叶醇
花香风味│香甜风味│弥久不散

将杜松子中显著的松木风味与其他以蒎烯风味为特色的复合型香料结合到一起使用：

○ 小茴香有着一股浓郁的，令人兴奋的芳香风味，但却带有着强烈的来自蒎烯风味的松木风味底蕴

○ 塞内加尔胡椒含有高浓度的蒎烯，并贡献出独特的桉树风味气息

○ 黑胡椒突出了松木的芳香风味，同时添加了胡椒辛辣的热度

在浓郁的萜烯风味中增添了清新的香草风味气息：

○ 香叶有助于木质味道的松油醇，与蒎烯和香叶醇形成强烈的对比

○ 小豆蔻的萜烯化合物中除了具有柠檬烯和香叶醇的芳香外，还带有木质香料的余韵风味

用另外的柠檬烯风味引申出柑橘的韵味：

○ 柠檬香桃木，其中还带有花香的芳樟醇，会带来浓郁的香甜型柑橘滋味

用香叶醇突出清新的花香气息：

○ 豆蔻中还含有松油醇和蒎烯，增加了木质风味和土质风味的醇厚程度

○ 香菜籽也含有蒎烯和月桂烯，使其非常适合搭配使用

○ 姜带有甜味和柠檬味，两者都可以被彰显出来

与食物的搭配

⊕ **卷心菜，甜菜** 在凉拌卷心菜中加入碾碎的杜松子，连同一些酸苹果片；在烤甜菜之前，与盐搅拌均匀并撒到甜菜上。

⊕ **柑橘类水果** 用一些碾碎的杜松子来给柑橘类水果果酱调味，或者在柠檬沙冰上放上一点杜松子碎。

⊕ **肉类** 可用于腌泡、涂抹和酿馅大多数的肉类。将碾碎的杜松子放入砂锅类和炖菜类菜肴中，再加上一条橘子皮。

⊕ **三文鱼** 杜松子树脂质地的品质可以很好地与油性鱼类配合使用：包括在自制的腌料中使用杜松子，用于腌渍三文鱼片。

⊕ **巧克力** 将碾碎的杜松子拌入巧克力松露或慕斯蛋糕混合物中。

释放出风味

杜松子不需要烘烤，但可以通过碾碎或研磨碎来加快富含萜烯的油分子在菜肴中扩散的速度从而使得菜肴有风味浓郁。

在使用杜松子之前才把它们碾碎；因为当杜松子中的油囊破裂开时，化合物的风味很快就会挥发。

杜松子油分子中所含有的萜烯很难溶于水中，但可以很容易地通过油脂和酒扩散开。

将捣碎的杜松子涂抹到肉上，当肉表面的脂肪因为受热而散发出芳香风味时，会给人一种浓郁的味道。

玫瑰（ROSE）

花香风味 | 麝香风味 | 香甜风味

植物学名称 *Rosa x damascena*（最常用的种类）	**栽种方式** 花蕾和花朵都是用手工采摘的。对于花瓣，它们是在花朵盛开的第一天的日出之前或日出时采摘下来的。
别名 大马士革玫瑰	**商业化制备** 花蕾和花瓣在干燥之后可以作为香料出售，或者经过蒸馏制作成玫瑰油。
主要风味化合物 香叶醇	
可使用部位 干的花蕾或花瓣	**烹饪之外的用途** 可用于制作香水和化妆品；在传统草药中，可以作为一种抗抑郁剂和防腐剂使用，并且可以用于治疗焦虑症。

玫瑰香料的故事

大约5000年以前，中国在古代文明时期就开始培育玫瑰，并因其美丽、芳香和治疗功效而被人们所珍视。罗马人广泛地种植玫瑰，并将它们的药用价值记录下来，包括（当戴上玫瑰花冠时）可以防止宿醉。公元7世纪，玫瑰种植遍及整个中东地区。大约在该时期，波斯人发现了如何从玫瑰花中提取精油，并且玫瑰花在烹饪中的用途变得更加广泛。到了中世纪，玫瑰被用在宴会上，制成香水用于洗手，并为咸香风味菜肴和甜食调味。在十字军东征期间，玫瑰油的主要来源——香味浓郁的大马士革玫瑰，传到了北欧。在维多利亚时代的英国，玫瑰花瓣三明治被认为是一种精致的茶点。

植物
大马士革玫瑰是一种耐寒的开花灌木，并且是烹饪中使用的玫瑰风味香料的主要来源，玫瑰在中国、日本和韩国很受欢迎。

一丛玫瑰灌木
可以出产40年的玫瑰。

花瓣 ▶

◀ 蓓蕾

花瓣和蓓蕾
它们在干燥之后，可以用来作为香料使用，或者裹上糖霜后用来装饰蛋糕和甜点。

玫瑰的栽种区域
玫瑰原产于北半球的温带地区，可能起源于中国。大马士革玫瑰原产于中东，它在土耳其、印度、伊朗、保加利亚和摩洛哥都有种植。

在厨房内创造性地使用香料

玫瑰花瓣为甜品和咸香风味的菜肴增添了甜蜜的花香。任何未喷洒过香水的玫瑰花瓣都可以使用，但那些专门为消费而培植的玫瑰花比花园玫瑰的味道要更浓烈。

香料调配使用科学

玫瑰的芳香风味主要是萜烯类风味化合物，具有一种甜美、花香的特点，包括有香叶醇、橙花醇、丁香酚以及芳樟醇等。玫瑰花中独特的玫瑰香气是由一种称作玫瑰酮的强效风味化合物所产生的，它提供了新鲜的绿色气息、香草的香馥、木质的芬芳和浆果般的回味。

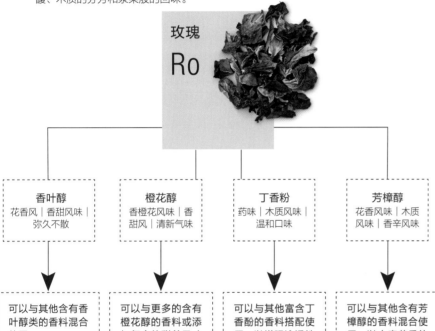

玫瑰
Ro

香叶醇	橙花醇	丁香粉	芳樟醇
花香风｜香甜风味｜弥久不散	香橙花风味｜香甜风｜清新气味	药味｜木质风味｜温和口味	花香风味｜木质风味｜香辛风味

可以与其他含有香叶醇类的香料混合使用：

○ 姜增加了适度的辛辣风味和柑橘的味道，也一起共享芳樟醇风味

○ 豆蔻少量使用可以带来一种温暖的土质般的香味，并且也一起共享着丁香酚风味

可以与更多的含有橙花醇的香料或添加复合的甜美风味的香料混合使用：

○ 柠檬草散发出柑橘的芬芳、温和的胡椒风味，和淡淡的香辛味，也一起共享芳樟醇风味

○ 香草有着浓郁的、醇厚的乳脂风味和包括丝丝的樱桃风味的复合风味

可以与其他富含丁香酚的香料搭配使用，以增强渗透性的薄荷醇风味：

○ 多香果提供了香甜的胡椒风味

○ 丁香增加了甜味，涩感，像桉树一样的气息

可以与其他含有芳樟醇的香料混合使用，以丰富花香的风味：

○ 肉桂，桂皮有助于增强舒适的风味，带着一丝桂皮的苦涩感

○ 香菜籽提供了一股浓郁的，伴有花香的柑橘香味

与食物的搭配

⊕ **樱桃**　可以加入炖樱桃中，可以用来代替放在馅饼里的果酱。

⊕ **蔬菜类**　将干燥的花瓣加入哈里萨辣椒酱中，配铁扒蔬菜一起食用。

⊕ **鸡肉**　将玫瑰花瓣碎撒在摩洛哥风味的炖鸡里。

⊕ **马鲛鱼**　铁扒马鲛鱼配以用玫瑰花瓣粉增加香味的蒸粗麦粉。

⊕ **酥饼**　可以在酥饼面团中加入一些干的玫瑰花瓣碎，做成酥饼饼干。

⊕ **冰淇淋**　用玫瑰花瓣粉或者玫瑰香水制作成玫瑰风味冰淇淋。

释放出风味

玫瑰花中效果最明显的风味化合物是油溶性的，但是能非常容易地遮盖住一道菜肴原本的风味：这是一种有效的以水基方式使用的香料。即便如此，玫瑰香水中含有数百种风味化合物，使其具有丰富而难以捉摸的风味。

可以通过将玫瑰花瓣浸泡在水中的方式，自己制作出玫瑰水。浸泡几天的时间，让玫瑰花瓣中的风味化合物缓慢地溶解于液体中。

混合着试试看

使用并调整这一道经典的混合香料，适合用于甜食或者咸香风味的菜肴中。

● 阿德维耶，详见第27页

香菜籽（CORIANDER）

柑橘风味 | 花香风味 | 温和风味

植物学名称
Coriandrum sativum

别名
香菜，有时候会被错误地称为印度香芹、
中国香芹或日本香芹

主要风味化合物
芳樟醇

可使用部位
"籽"（事实上是果实），叶，以及根部

栽种方式
作为一年生作物在田间种植，播种后大约
三个月，在植株上就会生长出香菜籽。

商业化制备
在香菜籽还没有完全成熟时，香菜茎秆就
被切割下来。香菜籽被敲打下来，经过清
洁并进行干燥处理。

烹饪之外的用途
香菜籽精油可用于制作香水和化妆品。也
可以用来作为溃疡和胃病的传统治疗方法。

植物
香菜是一种耐寒的一年
生草本植物。主要有两
种栽培品种：Vulgare
（印度）和Microcarpum
（欧洲）。

**粉红色或白
色的花朵会
发育成为可
以用作香料
使用的果实。**

**可以食用的根部在泰
国烹饪中会使用到。**

◄ **欧洲品种**

欧洲品种的
香菜籽中有
着更高的精
油含量。

每个果实的外壳中都
含有两粒香菜籽。

整粒的香菜籽
个头小而呈圆形的欧洲
香菜的果实比个头较大
并呈椭圆形的印度香菜
的果实更有柑橘风味，
有一种香甜，并略带奶
油风味的口感。可以储
存一年的时间。

▲ **印度品种**

香菜籽粉
预先研磨碎的香菜
籽，很快就会失去
其芳香风味，因此，
最好是在需要使用
时，再将整粒的香
菜籽研磨碎。香菜
籽可以储存长达四
个月的时间。

研磨碎之后
的香菜籽也
可以作为增
稠剂使用。

香菜籽香料的故事

在以色列那哈尔希马尔的一个洞
穴中发现了8000年前储存的香料，
以及来自埃及陵墓中的确凿证据，都
表明，香菜作为一种经济作物，起源
于近东。希腊人和罗马人把它当作
药物和肉类防腐剂使用，也同时作为
香料，在栗子类与扁豆类等菜肴中使
用。大约2000年前，这种香料经由
波斯传到印度，经过4个世纪之后，
有证据表明，从中国到盎格鲁-撒克
逊人的英国都在广泛地使用。早期的
欧洲殖民者把这种香料带到北美，在
那里它被移植并广泛种植。到了18世
纪，这种香料在欧洲已经失宠了，它
的用途在很大程度上仅限于杜松子酒
蒸馏和啤酒酿造中；它仍然是比利时
啤酒中很受欢迎的一种调味品。

香菜籽的栽种区域
原产于地中海和南欧地区，香菜目前由于其
籽和叶的使用价值而在全世界各地被广泛种植。
主要生产区域在印度和俄罗斯，从摩洛哥、罗
马尼亚、伊朗、中国、土耳其和埃及等国家大
量的出口。

在厨房内创造性地使用香料 }

香菜籽是一种用途广泛的香料，有着一种苦中带甜的味道，会让人想起干橙皮的风味。虽然香菜籽可以单独使用，但这种香料会更频繁地与土质风味的小茴香一起搭配使用，以形成世界各地咸香风味混合香料的主旋律。

香料调配使用科学

香菜籽中的香味主要是丁香味的芳樟醇，其次是各种味道温和的萜烯类，包括蒎烯、伞花烃和柠檬烯，这使得香菜籽成为一种用途广泛的、可以和其他香料搭配使用的香料。

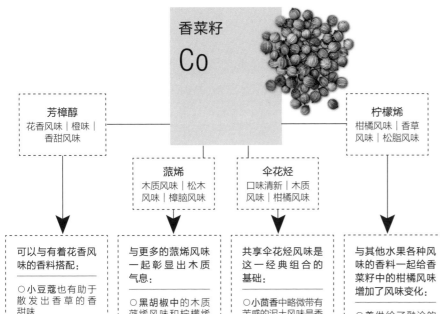

香菜籽
Co

芳樟醇
花香风味｜橙味｜香甜风味

柠檬烯
柑橘风味｜香草风味｜松脂风味

蒎烯
木质风味｜松木风味｜樟脑风味

伞花烃
口味清新｜木质风味｜柑橘风味

可以与有着花香风味的香料搭配：

○ 小豆蔻也有助于散发出香草的香甜味

○ 豆蔻，豆蔻皮在浓郁的花香气息中，带来舒适的香甜风味

与更多的蒎烯风味一起彰显出木质气息：

○ 黑胡椒中的木质蒎烯风味和柠檬烯风味意味着黑胡椒中温和与辛辣混合得很好

○ 八角，多香果贡献出了木质风味，温和的风味并增加了甜味

共享伞花烃风味是这一经典组合的基础：

○ 小茴香中略微带有苦感的泥土风味是香菜籽中天然的柑橘花香的绝佳衬托

与其他水果各种风味的香料一起给香菜籽中的柑橘风味增加了风味变化：

○ 姜供给了融洽的清新气息

○ 柠檬草极大地增强了花香的柑橘风味

○ 葛缕子带来了细腻的茴香般的胡椒风味

与食物的搭配

⊕ **芹菜，茴香，卷心菜** 将少许碾碎的香菜籽加入凉拌卷心菜沙拉中或者在炖菜的时候加入香菜籽。

⊕ **柑橘，苹果，梨** 将干烘好之后研磨碎的香菜籽加入柑橘风味的沙冰中，并撒在表面上，或者加入糕点面团中，用来制作苹果和梨甜点。

⊕ **猪肉，野味，鸡肉** 可以用作干性的腌料或涂抹用料，或用作填馅用料。

⊕ **金枪鱼和贝类海鲜** 在灼烤之前把研磨碎的香菜籽涂抹到金枪鱼排上，或者把整粒的香菜籽加入汤中，用来煮贝壳类海鲜。

⊕ **腌制食品** 作为腌渍香料效果非常好，可以与番茄开胃小菜和果酱搭配使用。

⊕ **海绵蛋糕** 在原味蛋糕中可以加入少许的香菜籽；香菜籽与柑橘、蓝莓或黑莓搭配在一起使用效果也很不错。

混合着试试看

试试这些以香菜籽为特色的经典混合香料食谱，或者运用一些香料调配科学来调整它们。

- 青辣椒酱，详见第25页
- 杜卡，详见第28页
- 德班咖喱马萨拉辣椒酱，详见第37页
- 马来西亚咖喱鱼酱，详见第51页
- 奇米丘里辣酱，详见第66页

释放出风味

香菜籽中味道最美味的油脂藏在香菜籽里面的最深处。当香菜籽经过干烘之后，它的味道会发生很大的变化。

不经过干烘可以让香菜籽中花香风味占据主导地位。

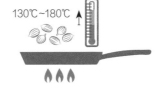

干煸至深棕色的香菜籽，可产生出坚果风味、土质风味的吡嗪化合物。

碾碎或者研磨碎的香菜籽，可以释放出精油，特别适用于快速烹制的菜肴。

西非花生咖喱配德班马萨拉

（WEST AFRICAN PEANUT CURRY WITH DURBAN MASALA）

受到来自西非的花生汤菜和炖菜的启发，这道食谱的制作摒弃了惯用的火辣的苏格兰帽辣椒，转而使用南非东开普省的做法——使用了德班咖喱马萨拉混合香料。其中的热量主要来自卡宴辣椒，所以可以少用一些，以制作出口感温和一些的味道。要制作出一道味道浓郁的汤菜，只需简单地在加热烹调结束之前加入更多的水即可。

香料

使用创意

调配出你自己的马萨拉混合香料：可以用黑小豆蔻或者塞内加尔胡椒，来增添烟熏风味，或者用木质风味的香脂风味豆蔻皮代替姜或香菜籽。

将整粒的香料干炒，以**发挥出新鲜干烘后的吡嗪风味**，但要小心使用，因为它们的风味可能占据主导地位。

在炒蔬菜时加入新鲜香料，使其**味道更加浓郁**：大蒜和生姜的辛辣风味会随着加热时间的推移而变得醇香起来。

供6~8人食用

制备时间20分钟

加热烹调时间25~35分钟

制作德班马萨拉混合香料用料

2茶勺小茴香籽

1茶勺香菜籽

1/2茶勺葫芦巴籽

5颗小豆蔻豆荚中的籽

1根肉桂条

5粒丁香

1茶勺卡宴辣椒粉

1/2茶勺姜粉

制作咖喱用料

4汤勺原味花生酱

500毫升水

2汤勺油

3根大的胡萝卜，去皮

2根防风根，去皮

1个瑞典甘蓝或者萝卜，大约500克，去皮

4个嫩茄子或者白茄子（可选）

1个中等大小的洋葱，切成丁

400克蘑菇，野生的，栽种的，或者两者各半

1汤勺番茄酱

2个熟透的番茄，切成细末

500毫升蔬菜高汤

适量的盐和胡椒粉

1 要制作德班马萨拉混合香料，将整粒和整个的香料都研磨碎，与卡宴辣椒粉和姜粉混合均匀，放到一边备用。

2 在食品加工机中将原味花生酱和一杯水搅拌好，制作成花生酱。搅拌均匀后，将花生酱倒入平底锅内，加入剩余的水再搅拌均匀。用小火加热熬煮大约15分钟，直到油开始聚集在表面上为止。

3 将胡萝卜、防风根、瑞典甘蓝或芜菁切成2~3厘米大小的块状。在一个大锅内加热1汤勺的油。加入蔬菜，用中大火加热煎炒10~15分钟，期间只需偶尔翻动几次即可。直到蔬菜的切边变成褐色并呈焦糖状。将蔬菜从锅里倒出，放在一边备用。

4 把剩余的油倒入锅里，加入洋葱和香料。用中火加热煸炒几分钟，然后加入番茄酱和切成细末的番茄。把火调到最大加热，加入蘑菇，煸炒3分钟。

5 将蔬菜高汤、花生少司以及蔬菜加入锅内。将茄子（如果使用的话）切成2~3厘米的块状，也加入锅内。加热烧开，然后用小火加热炖15~20分钟，直到蔬菜变得软烂。

6 尝味并用盐或者胡椒粉调味。将大块的香料去掉，将制作好的菜肴配黏米饭一起食用。同样，也可以作为汤菜食用，加水烧开即可。

小茴香（CUMIN）

土质风味 | 香草风味 | 木质风味

植物学名称
Cuminum cyminum

别名
罗马葛缕子，小茴香籽

主要风味化合物
枯茗醛

可使用部位
"籽"，从学术上讲的水果

栽种方式
作为一年生作物种植，在种植四个月之后，当果实变成黄褐色时，植物就会被切割掉。

商业化制备
茎秆经过干燥处理，经过敲打以后与果实分离开，然后进行进一步的干燥。

烹饪之外的用途
精油可用于制作香水和兽药。在传统医学中，用于帮助消化不良和减轻肠胃胀气。

小茴香香料的故事

埃及金字塔中有小茴香籽的证据表明，小茴香籽在5000多年以前就开始使用了。古希腊和古罗马人把小茴香籽和盐放在一起作为餐桌上的调味料使用。罗马博物学家老普林尼认为它是调味品之王，在今天的格鲁吉亚和非洲，加有小茴香籽的盐仍然是一种受欢迎的调味品。从公元7世纪开始，阿拉伯商人用香料大篷车将小茴香籽运往北非，往东运往伊朗、印度、印度尼西亚和中国，成为许多地区混合香料中的关键组成部分。包括巴哈瑞特（中东），葛拉姆马萨拉，潘奇佛兰（印度），以及拉塞尔·汉诺特（摩洛哥）。西班牙征服者在16世纪将小茴香引入了美洲，尤其是墨西哥，在那里小茴香深深地融入到了菜肴中。

小茴香籽来自小的、白色或粉红色的淡紫色花的伞形花序。

小茴香籽
经过测量大约6毫米长。

整粒的小茴香籽
呈船形，浅棕色的小茴香籽如果在密封容器内储存，在阴凉、避光的地方，风味可以保存长达一年之久。

多茎的植物可以生长到30~60厘米高。

小茴香粉
每次购买少量的小茴香粉，因为小茴香粉很快就会失去风味效力，购买后要在几个月内使用完。

植物
小茴香是香芹科中的一种耐旱的一年生草本植物。

小茴香的栽种区域
小茴香被认为原产于埃及尼罗河谷以及地中海东部地区，在印度（最大的生产国和消费国）、中国、叙利亚、土耳其和伊朗都有种植。其他的生产地为巴勒斯坦和美国。

在厨房内创造性地使用香料

小茴香是印度、北非、黎巴嫩和墨西哥烹饪中一种必不可少的组成部分。可以单独使用或与其他香料混合使用。以其独具特色的、浓郁的芳香和辛辣的味道注入各种各样的美味菜肴中。

香料调配使用科学

小茴香中独具特色的麝香风味，香辛的风味来自于枯茗醛，在烤牛肉和肉桂中发现的一种风味化合物，但在其他香料中很少见到。其他重要的风味化合物还包括蒎烯，它赋予了香料干爽的、松木的细腻风味，还有伞花烃，它有一种清新的，像松脂一样的芳香风味。

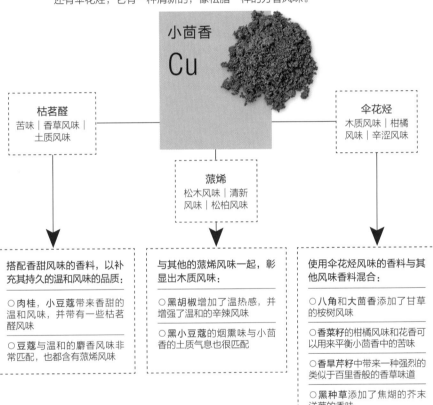

小茴香
Cu

枯茗醛
苦味 | 香草风味 | 土质风味

伞花烃
木质风味 | 柑橘风味 | 辛涩风味

蒎烯
松木风味 | 清新风味 | 松柏风味

搭配香甜风味的香料，以补充其持久的温和风味的品质：
○ **肉桂、小豆蔻**带来香甜的温和风味，并带有一些枯茗醛风味
○ **豆蔻**与温和的麝香风味非常匹配，也都含有蒎烯风味

与其他的蒎烯风味一起，彰显出木质风味：
○ **黑胡椒**增加了温热感，并增强了温和的辛辣风味
○ **黑小豆蔻**的烟熏味与小茴香的土质气息也很匹配

使用伞花烃风味的香料与其他风味香料混合：
○ **八角和大茴香**添加了甘草的桉树风味
○ **香菜籽**的柑橘风味和花香可以用来平衡小茴香中的苦味
○ **香旱芹籽**中带来一种强烈的类似于百里香般的香草味道
○ **黑种草**添加了焦糊的芥末洋葱的香味

与食物的搭配

⊕ **茄子和根类蔬菜** 将小茴香籽干烘并研磨碎，用来撒到烤茄子上，用于甜菜蘸酱中，或者根类蔬菜泥中。

⊕ **干豆类** 用作木豆和其他炖扁豆类菜肴的调味料。用于炸豆丸子馅料中，以及撒到鹰嘴豆泥上。

⊕ **牛肉和羊肉** 在羊肉末中加入少许小茴香粉，做成摩尔式烤肉串，或者用来制作辣焖牛肉，墨西哥摩尔以及香辣肉酱。

⊕ **盐** 将小茴香籽干烘好后与等量的海盐一起研磨碎，用来撒到烤鸡、番茄沙拉、鳄梨吐司、玉米饼或者烤土豆上面。

⊕ **酸奶** 将小茴香籽、酸奶以及柠檬汁混合好，制作成一种沙拉少司，用于烤蔬菜或者一种使用苦味生菜叶，像芥菜叶或者羽衣甘蓝，制作而成的沙拉。

混合着试试看

试试这些以小茴香为特色的经典混合香料食谱，或者使用一些香料调配科学来调整它们。
- 扎阿塔，详见第22页
- 土耳其巴哈拉特，详见第23页
- 阿德维耶，详见第27页
- 杜卡，详见第28页
- 哈瓦基，详见第29页
- 恰特马萨拉，详见第42页
- 山东风味香料袋，详见第58页
- 烧烤涂抹香料，详见第68页

释放出风味

小茴香对干烘的反应特别灵敏：将小茴香籽捣碎，然后将其干烘，以产生出干烘味的吡嗪风味。一些新干烘过的风味化合物也含有硫黄的成分。

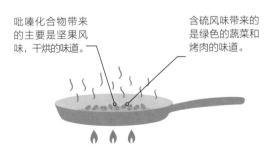

吡嗪化合物带来的主要是坚果风味，干烘的味道。

含硫风味带来的是绿色的蔬菜和烤肉的味道。

黑种草（NIGELLA）

温和风味 | 胡椒风味 | 香草风味

植物学名称
Nigella sativa

别名
迷雾中的爱，黑洋葱籽，黑小茴香，黑葛缕子

主要风味化合物
黑籽油

可使用部位
黑种草籽

栽种方式
一种一年生植物，它能结出大的种子胶囊，在成熟时收获。

商业化制备
这些种子胶囊先被干燥处理，然后碾碎，以获取种子，这些种子要么被整粒出售，要么被提取精油。

烹饪之外的用途
在自然疗法中，这些种子被用来缓解感冒症状，治疗消化系统疾病，并促进乳汁分泌。

黑种草籽香料的故事

据说发现于古埃及法老图坦卡蒙的陵墓中，黑种草因为其产出的黑种草籽已经被种植了3000多年。它的名字来源于拉丁语*Nigellus*或*Niger*（黑色）。古希腊人和阿拉伯人非常推崇这种种子的疗效和防腐性能；根据阿拉伯谚语，黑种草是"一种能够治疗除了死亡之外所有疾病的良药"。一段古老的阿拉伯文字把它描述为*Habbatul barakah*，意思是"祝福的种子"，而在旧约圣经中，它被称为基撒。罗马医生兼哲学家盖伦开出了黑种草籽治疗感冒的药方，现在他们仍然是使用一块棉布包好一勺黑种草籽这样的方式，放在鼻孔处，吸气以清理阻塞的鼻孔。黑种草在南欧、西亚和中东一直都被当作草药使用。

泪滴状的黑种草籽 呈米黄色，直到在空气中干燥。

植物大约可以生长到60厘米高。

植物
黑种草是一种来自于毛茛科的一年生小型草本植物。它能开出淡蓝色、五片花瓣的花朵并长出羽毛状的灰绿色叶子。

整粒的籽
黑种草籽可以保存两年。它们非常坚硬，所以可以用香料或咖啡研磨机研磨碎，而不要用杵和臼手工研磨。

黑种草的栽种区域
原产于南欧，土耳其，高加索地区和中东，黑种草现在在印度（现代最大的生产国）、埃及、北非以及南亚地区种植。

在厨房内创造性地使用香料

黑种草是一种味道强劲的香料，能在舌头上释放出一种温和的热量，并略微带有一种苦味，香草风味，类似于烧焦的洋葱的味道。它在印度烹饪中被广泛使用，它的防腐性能使它成为水果和蔬菜的优良腌渍香料。

香料调配使用科学

注意观察黑种草中的次要性的风味化合物，寻找效果最佳的香料搭配：具有一定浓度的伞花烃给予了香料土质风味，清新的芳香风味，少量温和的萜烯、蒎烯和柠檬烯风味也会展现出来。

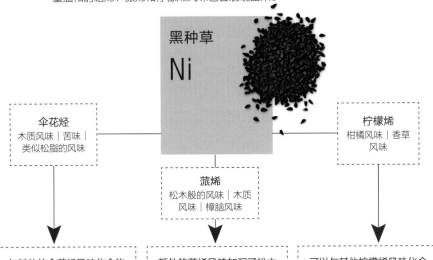

黑种草
Ni

伞花烃
木质风味 | 苦味 | 类似松脂的风味

蒎烯
松木般的风味 | 木质风味 | 樟脑风味

柠檬烯
柑橘风味 | 香草风味

与其他的伞花烃风味化合物结合，增强清新的气息：

○ 香旱芹籽中的百里香酚尝起来像牛至，并与黑种草的草本植物风味联系在一起，增加了苦味和像薄荷醇一样的清凉感觉

○ 小茴香带来了麝香般的温暖感觉

○ 豆蔻少量地使用会增加木香风味，温和的香辛味道

额外的蒎烯风味加深了松木风味元素的醇厚程度：

○ 黑胡椒有着温和的辛辣味和苦味

○ 肉桂增强了木质风味的品质，彰显出了甜味

可以与其他柠檬烯风味化合物中的水果味道搭配：

○ 香菜籽中占据主导风味的花香柑橘风味抵消了黑种草中的洋葱般的苦味

○ 葛缕子带来了大茴香般的辛辣的胡椒风味

牛至的分子结构

黑种草籽中的主要风味化合物——黑种草酮——几乎是独一无二的性质，然而，许多人检测到黑种草与牛至有相似之处。对此作出的解释是，黑种草籽是由百里香醌分子粘连在一起形成的，这是一种在牛至中也可以检测到的药用分子化合物。

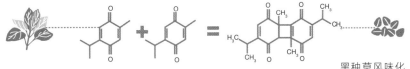

牛至的风味　　　百里香醌　　　黑种草酮　　　黑种草风味化合物

与食物的搭配

⊕ **蔬菜**　可以加入到以根类蔬菜、胡瓜、茄子等制作而成的咖喱蔬菜中。

⊕ **谷物类和干豆类**　在大米和硬小麦中可以加入经过略微干烘的黑种草籽，黑种草用油或酥油稍微煎炒一下，然后可以拌入到快要成熟的木豆中。

⊕ **鸡蛋**　可以撒到炒鸡蛋或者煎鸡蛋上。

⊕ **面包**　可以与白芝麻混合好，拌入到烤饼面团中或者撒到烤饼表面上。也适合用来制作黑麦面包。

⊕ **山羊奶酪**　将黑种草籽加入到使用打发的菲达奶酪或者其他山羊奶酪制作而成的奶酪蘸酱中。

⊕ **羊肉**　可以加入到慢炖印度咖喱或者摩洛哥塔吉锅中。

释放出风味

黑种草籽很难碎裂开，它们味道丰富的精油被锁在微型胶囊里。能够帮助精油逸出的一种方法是通过研磨黑种草籽，然后在一个煎锅里干烘，并且也会额外生成吡嗪风味化合物。

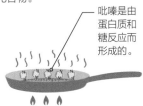

吡嗪是由蛋白质和糖反应而形成的。

混合着试试看

试试这道以黑种草籽为特色的经典混合香料食谱，或者使用一些香料调配科学来调整它。

● 潘奇弗兰，详见第43页

塞内加尔胡椒
（GRAINS OF SELIM）

麝香风味 | 树脂风味 | 苦味

植物学名称
Xylopia aethiopica

别名
友达豆荚，埃塞俄比亚胡椒，哈兹利，金巴胡椒，塞勒姆基利，几内亚胡椒

主要风味化合物
莳酮

可使用部位
豆荚（果实）和籽

栽种方式
它们的豆荚是从树木上收获的，豆荚可以在不同的成熟阶段进行采摘。

商业化制备
在塞内加尔，未成熟的果实要先经过熏制，然后捣碎；在其他地方，晒干后的豆荚被研磨成粉或者整粒的使用。

烹饪之外的用途
在传统非洲医学中：塞内加尔胡椒和/或其根部被用来治疗各种各样的疾病。树皮提取物应用于皮肤软膏中。

植物
塞内加尔胡椒来自于一种常青树木，这种树木生长在非洲潮湿的热带地区。树木可以生长到30米高。

籽荚**密集成簇**。

豆荚内含有5~8粒籽。

整个的豆荚
豆荚可以整个的使用，食用前要从菜肴中取出。

塞内加尔胡椒粉
研磨或捣碎豆荚后要立即使用，因为其风味化合物很快就会挥发。因此，很少会使用预磨粉。

塞内加尔胡椒香料的故事

从埃塞俄比亚到加纳，塞内加尔胡椒在非洲各地是一种非常流行的香料。就像摩洛哥豆蔻一样，在中世纪时期，这种香料被出口到欧洲北部，作为稀有而昂贵的黑胡椒的替代品而售卖。然而，自16世纪以来，它在欧洲的受欢迎程度开始下降；那时，葡萄牙航海者和商人已经建立了从亚洲到欧洲的海上贸易路线，这大大提高了黑胡椒和其他外来香料的供应。在其本土地区之外，这种香料通常被称之为埃塞俄比亚胡椒，但它与胡椒没有任何关系。在非洲，尤其是尼日利亚南部地区，它被视为一种价值很高的烹饪香料和药物。而且在非洲大陆之外更广为人知。

塞内加尔胡椒的栽种区域
这种香料原产于埃塞俄比亚并在那里栽种，在肯尼亚、乌干达、坦桑尼亚、尼日利亚、加纳和塞内加尔都有种植。

在厨房内创造性地使用香料

整个的豆荚能够给汤菜、粥、炖菜和少司增添生鲜的胡椒风味，而研磨碎的豆荚是极佳的肉类和鱼类的干性涂抹腌料。有时整个的豆荚会捆缚在一个棉布袋里，以便在食用之前可以很容易地从菜肴中取出来。

香料调配使用科学

塞内加尔胡椒的独特风味是由一种称作荜酮的强力而与众不同的风味化合物带来的。也可以使用塞内加尔胡椒中那些味道占次要地位的风味化合物，如香草醛、吉玛烯、芳樟醇、香叶醇和蒎烯等，制作出令人感兴趣的风味搭配。

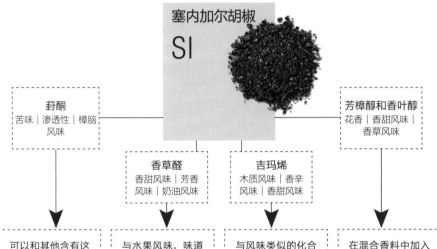

塞内加尔胡椒
SI

荜酮
苦味 | 渗透性 | 樟脑风味

芳樟醇和香叶醇
花香 | 香甜风味 | 香草风味

香草醛
香甜风味 | 芳香风味 | 奶油风味

吉玛烯
木质风味 | 香辛风味 | 香甜风味

可以和其他含有这种风味化合物的香料搭配使用：

○ 茴香带有强烈的甘草味，并突出了松木的风味

○ 莳萝带有细腻的如同大茴香般的风味，并增添了一丝柑橘的味道

与水果风味，味道浓郁的香料搭配，补充了香甜的风味：

○ 杜松子是一种极佳的香甜风味的搭配，都含有着蒎烯和香叶醇风味

○ 漆树粉带来了令人垂涎的酸甜口味

○ 甘草中含有极甜的甘草酸，并且都含有桉油精风味

与风味类似的化合物一起增强木质风味：

○ 豆蔻和豆蔻皮中含有一种称作增效烯的木质风味化合物

在混合香料中加入一种芳香的花香风味香料：

○ 香菜籽的花香风味是香甜风味并且带有柑橘的味道

○ 小豆蔻也带有芳樟醇风味，同时渗透性的桉油精风味对弥久不散的樟脑气味形成了有效的补充

与食物的搭配

⊕ **饮料类**　使用研磨碎的香料来制作塞内加尔风味咖啡饮料图巴咖啡。

⊕ **蔬菜类**　将研磨碎的香料加入由豆类、番茄和西葫芦做成的蔬菜咖喱中；在香浓南瓜汤上撒上研磨碎的香料。

⊕ **鱼类**　在铁扒、烘烤之前，可以在鱼身上，如鳕鱼，涂抹上研磨碎的香料，或加入芳香而浓郁的秋葵汤中。

⊕ **肉类**　制作胡椒汤，这是一道包含有塞内加尔胡椒、豆蔻、辣椒和各种肉类的西非风味汤菜。

⊕ **米饭**　把一整根豆荚加入肉饭或者印度香饭里，或者加到尼日利亚风味的"一锅饭"辣椒炖鱼饭里。

充分利用烟熏风味

干的豆荚在干燥的过程中会经过烟熏，以产生麝香味、木质烟熏的香味。大部分的烟熏风味都会储存在豆荚里，所以为了获得最充分的烟熏风味，只在使用前才将整个豆荚研磨碎。

研磨碎的豆荚表皮中富含芳香风味。

当人们冲洗干燥的塞内加尔胡椒时，令人愉快的芳香分子（尤其是酚类物质）就会通过飘散开的烟雾颗粒而沉积下来。

释放出风味

塞内加尔胡椒中的主要风味化合物可以很好地溶解和混合在脂肪和酒中，但在水基液体中溶解和混合程度较差。

在加入菜肴中之前，先用**油脂煎炒**一下，或者在炒菜快要出锅时，加入到菜肴中。

在加热烹调汤汁较多的菜肴时，要**趁早加入**，以便有时间让其风味渗透到菜肴中去。

混合着试试看

使用并调整这一道经典的，以塞内加尔胡椒为特色的混合香料。

● 雅吉，详见第36页

黑小豆蔻
（BLACK CARDAMOM）

烟熏风味 | 樟脑风味 | 树脂风味

植物学名称
Amomum subulatum

别名
翼豆蔻，棕色小豆蔻或较大的豆蔻，
大豆蔻，黑金

主要风味化合物
桉油精

可使用部位
籽和整个的果实（豆荚）

栽种方式
在树荫下生长；3年生植物的籽荚，在其完全成熟前，从靠近其底部位置用手工采摘下来的。

商业化制备
将豆荚在烘烤窑的明火上干烘24~72小时，这样赋予了小豆蔻的深色和烟熏味。

烹饪之外的用途
用于制作香水及口腔护理用品，用于制作治疗咽喉肿痛、胃病和疟疾的传统药物。

黑小豆蔻香料的故事

黑小豆蔻被认为是其近亲绿色小豆蔻的次等级的替代品，这种说法毫无根据，一直到20世纪，西方国家还主要用它来制作香水。这种香料传统上是由印度东北部锡金邦的莱普查部落种植的。锡金人自己也会将黑小豆蔻用于医疗目的，很少将其用于烹饪中，但在中国，它的烹饪价值已经被人们享用了几个世纪。自20世纪60年代之后，这种香料才开始在锡金以外的地方种植，当时它被引入尼泊尔和不丹，后来又被引入西孟加拉邦的大吉岭。现在，这两个地区的人们都将其用于家庭香料使用，尤其是作为葛拉姆马萨拉混合香料中的关键组成部分，并越来越多地出口到中东、日本和俄罗斯等地。

植物
在山地森林中潮湿的树荫下生长，这种畏寒的，多年生草本植物有着宽大的、多叶的、常绿的嫩枝。

黄白色的花朵
生长在地面上的根状茎上。

红色的豆荚中含有多达50粒的籽，被含糖的果肉所环绕着。

籽簇拥在外壳里。

豆荚的大小大约是绿色小豆荚的三倍。

黑小豆蔻
要购买整个的黑小豆蔻荚（不是研磨碎的黑小豆蔻籽），储存在一个密封容器内可以保存一年的时间。当豆荚被碎裂开时，小豆蔻籽开始失去其风味，要立即使用。

中国黑小豆蔻
又称为草果，这些是豆蔻属中不同树种中较大个头的豆荚。但是它们的味道非常相似，可以相互替代使用。

黑小豆蔻的栽种区域
原产于喜马拉雅山脉东部潮湿多山的林区，从尼泊尔进入中国；高达90%的黑小豆蔻仍然生长在印度东北部的锡金邦。

在厨房内创造性地使用香料 }

黑小豆蔻最适合制作使用小火加热的咸香风味类菜肴。它最具特色的用法是制作川菜中的炖肉类菜肴，制作越南河粉、越南肉汤以及汤菜，用在印度和尼泊尔的葛拉姆马萨拉和肉饭中。

香料调配使用科学

黑小豆蔻由同样具有渗透性的桉油精风味化合物占据主导地位，而桉油精赋予了绿色小豆蔻同样的风味，但两者的相似之处也仅此而已。各种烟熏风味的酚类，大量丁香味的丁香酚，松木风味的蒎烯和柑橘味的柠檬烯，给香料提供了广泛的相互配合使用的机会。

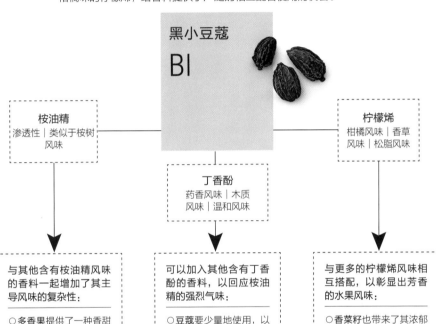

黑小豆蔻

BI

桉油精
渗透性 | 类似于桉树风味

柠檬烯
柑橘风味 | 香草风味 | 松脂风味

丁香酚
药香风味 | 木质风味 | 温和风味

与其他含有桉油精风味的香料一起增加了其主导风味的复杂性：

○ 多香果提供了一种香甜的，胡椒风味的舒适感

○ 小豆蔻给人一种更香甜、更浓郁的花香感觉

○ 高良姜强化了樟脑风味

可以加入其他含有丁香酚的香料，以回应桉油精的强烈气味：

○ 豆蔻要少量地使用，以增加舒适的、香辛的味道

○ 肉桂具有香甜的、芳香的特性

与更多的柠檬烯风味相互搭配，以彰显出芳香的水果风味：

○ 香菜籽也带来了其浓郁的花香风味

○ 葛缕子带来了额外的大茴香般的味道，与小豆蔻的烟熏风味很般配

与食物的搭配

⊕ **苦味的叶类蔬菜**　在用小火加热烹调叶类蔬菜时，如羽衣甘蓝，可以拌入一点研磨碎的黑小豆蔻籽。

⊕ **腌制蔬菜**　当腌制胡萝卜、黄瓜、胡瓜或者番茄时，整个的黑小豆蔻豆荚在甜的或咸香味的卤水中都能很好地发挥出风味。

⊕ **炖蔬菜**　炭烤的味道使黑小豆蔻成为炖菜和火锅中烟熏培根的有效替代品。

⊕ **红肉类**　把捣碎的黑小豆蔻籽加入干的烧烤用涂抹料中，用来腌制红肉类。

⊕ **巧克力**　在制作坚果巧克力或巧克力松露时，可以在黑巧克力慕斯上或部分凝固的巧克力上撒上少许的黑小豆蔻碎。

混合着试试看

试试这些以黑小豆蔻为特色的经典混合香料食谱，或者使用一些香料调配科学来调整它们。

● 阿德维耶，详见第27页
● 葛拉姆马萨拉，详见第40页
● 文达路咖喱酱，详见第44页
● 山东风味香料袋，详见第58页

释放出风味

大部分的烟熏味都在其外壳之中，所以如果想保留肉质般的烟熏风味，就要使用整个的豆荚。

将整粒的豆荚或者研磨碎的黑小豆蔻籽在锅内干炒，以产生出坚果风味和干烘风味的化合物，可以与烟熏风味化合物相互作用。

在将黑小豆蔻加入锅内开始加热烹调之前，先将整个豆荚轻轻压碎，这样其浓郁的风味就会浸入到菜肴里。

把黑小豆蔻籽研**磨碎**，以释放出它们味道丰富的精油，让滋味变得更加强烈，但在研磨碎之后要立即使用，因为这些精油很快就会挥发掉。

小豆蔻（CARDAMON）
桉树风味 | 柑橘风味 | 花香风味

植物学名称
Elettaria cardamomum

别名
小豆蔻，绿小豆蔻，真小豆蔻，香料王后

主要风味化合物
桉油精

可使用部位
含有籽的整个籽荚（果实）

栽种方式
差不多快要成熟的籽荚一年之内可以手工收割五六次。

商业化制备
籽荚先被洗净，然后在阳光下或加热的"腌制室"中干燥。

烹饪之外的用途
用于香水；化妆品；在一些止咳糖里；在阿育吠陀医学中用于治疗抑郁症、皮肤病、泌尿系统疾病和黄疸。

小豆蔻香料的故事
在印度，小豆蔻用于烹饪和医疗用途已经有2000多年的历史了。这种香料被古希腊和古罗马人所知晓，他们认可小豆蔻具有香水和帮助消化的特质。据报道，北欧的维京人在公元9世纪突袭君士坦丁堡（伊斯坦布尔）时就遇见过这种香料，并把它带回斯堪的纳维亚，在那里它仍然是面包和糕点制作中受欢迎的调味料。小豆蔻在19世纪开始作为一种次要作物在英属印度的咖啡种植园里种植，在1914年，这种香料被引入危地马拉，现在危地马拉是世界上最大的小豆蔻生产国。全部小豆蔻中约60%是由阿拉伯国家消费的，它是卡哇的关键原材料，这是一种香浓的，作为好客象征的咖啡。

植物
小豆蔻是姜科中一种热带多年生植物。它的高枝由根状茎（地下茎）生长而成。

剑形的叶片有着非常温和的芳香风味。

果实中含有15~20粒籽，成熟后从白色变成红棕色或黑色。

花朵上是绿色带着紫罗兰条纹的白色花瓣。

小豆蔻籽
优质小豆蔻荚里的籽应该是黑色的，有点黏。要避免使用干的和失去色泽的小豆蔻籽。

整个的豆荚
纸质的豆荚通常呈黄绿色；白色的豆荚是由于美观的原因被漂白，并且有一种稀薄的香味。

豆荚按宽度进行分级，最饱满的豆荚含有的籽最多。

小豆蔻的栽种区域
小豆蔻原产于印度南部和斯里兰卡，但是危地马拉现在是世界上最大的小豆蔻生产国，紧随其后的是印度、巴布亚新几内亚、斯里兰卡和坦桑尼亚。

在厨房内创造性地使用香料 }

这种芳香四溢的香料味道香甜，略带薄荷味以及渗透性，使其适合于甜味和咸香风味的菜肴，而且比黑小豆蔻用途更为广泛，黑小豆蔻不甜，有烟熏味，不是很适合用来做甜点。

香料调配使用科学

小豆蔻的风味构成主要是由一种称作桉油精的具有强大渗透性的类似于桉树风味的化合物所主导。它还含有一种不太常见的风味化合物：α-莳基醋酸盐，这种风味化合物带有甜味、薄荷味和香草风味。此外，还有几种数量较多的令人愉快的萜烯类风味化合物，包括柠檬风味的柠檬烯和细腻的花香风味的芳樟醇。

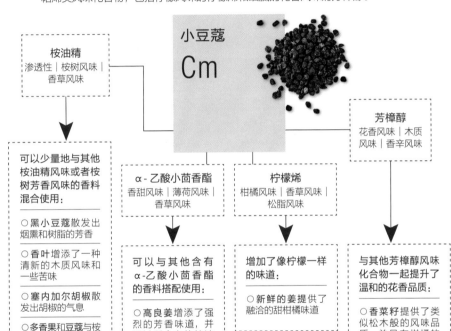

小豆蔻
Cm

桉油精
渗透性｜桉树风味｜香草风味

芳樟醇
花香风味｜木质风味｜香辛风味

α-乙酸小茴香酯
香甜风味｜薄荷风味｜香草风味

柠檬烯
柑橘风味｜香草风味｜松脂风味

可以少量地与其他桉油精风味或者桉树芳香风味的香料混合使用：

○ 黑小豆蔻散发出烟熏和树脂的芳香

○ 香叶增添了一种清新的木质风味和一些苦味

○ 塞内加尔胡椒散发出胡椒的气息

○ 多香果和豆蔻与桉树的香味和甜味搭配起来会略显细腻

可以与其他含有α-乙酸小茴香酯的香料搭配使用：

○ 高良姜增添了强烈的芳香味道，并通过所含有的桉油精提高了桉树风味的品质

增加了像柠檬一样的味道：

○ 新鲜的姜提供了融洽的甜柑橘味道

与其他芳樟醇风味化合物一起提升了温和的花香品质：

○ 香菜籽提供了类似松木般的风味品质，并具有柑橘的味道

○ 柠檬草与新鲜柠檬一起增添了多种花香风味

与食物的搭配

⊕ **苹果**　在烤制苹果时，加入一小撮现磨碎的小豆蔻。

⊕ **米饭**　在加入米饭里用来制作肉饭或者印度香饭之前，先将几个压裂开的豆荚，在油、酥油或者黄油中略微翻炒几下。

⊕ **肉类**　在奶油咖喱鸡或羊肉火锅中加入一个压裂开的豆荚，以缓和一下油腻感。

⊕ **饮料类**　在红茶、咖啡、利口酒或热红酒中浸泡几个压裂开的豆荚。

⊕ **烘焙**　在烘烤之前，在姜饼造型上撒上少许现磨碎的小豆蔻。

混合着试试看

使用并调整这些以小豆蔻为特色的经典混合香料食谱。

● 土耳其巴哈拉特，详见第23页
● 阿德维耶，详见第27页
● 哈瓦基，详见第29页
● 德班咖喱马萨拉辣椒酱，详见第37页
● 文达路咖喱酱，详见第44页
● 山东风味香料袋，详见第58页
● 芬兰风味姜饼香料，详见第72页

释放出风味

整个的豆荚有一种细腻的风味，适合于小火加热烹调，但在使用前一定要将豆荚压裂开。如果想要更新鲜、更浓郁的味道，以及用于快速加热烹调的菜肴，要将籽取出来并研磨碎。

将小豆蔻捣碎也有助于食用油和液体浸渍到小豆蔻籽。

将豆荚或籽干烘，以增加一些之前不曾有过的烟熏味、坚果味和烘烤味道的风味化合物。

将豆荚略微碎裂开以打开外壳，把小豆蔻籽压碎，让其风味能够从它们籽中的储存细胞中渗透而出。

在制作菜肴时**用油脂加热烹调**，因为大多数的风味化合物都几乎不溶于水。

香叶（月桂叶，BAY）

树脂风味 | 香草风味 | 花香风味

植物学名称 *Laurus nobilis*	**栽种方式** 香叶可以在一年之中的任何时候采摘。生长两到三年的叶枝，被手工从主枝上剪切下来。
别名 甜月桂，月桂	**商业化制备** 叶枝在阴凉处晾干。然后香叶被收集起来，分级，包装。
主要风味化合物 桉油精	**烹饪之外的用途** 可用于香水和化妆品；在传统医学中作为止咳药和杀菌剂，并用于治疗皮肤和关节出现的症状。
可使用部位 叶片，以及不常用到的浆果	

香叶香料的故事

古希腊人和古罗马人都认为香叶是胜利和崇高地位的象征。罗马人用香叶来给烤肉类调味，并在炖菜和少司中加入月桂果粉。他们还把香叶药用，相信香叶花环可以驱除邪灵。月桂树是古代从小亚细亚传入地中海区域。中世纪时，它已遍及整个欧洲，并一直被认为在宗教上有着重要的意义。17世纪，英国草药学家尼古拉斯·卡尔佩珀（Nicholas Culpeper）写道，月桂树可以使人免受伤害，暴发瘟疫时，在公共场所会燃烧这种植物的枝叶。

植物
月桂树是月桂科中一种耐寒的常绿灌木。它能生长到7.5米高。

一簇簇黄白色的花朵生长在叶枝上的暖和之处。

新鲜的香叶
新鲜的叶片是完全可以食用的，但是非常坚韧，并略微带点苦味，会逐渐地消散。

干的香叶
优质的叶片会保持淡绿色。它们苦味少、香气少，但香味会在加热烹调的时候释放出来。

光滑的深绿色叶片有着芳香风味，尤其是在被撕裂开或者被揉搓的时候。

香叶的栽种区域
香叶原产于地中海东部地区（小亚细亚）。它主要在土耳其种植，其供应了超过国际市场90%以上的香叶，但是其种植范围也遍及欧洲、北非、墨西哥、中美洲和美国南部等地。

在厨房内创造性地使用香料

在一开始加热烹调时就加入新鲜或干的香叶，会逐渐地产生出芳香、舒适的风味。传统上，香叶是香草束中不可或缺的一部分，用百里香和香芹捆缚好，在食用之前从菜肴中取出。

香料调配使用科学

香叶中的香味主要是由一种称作桉油精的萜烯类风味化合物构成的，其有着一种异乎寻常的渗透性，强力的桉树气味。另一种味道最丰富的化合物是一种称作丁香酚的香辛、香甜、带有温热感的苯酚化合物。还有少量类似薄荷风味的，并略微带有柑橘风味的水芹烯，类似松木风味的蒎烯和松油醇，以及花香风味的香叶醇和芳樟醇等。

香叶
Ba

桉油精
渗透性｜桉树风味｜香草风味

水芹烯
薄荷风味｜辛辣风味｜柑橘风味

丁香酚
药味｜木质风味｜温和风味

与其他桉油精风味化合物结合以补充温和的，木质的辛辣风味：
○黑小豆蔻散发出烟熏风味、渗透性的风味
○小豆蔻增加了柑橘风味和花香气息
○高良姜通过所含有的丁香酚增加了香辛风味，提高了温热的品质
○少量地使用豆蔻能够增加一种舒适的木质芳香风味

与其他富含丁香酚的香料搭配以增加甜味和舒适感：
○丁香增加了甜味和木质风味的苦涩感
○肉桂带来一种香甜，芬芳的舒适感
○甘草强化了甜味，类似于桉树风味的味道
○玫瑰水增添了香甜的花香气味

与其他的水芹烯化合物相结合以展现出辛辣风味：
○莳萝增加了一股大茴香般的香气，同时分享了柠檬烯化合物中的柑橘风味和香芹醇化合物中的薄荷味
○黑胡椒散发出辛辣的味道，并带有松木气息的韵味

与食物的搭配

⊕**蔬菜类**　把整片的涂过油的香叶穿在蔬菜串上用于烧烤或者铁扒。

⊕**苹果**　在苹果派的馅里放一片香叶。

⊕**铁扒肉类**　在铁扒之前，把新鲜的或干燥的香叶扔到炭火余烬上。

⊕**海鲜**　在烤之前，在整条鱼的腹腔里塞入几片香叶，或者在蒸贻贝和蛤蜊时，加入几片香叶。

⊕**意大利白豆**　在水中加入香叶将浸泡好的意大利白豆煮熟，用于制作托斯卡尼蔬菜汤或豆泥。

⊕**巧克力**　用奶油浸渍香叶，再与融化后的巧克力混合，用于制作一种芳香型的甘纳许。

混合着试试看

试试这些以香叶为特色的经典混合香料食谱，或者运用一些香料调配科学来调整它们。
●缅甸风味葛拉姆马萨拉，详见第48页
●莫令混合香料，详见第73页
●克梅利-苏内利，详见第77页

释放出风味

香叶中的风味香油深藏在叶片内部，这就解释了为什么干的香叶仍然有效果。风味化合物在油、脂肪和酒中溶解性良好，但在水中溶解性较差。

在以水为主的液体中加热使用，以获得一种细腻的风味，并给予一定的加热时间，以便让风味化合物的味道在菜肴中扩散开。

一小片的香叶与3汤勺油，对大多数菜肴来说是最好的配比。

香叶　　＋　　3汤勺油

通过将香叶放入到油里，并用小火加热后，再与其他原材料混合到一起，以最大限度地获取其风味。

高良姜（GALANGAL）

温热口感 | 辛辣风味 | 胡椒风味

植物学名称
Alpinia galangal

别名
大高良姜，老挝根，泰国姜，暹罗姜

主要风味化合物
桉油精

可使用部位
根块茎（地下茎）

栽种方式
作为一年生作物，根状茎生长出绿色茎秆，在种植3~4个月后收获。

商业化制备
根状茎经过清洗，然后切开，刮净后，以新鲜的，干制的，或者研磨成粉出售。

烹饪之外的用途
精油可用于制作香水；在传统的阿育吠陀医学中，用于促进食欲，治疗心脏病和肺病。

高良姜香料的故事

希腊哲学家普鲁塔克指出，古埃及人把高良姜作为一种熏蒸剂来燃烧，以散发出芳香风味，并对空气进行消毒。从地中海到中国的古代文明也把它作为一种药物使用。希腊和罗马的医生通过早期的贸易路线从亚洲把包括这种香料在内的物品带回来，用于他们为巨富的病人配制昂贵的药物。在中世纪，德国宾根的草药学家希尔德加德（1098—1179年）把高良姜描述为"生活的调味品"，但有证据表明，这是一种不同的品种，今天被称之为小高良姜，在欧洲烹饪中很受欢迎。它出现在14世纪的英国烹饪书《居里食谱》中的一道少司食谱中，还有很多中世纪和都铎王朝的食谱里。如今，它是东南亚美食中一种重要的香料。

植物
高良姜是姜科中的一种热带草本多年生植物。呈大块状，可以生长到2.5米高。

花朵和花蕾是可以食用的。

叶片很长，呈刀片状。

干高良姜
高良姜可以进行干燥处理，并且可以切成片状或者研磨成粉状。

干高良姜切片最好在使用之前在水中泡软。

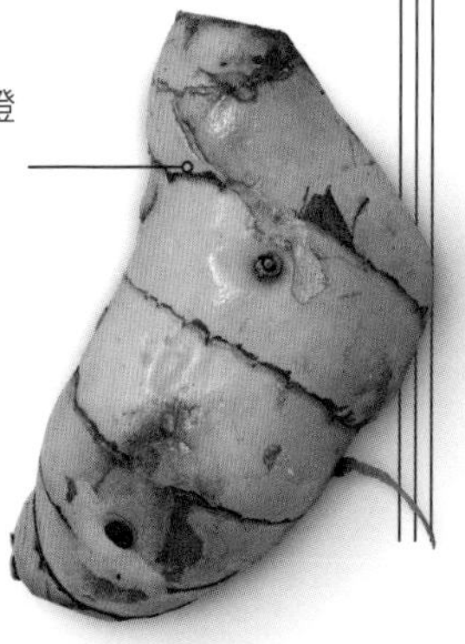

根茎刮净后呈橙黄色。

根状茎与姜非常相似，但颜色更深一些。

鲜高良姜
鲜高良姜的肉质比生姜更硬，纤维更多。将其去皮，然后磨碎、切成片状或者捣成糊状。

高良姜的栽种区域
高良姜原产于印度尼西亚的爪哇，但目前在东南亚、印度、孟加拉国、中国和苏里南都有种植。

在厨房内创造性地使用香料

高良姜的风味是一种由小豆蔻、姜以及藏红花、加上芥末籽和柑橘风味混合而成的迷人风味。它在提升其他香料风味的同时能够保留自己独有的特色风味而闻名。

香料调配使用科学

高良姜特有的弥久不散的辛辣风味来自渗透性的桉油精和药味的樟脑风味，而非同寻常的乙酸高良姜酯则是其类似于山葵味道的来源。其中同样不常见的肉桂酸甲酯和乙酸小茴香酯会经常在水果中见到，分别散发出香脂醋和枞树的细腻气息。

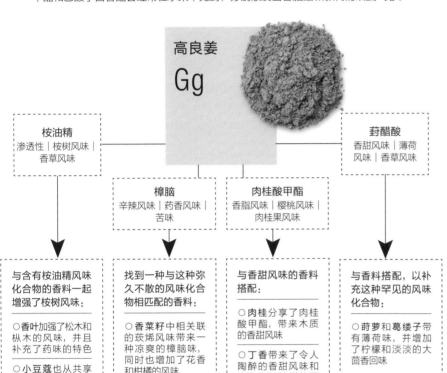

高良姜
Gg

桉油精
渗透性｜桉树风味｜香草风味

樟脑
辛辣风味｜药香风味｜苦味

肉桂酸甲酯
香脂风味｜樱桃风味｜肉桂果风味

莳醋酸
香甜风味｜薄荷风味｜香草风味

与含有桉油精风味化合物的香料一起增强了桉树风味：

○香叶加强了松木和枞木的风味，并且补充了药味的特色

○小豆蔻也从共享的乙酸小茴香酯处带来了薄荷味，以及柑橘的花香

找到一种与这种弥久不散的风味化合物相匹配的香料：

○香菜籽中相关联的莰烯风味带来一种凉爽的樟脑味，同时也增加了花香和柑橘的风味

与香甜风味的香料搭配：

○肉桂分享了肉桂酸甲酯，带来木质的香甜风味

○丁香带来了令人陶醉的香甜风味和来自于石竹烯的更多的木质香味

与香料搭配，以补充这种罕见的风味化合物：

○莳萝和葛缕子带有薄荷味，并增加了柠檬和淡淡的大茴香回味

桉油精的冷却效果

高良姜中所特有的令人口齿发麻的凉爽感来自于桉油精。这种风味化合物的分子形态可以直接刺激到口腔里感受冷温的细胞，称作TRPMB，它们能感知到冷的温度。

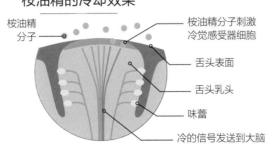

桉油精分子
桉油精分子刺激冷觉感受器细胞
舌头表面
舌头乳头
味蕾
冷的信号发送到大脑

与食物的搭配

⊕ **肉类**　将高良姜酱加入到基础作料中，用于制作辣焖牛肉、慢炖牛肋排，或者鸡肉腌料、炖牛肉片或鸡汤中，用来制作成越南米粉的基础高汤。

⊕ **思慕雪**　在你最喜欢的水果或蔬菜思慕雪中，用少量的高良姜替换姜。

⊕ **鱼类和贝类海鲜**　将高良姜和柠檬草与青葱、大蒜、辣椒和鱼露混合到一起，做成一种酱，用于制作泰式咖喱鱼。

⊕ **水果**　将擦碎的高良姜与青柠檬汁、鱼露、糖、辣椒和大蒜一起制作成一道引人入胜的少司，用于青木瓜或者其他水果沙拉中。

释放出风味

新鲜的高良姜最适合擦碎或捣成糊状后使用；切成片状的高良姜会更慢的释放出风味。油是高良姜释放出全部风味之必需。高良姜粉比新鲜的高良姜使用条件更加苛刻，并且不太复杂，因为细腻的风味化合物在加工的过程中就会挥发掉。

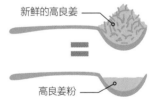

新鲜的高良姜

高良姜粉

如果要用高良姜粉代替新鲜的高良姜，高良姜粉的用量是新鲜高良姜的一半。

混合着试试看

使用并调整这些经典的以高良姜为特色的混合香料食谱。

● 炒米，详见第49页
● 本布，详见第52页

亚洲风味拉伯沙拉配咖喱鸭和炒米
（ASIAN LARB SALAD WITH CURRIED DUCK AND KHAO KUA）

拉伯沙拉在老挝和泰国都非常受欢迎，是一种口感火辣的沙拉，通常来说是由剁碎的肉或鱼制作而成，用新鲜的香料和香草调味，并在表面撒上烤过的米粉。这个版本的食谱通过加入葛拉姆马萨拉来混合食物，这是一种温热、芳香的混合香料，是许多印度菜肴的关键香料。

香料
使用创意

通过使用柠檬桃金娘、漆树粉或干青柠粉替代或者优化柠檬草和青柠檬叶，在炒米中**重新塑造出柑橘的酸味。**

在少司中**用罗望子水代替青柠檬汁**，以制作出更浓郁的酸甜的水果风味。

个性化的葛拉姆马萨拉： 用香菜籽和绿色小豆蔻创造出更具特色的花香风味，加入茴香、莳萝或者葛缕子增强大茴香风味的底蕴。

供4人食用

制备时间30分钟

加热烹调时间10分钟

供2~3人食用
制备时间 10分钟
加热烹调时间2.5~3.5分钟
1汤勺植物油
2茶勺葛拉姆马萨拉（详见第40页）
1茶勺泰国辣椒碎，或者任何一种干辣椒碎
2条鸭里脊肉，去皮，然后切碎
2个青柠檬，挤出青柠檬汁
2汤勺泰国鱼露
1汤勺棕榈糖或者黑砂糖
4棵青葱，切成薄片
2根柠檬草茎
一小把新鲜的薄荷叶，切碎
一小把新鲜的香菜叶，切碎
1汤勺炒米（详见第49页）

---

1 在煎锅里用中火将油加热，加入葛拉姆马萨拉和辣椒碎翻炒1~2分钟，直至散发出香味。

2 转为大火加热并加入鸭肉末。煸炒1~2分钟，直到鸭表面变成褐色，但是中间仍然呈粉色。将鸭肉倒入餐盘内，放到一边备用。

3 制作少司，将青柠檬汁和鱼露与糖在一个大碗里混合好。搅拌至糖溶化开。

4 通过修剪掉头尾的方式制备柠檬草茎，并剥去木质的外层皮。用一把厚刀的刀背，将浅绿色的内层嫩茎拍碎，以释放出其芳香油的风味。将柠檬草嫩茎切成细末。

5 将热的鸭肉、青葱、切碎的柠檬草、薄荷，以及香草放入到制作成少司的碗里。搅拌至所有的原材料完全混合好。

6 将炒米撒到沙拉表面上并立即服务上桌。如果是提前就将沙拉制作好了，只需要在准备上菜之前将炒米撒到沙拉上，这样炒米会保持酥脆的口感。

青柠檬干（DRIED LIME）

刺激风味 | 酸味 | 麝香风味

植物学名称
Citrus x latifolia or C. aurantifolia

别名
波斯青柠，诺米，阿曼青柠，洛米

主要风味化合物
柠檬醛

可使用部位
干的果实

栽种方式
果树在果园内生长，果实在部分成熟和坚硬的时候采摘下来。

商业化制备
果实在盐水中煮过以消毒，减少苦味，并引发褐变酶。然后这些果实在阳光下晒干，直到变硬、变黑、变脆，并开始发酵。

烹饪之外的用途
阿拉伯人将其当作黑色织物染料使用；作为传统的消化兴奋剂使用。

青柠檬干香料的故事

青柠檬原产于东南亚，是由阿拉伯商人带到中东的，虽然确切的时间和方式还不清楚，因为柠檬和青柠檬在阿拉伯语文字中通常指的是同一个名字。到公元10世纪，阿拉伯商人把这种果实引进到了埃及和北非，在十字军东征时期，它们从那里传播到了南欧。青柠檬在16世纪时首次到达美洲，由欧洲探险家在西印度群岛种植。干燥青柠檬的做法首先在阿曼发展起来。一些人认为，这个想法是在未被收获的果实在树上被晒干并开始发酵后产生的。在整个中东和印度次大陆都会用于烹饪中。青柠檬干与伊朗菜肴的关系最为密切。

植物
青柠檬生长在柑橘科的常绿小树上，原产于热带和亚热带地区。

干青柠檬粉
粉状的干青柠粉是研磨干的黑青柠制成的，有一种刺激的浓烈风味。

▲ 白色的青柠檬干

黑色的青柠檬干 ▶

外皮坚韧

果实在完全长大时采摘，但仍呈浅绿色。

树叶是芳香的，有时也可以用于烹调中。

整个的青柠檬干
黑色的青柠檬发酵时间较长，具有较浓郁的麝香风味。颜色较浅的青柠干干燥的时间较短。

青柠檬的栽种区域
中东市场最重要的青柠檬生产国是埃及、土耳其和以色列。青柠檬干的制备工作在阿曼、沙特阿拉伯、伊拉克和伊朗进行。

在厨房内创造性地使用香料

青柠檬是所有柑橘类水果中酸味最强烈的，但是它们带有一种芬芳的花香品质，是柑橘科中所特有的。青柠檬的干燥过程带来了醋味、土质风味、一丝烟熏风味，并伴有温和的发酵味。

香料调配使用科学

青柠檬干中有些酸会分解成糖，这意味着青柠檬干中的酸味没有鲜青柠檬那么强烈，这使得其中的其他味道能够彰显出来。可以与那些也能突出其微妙的木质风味、樟脑风味、花香和香甜风味的香料搭配。

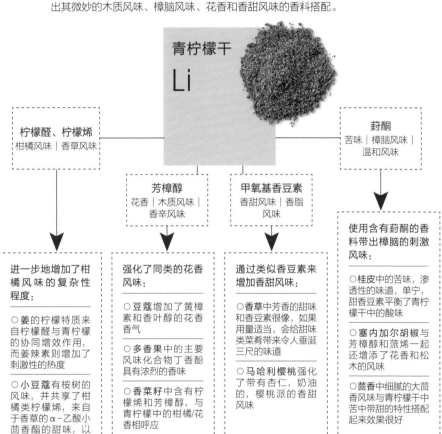

青柠檬干
Li

柠檬醛、柠檬烯
柑橘风味 | 香草风味

芳樟醇
花香 | 木质风味 | 香辛风味

甲氧基香豆素
香甜风味 | 香脂风味

莳酮
苦味 | 樟脑风味 | 温和风味

进一步地增加了柑橘风味的复杂性程度：
○ 姜的柠檬特质来自柠檬醛与青柠檬的协同增效作用，而姜辣素则增加了刺激性的热度
○ 小豆蔻有桉树的风味，并共享了柑橘类柠檬烯，来自于香草的 α - 乙酸小茴香酯的甜味，以及花香的芳樟醇

强化了同类的花香风味：
○ 豆蔻增加了黄樟素和香叶醇的花香香气
○ 多香果中的主要风味化合物丁香酚具有浓烈的香味
○ 香菜籽中含有柠檬烯和芳樟醇，与青柠檬中的柑橘/花香相呼应

通过类似香豆素来增加香甜风味：
○ 香草中芳香的甜味和香豆素很像，如果用量适当，会给甜味类菜肴带来令人垂涎三尺的味道
○ 马哈利樱桃强化了带有杏仁，奶油的，樱桃派的香甜风味

使用含有莳酮的香料带出樟脑的刺激风味：
○ 桂皮中的苦味，渗透性的味道，单宁，甜香豆素平衡了青柠檬干中的酸味
○ 塞内加尔胡椒与芳樟醇和蒎烯一起还增添了花香和松木的风味
○ 茴香中细腻的大茴香风味与青柠檬干中苦中带甜的特性搭配起来效果很好

释放出风味

不同于新鲜青柠檬那刺激的令人流泪的味道，整个的青柠檬干复合的风味需要慢慢地释放出来，尽管青柠檬干粉能够提供一个风味没有那么全面的快速使用的途径。

在加入到一道菜肴中之前，用叉子在**整个的青柠檬干上刺出些孔洞**：这样其果肉会逐渐经过水化浸渍，释放出风味。

油脂和酒会作用果皮释放出其中的芳香萜烯风味。甲氧香豆素、酸类和糖溶于水，因此低脂的菜肴类是甜的和酸的，但缺乏香气。

青柠檬干粉最适合快速烹调的菜肴。如果在小火加热的菜肴中使用，可以晚一点加入，这样萜烯挥发的时间就会短一些。

用电动研磨机**研磨**，先把青柠檬干切割成两半，然后去掉籽。

与食物的搭配

⊕ **水果沙拉** 把柠檬汁换成研磨碎的青柠檬干，用于水果沙拉的糖浆中。

⊕ **蔬菜类** 在将洋葱、胡萝卜和大蒜加热软化之后，在伊朗鹰嘴豆和炖蔬菜的基础材料中加入一个整个的青柠檬干。

⊕ **鱼类** 在咖喱鱼中可以加入青柠檬干粉，或者撒到铁扒贝类海鲜或鲈鱼上。

⊕ **鸡** 在烤鸡之前，将一个青柠檬干刺上孔洞，将其放入到鸡的腹腔内，或者把青柠檬干和姜黄、藏红花、洋葱一起加到炖鸡的汤里。

⊕ **谷物类** 用研磨碎的青柠檬干给米饭类菜肴和肉饭调味，或者撒到藜麦上或者干小麦塔博勒沙拉上。

柠檬桃金娘
（LEMON MYRTLE）

柑橘风味 | 温和风味 | 苦味

植物学名称
Backhousia citriodora

别名
甜马鞭草树，柠檬铁木

主要风味化合物
柠檬醛

可使用部位
叶片（新鲜的或者干燥的）

栽种方式
叶片在一年四季都可以收获，通过机械收割或手工采摘。

商业化制备
叶片从茎秆上分离出来，然后用干燥机进行干燥处理。它们是以整片的或者粉状的形式进行包装处理。

烹饪之外的用途
化妆品和香水；在草药中具有抗菌和抗氧化的特性；外用杀菌剂。

柠檬桃金娘香料的故事

长期以来，柠檬桃金娘树上浓浓的芳香树叶一直受到人们的珍视——可能是数千年——通过澳大利亚土著人，他们将其用于烹饪和治疗割伤。在1888年，这些叶片首次经过蒸馏制成精油，在第二次世界大战期间，采自于柠檬叶中的一种提取物被用作商业上的柠檬香精的一种替代品，而那时柠檬香精的供应已经变成稀缺物资。然而，直到20世纪90年代初，对食品和饮料行业来说，柠檬桃金娘，成为一种潜在的，有利可图的作物，才开始作为香料种植。目前已经供不应求，在澳大利亚以外已经建立了种植园。自2010年以来，柠檬桃金娘一直受到桃金娘锈病的侵袭，这是一种真菌感染，从长远来看可能会威胁到这个物种。

植物
柠檬桃金娘是桃金娘科中的一种常青树木，与多香果和丁香有亲缘关系。

花朵和浆果可以食用，但没有进行大规模的商业售卖。

叶片厚实，有光泽，有强烈的柠檬香味。

优质粉状柠檬桃金娘
呈绿色；要避免购买棕色的。

柠檬桃金娘粉
柠檬桃金娘最容易购买到的是粗粉状的或碎的干叶片状的。它在阳光下和温暖的地方很快就会降解，因此必须在凉爽、避光的条件下储存。

柠檬桃金娘的栽种区域
柠檬桃金娘产于澳大利亚昆士兰的沿海亚热带雨林中。它生长在澳大利亚的一些亚热带地区（主要在昆士兰和新南威尔士北部），马来西亚和中国。

在厨房内创造性地使用香料

柠檬桃金娘具有鲜明的柑橘风味——比柠檬更具柠檬味，但没有那种果汁的酸味——散发着绿色的香草气息和桉树细腻的清香。在甜味菜肴和咸香风味菜肴中使用都要适量。

香料调配使用科学

柠檬桃金娘的叶油几乎完全是由柠檬醛组成——一种散发着柠檬香味，比柠檬皮的浓度高30倍的风味化合物。其中还含有少量的花香芳樟醇、胡椒风味的月桂烯，以及绿色的酮类硫酸铜等。

柠檬桃金娘

Lm

柠檬醛
柑橘风味 | 香草风味 | 桉树风味

芳樟醇
花香 | 木质风味 | 香辛风味

硫酸铜
绿色 | 苹果风味 | 霉味

月桂烯
胡椒风味 | 香辛风味 | 香脂风味

与能够增强或补充柠檬风味化合物的香料搭配：

○ 柠檬草添加了温和的胡椒味和少量的香辛味

○ 金合欢具有香甜风味、坚果风味、微焦的木香中略带爆米花的味道

○ 可可增加了些许巧克力的苦味

○ 辣椒具有适口的辛辣味

与其他含芳樟醇的香料搭配，可以增强花香的质感：

○ 肉桂散发出香甜温暖的气息

○ 姜增加了香甜辛辣的舒适感和柑橘的味道

与其他叶类香料一起增加了清新的绿色风味：

○ 香叶有来自己醛的绿色意蕴，并带来了具有渗透性和复杂的松木风味和花香风味

与能够调和胡椒风味的香料混合使用：

○ 花椒增加了温热感和诱人的刺激性香味

○ 黑胡椒具有温热感和木质风味

○ 多香果给人以香甜、温暖的感觉和胡椒的风味

与食物的搭配

⊕ **大蒜和油脂**　在橄榄油中加入大蒜和柠檬桃金娘浸渍，用来制作沙拉酱汁和腌料。

⊕ **胡瓜**　与黑胡椒碎混合后，撒在烤胡瓜上。

⊕ **油性鱼类**　将碎柠檬桃金娘和海盐混合好，撒在三文鱼或鳟鱼上，然后用于铁扒或者烧烤。

⊕ **羊肉**　调整埃及杜卡食谱（详见第28页），使用柠檬桃金娘和夏威夷果，用来给烤羊肉调味。

⊕ **烘焙类**　在榅桲、梨或李子蛋糕上淋洒上用柠檬姚金娘浸渍过的糖浆，或者在沙冰中加入柠檬桃金娘浸渍过的糖浆。用少量的柠檬桃金娘来增加柠檬蛋白派中馅料的柠檬味。

释放出风味

柠檬醛具有不稳定性，随着时间的推移会分解，让樟脑和桉树的风味占据主导。这种风味化合物不溶于水。

在加热烹调接近结束时再加入或在加热烹调时间较短的食谱中使用。确保菜肴中含有油脂。

免凝结的柑橘类

存在于柠檬汁中和其他柑橘类水果中的酸会中和乳制品中的蛋白质分子，如牛奶和奶油，聚集到一起，导致凝结。柠檬桃金娘中不含酸，所以可以添加到以牛奶或奶油为基制作而成的少司和甜点中，以给它们一种强烈的柠檬味，却没有任何凝结的风险。

柠檬　 包含酸 ＋  奶油 ＝ **容易凝结**

------ 对应 ------

柠檬桃金娘　 不含酸 ＋ ＝ **不凝结**

柠檬草（香茅草，LEMONGRASS）

柑橘风味 | 胡椒风味 | 清爽风味

植物学名称
Cymbopogon citratus

别名
赛瑞，油草，西印度柠檬草

主要风味化合物
柠檬醛

可使用部位
茎秆，叶片

栽种方式
每年大约可以收割五次，整丛的叶基和幼茎在靠近植株底部处经手工切割下来。

商业化制备
茎秆经过分拣，清洗，修剪成20厘米的长度，然后捆绑好用于干燥或者新鲜使用。

烹饪之外的用途
可用于香水、香皂和化妆品；可用于驱虫剂；抗炎药物；作为一种杀菌剂，以及缓解关节疼痛。

柠檬草香料的故事

柠檬草的拉丁名*Cymbopogon*，源自于希腊语kymbe（船）和pogon（胡须），指的是其花的形状，现在很少出现在栽培品种中。数千年来，这种香料就在亚洲本土一直被用作药用和食用香料。在10世纪的中国，它被用作杀虫剂，芳香的叶片被放置在床上以防治跳蚤。到了中世纪，柠檬草通过大篷车香料路线从亚洲传入欧洲——这种香料出现在当时的几种酿造葡萄酒和加有香料葡萄酒的配方中。在19世纪，印度开始种植柠檬草，主要出口用于制作香皂和化妆品的香精油。然而，采用柠檬草作为主要香料的是东南亚菜系，而不是印度菜系。

植物
柠檬草是禾本科植物中的一种，可以在温暖的热带气候中的许多不同土壤类型中生长。

狭窄的叶片可以从底部的球根处生长到1.5米高。

芳香油集中在茎秆里。

柠檬草粉
干的，粉状的柠檬草，干柠檬草粉（也称之为塞雷）只含有柠檬草香料复杂风味特性中的一小部分。

一茶匙的柠檬草粉大约相当于一根柠檬草茎秆的风味。

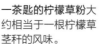

茎秆中最嫩的内心部分可以生食。

新鲜的柠檬草
包装完好可以在冰箱内冷藏保存2周的时间。叶片也可以给菜肴调味：打一个结，轻轻地揉搓几下。

柠檬草的栽种区域
柠檬草在整个热带地区，在印度、斯里兰卡、泰国、老挝、柬埔寨、越南、马来西亚、印度尼西亚等地都有种植。

在厨房内创造性地使用香料

精致淡雅风味的柠檬草使咖喱、炒菜、腌菜、沙拉和汤更加美味。在咖喱酱、腌泡汁和涂抹香料中使用其嫩茎部分，或将整根带有纤维的茎秆拍碎，用于制作高汤或者汤菜，食用前将其取出。

香料调配使用科学

柠檬风味的柠檬醛占香料中风味化合物的70%，但与香料搭配的关键是要避免使用另外一种含有柠檬风味的香料来加重这种占主导地位的柑橘风味。相反，要从月桂烯中彰显出柠檬草中温和的胡椒风味，以及/或者从芳樟醇和香叶醇中显现出其香甜风味和花香的成分。

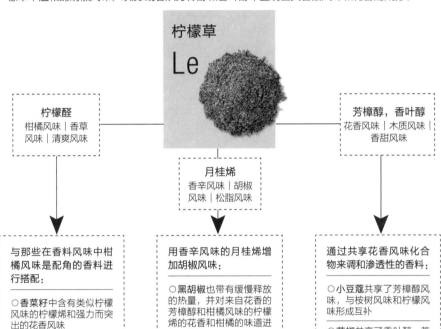

柠檬草
Le

柠檬醛
柑橘风味｜香草风味｜清爽风味

芳樟醇，香叶醇
花香风味｜木质风味｜香甜风味

月桂烯
香辛风味｜胡椒风味｜松脂风味

与那些在香料风味中柑橘风味是配角的香料进行搭配：

○香菜籽中含有类似柠檬风味的柠檬烯和强力而突出的花香风味

○姜中含有柠檬醛，有辛辣味

用香辛风味的月桂烯增加胡椒风味：

○黑胡椒也带有缓慢释放的热量，并对来自花香的芳樟醇和柑橘风味的柠檬烯的花香和柑橘的味道进行了协调

○多香果也有香甜的芳香风味，使其成为味道更加甜美的菜肴类的理想选择

通过共享花香风味化合物来调和渗透性的香料：

○小豆蔻共享了芳樟醇风味，与桉树风味和柠檬风味形成互补

○花椒共享了香叶醇、芳樟醇风味，以及被其辛辣的桉油精风味遮盖的月桂烯风味

○塞内加尔胡椒含有这两种风味化合物，再加上桉树风味和苦味

释放出风味

柠檬草中的大部分风味来自于深埋在草里的油腺。茎秆必须要压裂开，以将腺体打开并释放出精油。

切成片状，擦碎，或者研磨成粉状以便更快速地加热烹调，压裂开的程度越大，精油泄漏出来的速度就越快。

如果需要长时间的加热烹调，可以轻揉叶片或者将叶片折弯，以防止过多的风味化合物挥发。

用油脂加热烹调，如椰奶，以确保油基的柑橘类和花香风味化合物散布在整道菜肴里。

与食物的搭配

⊕**鱼饼类** 在炸之前，通过在鱼和土豆中加入柠檬草、辣椒、姜、大蒜和青柠檬叶，做成泰式鱼饼。

⊕**猪肉** 在铁扒或者烧烤之前，将猪肉放入切成细末的柠檬草、姜、椰子肉和姜黄制作成的酱中腌制。

⊕**格兰尼塔** 用柠檬草和青柠檬皮浸渍糖浆。过滤后用来制作格兰尼塔或者冰棍。

⊕**沙拉** 将切成细末的柠檬草加入到用胡萝卜片、辣椒、黄瓜、少许的烤坚果和香草调制成的泰国面条沙拉所用的沙拉汁中。

⊕**水果** 在煮梨、大黄、温柏或者桃子的汤汁中，加入一根揉搓过的柠檬草来代替柠檬皮，以显现出些许的胡椒风味。

混合着试试看

试试这道以柠檬草为特色的经典混合香料食谱，或者运用一些香料调配科学来调整它。

●炒米，详见第49页

芒果粉（AMCHOOR）

柑橘风味 | 香草风味 | 苦中带甜

植物学名称
Mangifera indica

别名
芒果粉，生芒果

主要风味化合物
罗勒烯

可使用部位
未成熟果实中的果肉

栽种方式
未成熟的芒果用机械或手工采摘下来。

商业化制备
果实去皮后，切成片，然后用烤箱烘干或者在太阳下晒干，以去除其中90%的水分，然后以片状或者粉末状进行包装。

烹饪之外的用途
在阿育吠陀医学中用于治疗呼吸系统疾病和消化不良。

芒果粉香料的故事

芒果在印度已经被种植了4000多年，与印度传统医学中的阿育吠陀体系紧密相连。根据印度民间传说，它们也有神圣的属性，印度象头神甘尼许经常会拿着一个成熟的芒果展示以作为成就的象征。公元4世纪和5世纪，佛教僧侣将芒果带到东亚，随后芒果沿着贸易路线被运往西方国家，在公元1000年左右到达非洲，在14世纪早期到达北欧。芒果在17世纪被葡萄牙探险家引入巴西，并经由菲律宾传到墨西哥。在18世纪中后期，可能是经由巴西，到达了西印度群岛。

植物
芒果树是漆树科中的一种大型的热带常青树木。

奶油色或粉红色的花朵会发育成果实。

芒果粉
芒果粉质地粗糙，呈浅米黄色。它可以在密封容器中避光保存长达一年的时间。

未成熟的绿色果实有着酸涩的果肉。

芒果片
干片呈浅棕色，类似质地粗糙的木头。在阴凉、避光的地方可以在密封容器中保存4个月，根据需要研磨使用。

芒果的栽种区域
芒果原产于印度和缅甸，全世界40%以上的芒果作物在印度种植。其他主要的生产国包括巴基斯坦、孟加拉国、中国、泰国、印度尼西亚、菲律宾和墨西哥。

在厨房内创造性地使用香料 }

芒果粉有一股水果味，非常酸，并略带树脂味，有着柑橘的味道。它经常被用作酸味剂，很像柠檬，但好处是不增加水分。要审慎地使用芒果粉，因为其苦中带甜的风味能够盖过其他风味。

香料调配使用科学

芒果粉不但可以与下列香料搭配使用，还可以共享相同的或者类似的水果风味，香草风味，以及类似于蔬菜风味的风味化合物。利用芒果粉的香甜风味和皱缩性，可以搭配高良姜和姜，或者香甜的芳香型豆蔻和肉桂。

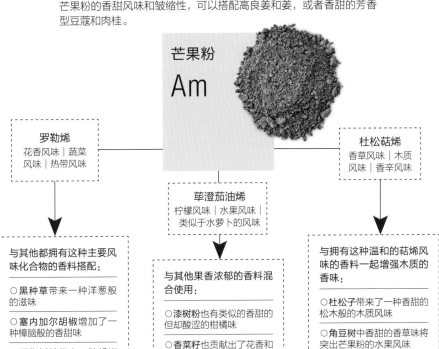

芒果粉

Am

罗勒烯
花香风味｜蔬菜风味｜热带风味

荜澄茄油烯
柠檬风味｜水果风味｜类似于水萝卜的风味

杜松萜烯
香草风味｜木质风味｜香辛风味

与其他都拥有这种主要风味化合物的香料搭配：

○ 黑种草带来一种洋葱般的滋味

● 塞内加尔胡椒增加了一种樟脑般的香甜味

● 胭脂树粉带来一种胡椒的余味

○ 香叶具有浓郁的水果花香的香气

与其他果香浓郁的香料混合使用：

○ 漆树粉也有类似的香甜的但却酸涩的柑橘味

○ 香菜籽也贡献出了花香和苦感

与拥有这种温和的萜烯风味的香料一起增强木质的香味：

○ 杜松子带来了一种香甜的松木般的木质风味

○ 角豆树中香甜的香草味将突出芒果粉的水果风味

○ 尽管它的味道与众不同，阿魏与主要的硫黄味和麝香味搭配的很好

与食物的搭配

⊕ **鱼和虾类**　加入到面包糠或挂糊面糊中，用于炸鱼或虾。

⊕ **羊肉**　用芒果粉做羊排、羊肩肉或羊腿肉的腌料。把它涂抹在肉上，在铁扒或慢烤之前腌制一晚上，让其中的酸起到嫩化肉质的作用。

⊕ **扁豆**　将芒果粉搅拌进柔软的木豆中，以添加一点辛辣味。

⊕ **蔬菜类**　撒到烤菜花上，或者在炒茄子或秋葵时加入少许芒果粉。

⊕ **热带水果**　在甜美的热带水果沙冰或者沙拉里加入少许芒果粉。

释放出风味

芒果粉中许多的萜烯类风味很快就会挥发掉，但其中的果糖不会。柠檬酸也不像水那么容易煮沸，这意味着它的甜—酸效果会随着烹饪时间的持续而增强。

延后加入以取得芳香的效果　早些加入以增加酸味和甜味

浓缩的酸甜口味

干燥芒果的过程会挥发掉大部分的水分，水分含量从80%以上降至10%以下。在这个过程中，酸类、糖分和风味化合物会变得高度浓缩，形成明显的酸甜口味。

一茶勺芒果粉的酸度相当于三汤勺的柠檬汁。

65%

在干燥的过程中，果糖的浓度上升到65%左右。

混合着试试看

使用并调整这一道以芒果粉为特色的经典混合香料食谱。

● 恰特马萨拉，详见第42页

石榴籽（ANARDANA）

甜味 | 酸味 | 水果味

植物学名称
Punica granatum

别名
石榴

主要风味化合物
柠檬酸和苹果酸

可使用部位
小果实（不正确地称为籽）

栽种方式
当果实完全成熟，但还没有裂开的时候，便从树上被剪切下来。

商业化制备
籽和果肉被从苦涩的白色隔膜中分离出来，在阳光下晒干。

烹饪之外的用途
籽和外皮广泛地用于印度，传统的欧洲的和中东的药物中，用于退烧以及帮助消化，并作为一种消炎药使用。

石榴籽香料的故事

石榴至少已经生长了5000年，使它成为最古老的栽培水果之一，可能起源于波斯及其周边地区（现在的伊朗）。早在青铜器时期，石榴的栽种就已经遍及地中海南部，并且向东延伸至印度和中国。其大量的石榴籽使石榴在许多古代文化中成为生育能力经久不衰的象征，尤其是在埃及，石榴图案可以在寺庙和陵墓中寻找到。在古希腊罗马时期，医生用它来治疗绦虫，在罗马食谱《阿比修斯》中有一道有助于消化石榴的饮料食谱，据说是尼禄皇帝喜欢喝的。特别是干香料的烹饪之家在印度和波斯烹饪中已经被保留了数千年。

植物
石榴籽来自于千屈菜科中一种大型的开花灌木的果实。它在温带气候条件下是落叶植物，但在一些热带地区是常绿植物。

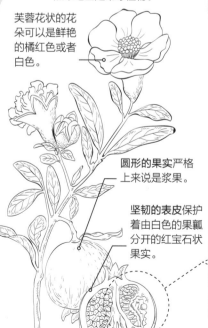

芙蓉花状的花朵可以是鲜艳的橘红色或者白色。

圆形的果实严格上来说是浆果。

坚韧的表皮保护着由白色的果瓤分开的红宝石状果实。

干的小果实
由籽组成，被肉质的假种皮（果肉）所包围，这些籽略微柔软，有黏性，并且呈半湿润状。

慢干的小果实颜色呈红褐色到黑色不等。

石榴籽粉
干的小果实也可以研磨成粉状。

石榴籽的栽种区域
石榴原产并主要种植于中东、土耳其、高加索和印度，它在东南亚和中国也有种植。

在厨房内创造性地使用香料

石榴籽在印度北部很受欢迎，在那里它被当成制作咖喱、炸蔬菜片和酸辣酱的酸味剂使用。许多伊朗菜——如费森杰，一道核桃炖鸡菜肴——将香料和石榴糖浆混合在一起让风味更加浓郁。

香料调配使用科学

石榴中浓郁的水果风味主要来自其酸类、糖类和单宁混合后所得。这些化合物散发出令人垂涎的芳香风味，从"绿色"的己醛和柑橘风味的柠檬烯，到胡椒风味的月桂烯，以及香甜的类似于松脂风味的蒈烯。在寻找适合的香料与之搭配时，这些化合物是至关重要的因素。

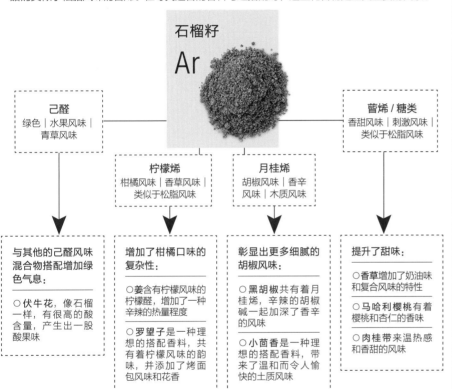

石榴籽
Ar

己醛
绿色 | 水果风味 | 青草风味

柠檬烯
柑橘风味 | 青草风味 | 类似于松脂风味

月桂烯
胡椒风味 | 香辛风味 | 木质风味

蒈烯 / 糖类
香甜风味 | 刺激风味 | 类似于松脂风味

与其他的己醛风味混合物搭配增加绿色气息：
○ **伏牛花**，像石榴一样，有很高的酸含量，产生出一股酸果味

增加了柑橘口味的复杂性：
○ **姜**含有柠檬味的柠檬醛，增加了一种辛辣的热量程度
○ **罗望子**是一种理想的搭配香料，共有着柠檬风味的韵味，并添加了烤面包风味和花香

彰显出更多细腻的胡椒风味：
○ **黑胡椒**共有着月桂烯，辛辣的胡椒碱一起加深了香辛的风味
○ **小茴香**是一种理想的搭配香料，带来了温和而令人愉快的土质风味

提升了甜味：
○ **香草**增加了奶油味和复合风味的特性
○ **马哈利樱桃**有着樱桃和杏仁的香味
○ **肉桂**带来温热感和香甜的风味

与食物的搭配

⊕ **热带水果**　在芒果和青柠檬沙拉上撒上石榴籽粉。

⊕ **蔬菜类**　在炖蔬菜中加入干的石榴籽；在咖喱胡萝卜、防风草汤或者咖喱土豆和菜花上撒上整粒的石榴籽或者研磨碎的石榴籽。

⊕ **肉丸**　用来制作阿纳尔，这是一道伊朗风味汤菜，里面有肉丸子、石榴（新鲜的和干的）、黄豌豆、米饭和香草等。

⊕ **鸡肉**　在铁扒或者烧烤之前，将干的石榴籽加入到调味酸奶腌料中，用来腌制鸡肉。

⊕ **米饭，鹰嘴豆**　与干果一起用于制作香喷喷的肉饭，或者与小茴香和盐一起撒到成熟后的鹰嘴豆上。

⊕ **甜味烘焙**　将干的石榴籽搅拌到制作燕麦卷或曲奇面团的混合物中。

释放出风味

石榴籽中的主要风味来自糖、酸和单宁，它们都溶于水。

直接将石榴籽加入到含水的少司中（不需要加油脂），就能在菜肴中注入令人愉悦的香味。

捣碎的干石榴籽味道更加浓郁，但要使用杵和臼捣碎，因为石榴籽会粘连到研磨机里。

甜味和酸味

果香风味的石榴籽中明显的酸味是由于其中相对较高的酸的含量中和了果糖，而大量的单宁带来了口腔干爽的效果。

确切的比例因种植地区而异；来自印度北部的石榴籽以其酸味而著称。

石榴籽　**=**　 23% 糖含量　**+**　 11% 酸含量　**+**　 5% 单宁含量

漆树粉（SUMAC）

酸味 | 水果风味 | 木质风味

植物学名称
Rhus coriaria

别名
榆叶漆树粉

主要风味化合物
苹果酸

可使用部位
干浆果（实际上是核果，不是真正意义上的浆果）

栽种方式
在晚夏季节，就在果实完全成熟之前，将树枝在阳光下晒干。浆果随即被揉搓下来。

商业化制备
浆果要经过清洗，在研磨之前也可能先要腌制几天。在研磨之后可能需要进行进一步的干燥处理。

烹饪之外的用途
织物染色；皮革鞣制；在中东传统医学中用于治疗发烧。

漆树粉香料的故事

"漆树粉"这个名字"Sumac"来源于亚拉姆语单词"Summaq"，意思是"红色"。早在柠檬进入欧洲之前，罗马人就从叙利亚进口漆树粉作为酸味剂和染料。罗马博物学家老普林尼赞誉过它的收敛性和冷却属性。至少从公元13世纪开始漆树粉就已经被用在中东烹饪中的扎阿塔混合香料里了，伴着漆树粉的还有芝麻和干香草。这种香料主要用于黎巴嫩、叙利亚、土耳其和伊朗菜中。直到20世纪80年代，漆树粉在中东以外的地区几乎不可见。然而，在过去的几十年时间里，许多美食作家都支持中东美食，因此这种香料在西方厨师中正在经历复兴。

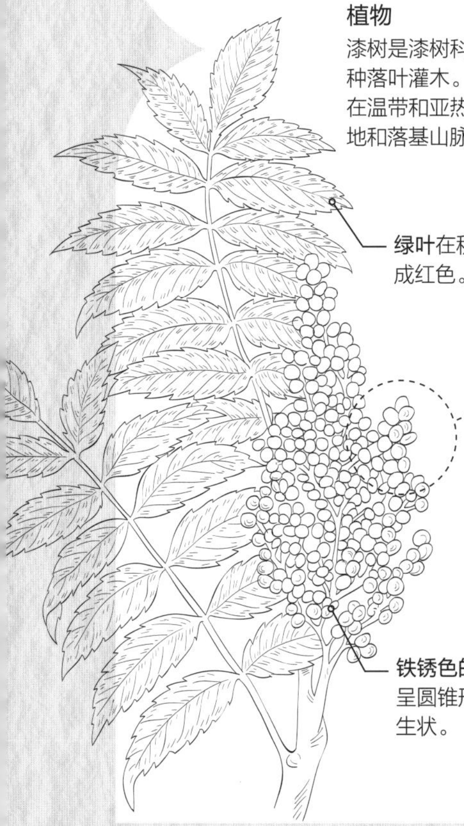

植物
漆树是漆树科中的一种落叶灌木。它生长在温带和亚热带的高地和落基山脉。

绿叶在秋天变成红色。

铁锈色的浆果呈圆锥形的串生状。

粗糙的漆树粉呈砖红色，并且略微潮湿。

漆树粉
漆树粉没有很浓郁的芳香风味，所以缺乏香味不一定是质量差的标志。可以加入盐以防止结块；要避免购买含有这种添加物的漆树粉。也可以买到整粒的浆果。

漆树的栽种区域
漆树在野外生长，在横跨地中海和中东，特别是西西里、土耳其和伊朗，以及中亚的一些地区都有种植。

在厨房内创造性地使用香料 }

漆树粉有一种锐利的酸味，会让人想起香蜂叶，以及香辛风味，土质风味，木质的芳香。它可以用在任何需要柠檬皮或柠檬汁的菜肴中，也可以作为像盐一样的调味料使用。

香料调配使用科学

漆树粉中锐利，敛口的酸味是由于高含量的有机酸（主要是柠檬酸、酒石酸和苹果酸）和涩感的单宁。香味来自萜烯、石竹烯，它有一种发霉的木质香味，以及蒎烯，它带来一股清新的，像松木一样的香味。"绿色"的醛类，如土质风味的癸烯醛，以及水果风味，花香风味的壬醛，补充了清新风味。

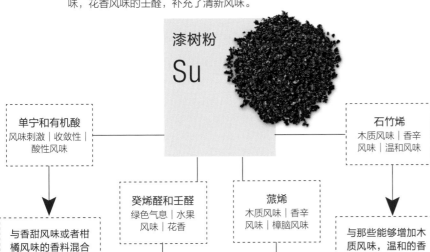

漆树粉 Su

单宁和有机酸
风味刺激 | 收敛性 | 酸性风味

癸烯醛和壬醛
绿色气息 | 水果风味 | 花香

蒎烯
木质风味 | 香辛风味 | 樟脑风味

石竹烯
木质风味 | 香辛风味 | 温和风味

与香甜风味或者柑橘风味的香料混合使用，以平衡酸性的酸味：

○ 香菜籽有助于协调柠檬风味并共享了花香气息，还添加了桉树风味

○ 使用少量的豆蔻能带来温和的土质香辛风味

○ 肉桂和桂皮带来了舒适的甜味并突出了花香；桂皮还增加了苦味

○ 大茴香与甜味的甘草相互平衡，增添了樱桃、奶油风味的香草和可可的细腻风味

○ 多香果增加了甜辣味的舒适感

与那些能够补充"绿色"的水果香味，花香风味的香料搭配：

○ 小豆蔻带来了强烈的桉树味，是一种非常棒的匹配香料，这是由于其香草风味中的花香和绿色气息；柠檬烯增加了漆树粉中的柑橘风味里酸味的芳香程度

○ 香草增加了丰富、醇厚的奶油味和细腻的樱桃气息

与其他含有蒎烯的香料混合使用，会产生一种互补的风味：

○ 杜松子带来了强烈的松木香气，淡淡的甜味和柔和的苦味，以与漆树粉中酸性的酸味形成对比

○ 鲜姜中的甜柠檬味补充了漆树粉中的柑橘酸味，同时彰显出细腻的潜在的香辛风味

与那些能够增加木质风味，温和的香辛风味的香料配合使用：

○ 小茴香，当经过干烘，产生的风味化合物，非常接近于石竹烯，共享了蒎烯风味，并带来干烘过的，坚果味的吡嗪风味

○ 鲜姜中的甜柠檬味补充了漆树粉中的柑橘酸味，同时彰显出细腻的潜在的香辛风味

与食物的搭配

⊕ **根类蔬菜**　在烤根类蔬菜上撒上研磨好的漆树粉。

⊕ **番茄**　在切成片状的熟透了的番茄上用漆树粉进行装饰，并淋洒上石榴糖浆。

⊕ **鹰嘴豆**　在鹰嘴豆泥或者炸鹰嘴豆上撒上漆树粉，或者放入到炸豆丸子里。

⊕ **肉类**　用漆树粉来装饰铁扒鸡或烤鸡或者鹌鹑，与油一起制作成腌肉的腌料，或者用来制作羊肉饼。

⊕ **鱼类**　将漆树粉撒到黎巴嫩风味香烤鱼上。

⊕ **酸奶和奶酪类**　将漆树粉撒入到打发好的菲达奶酪和芝麻酱蘸酱里，烤菲达奶酪上，或者香草风味的新鲜浓缩酸奶里，或者铁扒哈罗米奶酪上。

释放出风味

就像盐一样，加入漆树粉可以增加食物的味道。使用粉状的漆树粉，以充分体验漆树粉的干涩和芳香。

过滤后的漆树粉汁有一种更加温和的味道，适用于果冻和甜味的夏季饮料。

在制作好的菜肴上撒上漆树粉作为装饰，以达到最大的效果，而不要在一开始加热烹调时就加入到菜肴里。

混合着试试看

使用并调整这一道经典的叙利亚风味调味料食谱。

● 扎阿塔，详见第22页

罗望子（TAMARIND）

酸味 | 水果味 | 香甜味

植物学名称
Tamarindus indica

别名
印度椰枣

主要风味化合物
糠醛，2-苯基乙醛

可使用部位
成熟豆荚中的果肉

栽种方式
豆荚在完全成熟时收获，要么使用人工采摘，要么是晃动树木让其掉落到地面上。

商业化制备
剥去豆荚壳，果肉被压缩成糊状的块形。

烹饪之外的用途
在传统医学中用于治疗肠道疾病、黄疸和恶心。所有的部分都具有通便和防腐性能。

罗望子香料的故事

罗望子是一种广为流传的香料：它已经被广泛使用和交易了数千年之久。古希腊植物学家泰奥弗拉斯托斯在他关于草药的著作中描述了这种植物。它的英文名字来自阿拉伯语"Tamr hindi"，其意思是：印度椰枣，因为这让阿拉伯的海商门想起了他们本土的椰枣树；然而，罗望子实际上是属于豌豆科，并且是原产于东非。它可能是在2000多年前到达了印度，并作为一种必需的烹饪香料和药物在整个次大陆都得到了认可。中世纪时，商人们把它带到欧洲，那时印度已经成为主要的供应商。在17世纪，西班牙探险家把它带到新大陆，包括西印度群岛，无论是用于烹饪还是作为一种观赏植物，它在那里都变得重要起来。

植物
罗望子树是豆科中一种大型的热带常绿树木。它可以生长到30米高。

花朵呈黄色并成串生长。

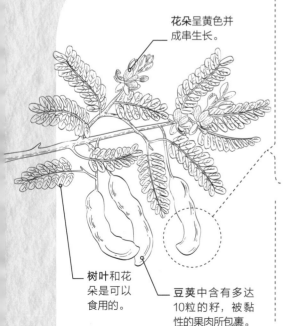

树叶和花朵是可以食用的。

豆荚中含有多达10粒的籽，被黏性的果肉所包裹。

块状的罗望子果肉
半干燥的纤维状的果肉块用热水浸泡，然后捣碎成糊状并通过筛子过滤。

在热水中**浸泡**可得到一种罗望子风味的液体。

罗望子酱
为方便起见，可以预先制备好罗望子酱。使用的时候，可以用温水将罗望子酱稀释。

罗望子的栽种区域
罗望子原产于东非，可能是马达加斯加。它在大多数的热带地区种植，而印度、泰国和斯里兰卡是主要的生产国。

在厨房内创造性地使用香料

在非洲、亚洲、中东和印度，罗望子在酸辣酱、少司、咖喱、汤菜和饮料中扮演着重要的角色。其水果风味的酸味有助于调和火辣的菜肴风味。它经常被用作柠檬汁更加富有水果味的替代品。

香料调配使用科学

罗望子中的主要风味化合物是水果风味的醛类、糠醛和苯乙醛。由于精油的含量不多，相对地有少量快速挥发的风味分子，罗望子只有温和的芳香风味，但是柑橘风味的柠檬烯有足够的含量，让其芳香风味清晰可辨。

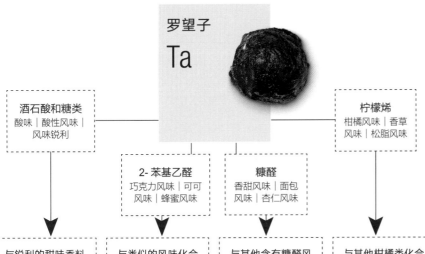

罗望子
Ta

酒石酸和糖类
酸味 | 酸性风味 | 风味锐利

柠檬烯
柑橘风味 | 香草风味 | 松脂风味

2-苯基乙醛
巧克力风味 | 可可风味 | 蜂蜜风味

糠醛
香甜风味 | 面包风味 | 杏仁风味

与锐利的甜味香料搭配能使香料的风味更加和谐：

○肉桂含有香甜风味的肉桂醛，补充了罗望子的高糖含量

○甘草中强烈的甜味甘草酸是酸甜风味的完美搭配香料

与类似的风味化合物搭配以彰显出甘美的芳香风味：

○本身具有蜂蜜味的化合物和令人陶醉的甜美的芳香混合风味，让香草成为一种很好的匹配香料

与其他含有糠醛风味化合物的香料搭配使用：

○芝麻中含有的糠醛使它成为一种非同寻常但却高效的搭配香料，它能平衡罗望子中酸味的水果风味的浓郁程度

与其他柑橘类化合物一起突出芳香风味：

○姜共享有柠檬烯风味，并添加了花香气息，尤其是使用鲜姜的时候

○青柠檬共享有柠檬烯，并增加了一种绿色的柑橘风味

○黑胡椒含有柠檬烯，使其成为混合香料的绝佳伴侣

与食物的搭配

⊕ **蔬菜类** 在酸奶蘸酱中淋入一点罗望子汁，用来配菜花或者洋葱帕可拉食用。

⊕ **鱼肉** 与粗糖和辣椒混合好用来作为鱼肉的蘸酱。

⊕ **猪肉和羊肉** 将罗望子酱或者罗望子汁与酱油和姜混合好，作为猪肉或者羊肉的腌泡汁。

⊕ **小麦片** 用罗望子汁或者稀释后的罗望子酱、石榴糖浆、橄榄油、中东风味香草和香料制作成一种沙拉少司，然后淋撒到小麦片沙拉上。

⊕ **饮料类** 自己制作专属的"罗望子果汁水"，将过滤过的罗望子汁与气泡水或苏打水混合，加入适量的糖调味，加冰食用。

释放出风味

罗望子是从果肉中提取的，其独特的化学成分使其成为水基类菜肴的一种富有成效的调味料，并赋予其较长的保质期。

罗望子中的主要风味化合物易溶于水——与其他香料不同——所以不需要用油煎炒来释放出风味。

酸类和糖类占所有果肉含量的50%

高含酸量和高含糖量会阻止细菌的生长，所以一块罗望子果肉可以储存一年或更长的时间。

不要把籽丢掉！

事实上，坚硬的罗望子籽可以变得美味可口，而且在从块状的罗望子肉中提取"汁液"后不需要丢弃。他们有一种令人愉快的花生般的味道。

去掉罗望子果肉的杂迹，在干的煎锅中干烘。

将籽用水**浸泡**，剥去保护层。

把籽的内核煮一下，或者用油煎一下。

枣和罗望子格兰尼塔配焦糖菠萝

（DATE AND TAMARIND GRANITA WITH CARAMELIZED PINEAPPLE）

在这道新颖的格兰尼塔刨冰中，温和气息的小茴香风味和葛拉姆马萨拉与收敛性的罗望子风味，爽口的姜味，以及新鲜青辣椒的辛辣风味形成了强烈的对比。这是一道灵感来自于南亚街头小吃的风味组合，在盛夏的酷暑里，这些香料可以一起用来消暑解渴。

香料
使用创意

在恰特马萨拉中，用石榴籽粉代替芒果粉，以在水果风味的酸味中带来一丝苦感。

喜欢甘草口味的人可以在椰枣糖浆中加入**两粒整个的八角和一茶勺干烘过的茴香籽**。

用一茶勺姜粉代替姜，**以增强姜的风味**；小茴香中温和的坚果风味会将任何粗犷的回味变得柔和下来。

作为开胃菜，可供6人食用

制备时间2小时

加热烹调时间30~35分钟

制作格兰尼塔用料
3/4茶勺小茴香籽
125克粗糖或者棕榈糖，切碎
50克葡萄糖浆
750毫升水
75克鲜姜，去皮并切碎
1个大的青柠檬
150克无籽罗望子块，打碎成小块状
100克去核的枣，切碎
2~3个青辣椒，带籽切碎
1大把鲜薄荷
1/2茶勺葛拉姆马萨拉（详见第40页食谱）
1/2茶勺黑盐

制作焦糖菠萝用料
4汤勺糖粉
2茶勺恰特马萨拉（详见第42页食谱）
1茶勺克什米尔辣椒粉或者红辣椒粉
300克鲜菠萝，去皮，去核，切成丁
1把鲜薄荷叶

1 制作格兰尼塔，用中火加热一个小号的厚底煎锅，放入小茴香用中火加热干烘1分钟左右，直到散发出芳香风味。待冷却后，用杵和臼捣成粉末状。

2 将粗糖或者是棕榈糖、葡萄糖浆和水放到一个少司锅中，用中火加热，期间不时地搅拌几下，直到糖完全溶解。再用小火加热3~4分钟。

3 用蔬菜削皮刀把青柠檬的外皮削下来，注意不要削下来带有白色苦涩的部分。将青柠檬外皮、姜末、罗望子、枣和辣椒加入锅中。用小火加热烧开，不用盖锅盖，再用中小火加热20分钟，直到变得软烂。将锅从火上端离开。

4 留取几片嫩的薄荷叶用作装饰，然后把剩下的薄荷叶和茎切碎，放入到锅中。盖上锅盖，让其浸渍30分钟。

5 把罗望子果肉从摆放在一个碗的上方的筛子里过筛出来，把筛子里剩下的东西都丢掉。在碗里的糖浆中加入葛拉姆马萨拉、黑盐和小茴香粉。品尝其甜味的程度，如果味道太强烈，可以加入更多一些的糖；标准是甜味和酸味的风味适中。

6 把糖浆倒入一个耐冻容器里。让其完全冷却，然后放入冷冻冰箱冷冻至少1小时，直至形成冰晶并凝固。

7 制作焦糖菠萝。将糖霜筛到一个碗中，加入恰特马萨拉和辣椒粉。加入菠萝丁，搅拌均匀，让菠萝沾满香料混合物。

8 将一个大号的干的煎锅加热。去掉菠萝上多余的香料混合物，把菠萝放进锅里。用中火加热，翻炒5~8分钟，直到菠萝变成焦糖色。把菠萝倒在油纸上，让其冷却。

9 把格兰尼塔从冷冻冰箱里拿出来，用叉子将其大体戳碎开。用勺子舀入到小玻璃杯里，在每个杯子里撒上焦糖菠萝，并用薄荷叶做装饰。

角豆树（CAROB）

香甜风味 | 收敛性 | 巧克力风味

植物学名称
Ceratonia siliqua

别名
圣约翰的面包，槐豆，槐籽

主要风味化合物
缬草酸，己酸，以及丙酮酸

可使用部位
熟透的籽荚（严格意义上是果实）

栽种方式
果树在果园里生长，成熟后的籽荚可以用手工采摘下来，或者使用摇网收获。

商业化制备
籽荚经过部分干燥之后，或者保留整个的籽荚，或者压碎以去掉籽。

烹饪之外的用途
可用作动物饲料；烟草的香料；籽被用来制作成在食品和化妆品中使用的胶凝剂（刺槐豆胶）。

角豆树香料的故事

角豆树的果实自古以来就滋养着人类和动物们。这种树有着能在贫瘠的土壤里结出果实的能力，使其在饥荒来袭时显得非常重要，圣经中也提到了它作为牲畜饲料的用途。常用名字圣约翰的面包和槐豆来源于"蝗虫"，据说施洗者圣约翰在沙漠里吃过。学者们认为这实际上是角豆树荚（尽管现在大多数人认为他吃的是蚱蜢）。"Carat"一词源于希腊语，意思是角豆树，Keration：阿拉伯珠宝商用其籽作为黄金的重量单位。豆荚很容易运输，希腊人和阿拉伯人把角豆树带到西方。阿拉伯人把它带到北部的西班牙和葡萄牙，从17世纪开始在那里种植，并从那里传播到新世界。

植物
角豆树来自豌豆科的一种常绿树木，在地中海气候条件下生长旺盛。

角豆树粉
角豆树粉通常由烤熟的籽荚和果肉制成，但是也可以生制成粉。角豆树粉在一个密封的容器里，放在阴凉、避光的地方，几乎可以无限期保存。

籽荚可以长到30厘米。

成熟的籽荚
从绿色变成坚韧的棕色，并起皱。

角豆树籽荚
干燥的籽荚在经过烘烤之后可以整个的食用，要避免吃到坚硬如石头般的籽；或者通过在水中或牛奶中煮的方式而制成糖浆状的液体。碎片状的角豆树籽也可以作为宠物的"粗磨食物"使用。

角豆树的栽种区域
角豆树可能原产于地中海东部和黎巴嫩。现在主要在西班牙种植，但也在意大利（尤其是西西里）、葡萄牙、摩洛哥、希腊、塞浦路斯、土耳其和阿尔及利亚种植。

在厨房内创造 } 性地使用香料

在甜味中略带酸味，角豆树中有一股浓郁的，温暖的，像极了香草的风味，有点像牛奶巧克力，但它缺乏可可的苦味，并有一种与众不同的，略微带些酸味的香气。这种香料里含有丰富的糖分。

香料调配使用科学

缬草酸风味和己酸风味占主导地位，分别带来了酸牛奶的味道并"弥漫着奶酪"的芳香风味，而丙酮酸有着红糖的细腻风味。还含有香甜的，水果风味的酮类，包括菠萝酮，以及温热，香辛的肉桂醛，以及一种称作金合欢烯的萜烯，它有着木质风味和甜的柑橘味。当烘烤时，吡嗪会散发出巧克力味，坚果的香味，但是肉桂醛会分解。

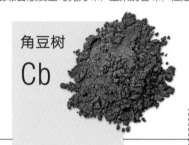

角豆树
Cb

菠萝酮和丙酮酸
香甜风味│水果风味│
红糖风味│焦糖风味

戊酸和己酸
酸牛奶风味│奶酪
香味

肉桂醛
温和风味│香甜
风味│芳香风味

吡嗪和金合欢烯
坚果风味│烘烤风味│
面包风味│木质风味

与甜味香料混合使用，增强含糖类水果的底蕴：

○ **葫芦巴**有红糖的味道，带有一点枫叶糖浆的味道，同时令人愉悦的滋味会让人想起了丁香的味道

○ **茴香籽**带有甜味和甘草般的芳香，带来了花香和柑橘的味道

○ **小豆蔻**带有桉树的芬芳，多亏了带有香甜的薄荷味，使其成为一种出乎意料的好的搭配香料

○ **甘草**非常甜，带有浓烈的大茴香味

与酸性或者酸的香料搭配使用，以促进刺激性的酸味：

○ **罗望子**在强烈的酸味中带有蜂蜜焦糖的风味

○ **漆树粉**风味刺激，土质风味中带有李子的风味

○ **伏牛花**呈清新，绿色，爽口的酸味和细微的花香风味

○ **芒果粉**带来了热带水果的风味和涩味

存在于未干烘过的角豆树中，用肉桂风味来突出其风味：

○ **肉桂**具有香甜、芳香、香辛以及温热感的品质

○ **桂皮**同样是香甜和温热的，但它的苦味更突出，并且它带有一些涩味

与坚果风味，木质风味的香料搭配，增加烘烤风味的底蕴：

○ **烤芝麻**带来舒适的坚果风味

○ **可可豆**因其呈主导地位的烘烤风味的化合物，能够和睦相处

○ **金合欢**为土质风味增添了浓烈的烟熏气息

○ **塞内加尔胡椒**含有金合欢烯，并带有香甜的香草味道；其渗透性的烟熏风味与烘烤过的角豆树风味交相辉映

○ **豆蔻**是甜美的芳香风味，并且带有木质风味，这要部分的归功于金合欢烯

与食物的搭配

⊕ **蔬菜类** 在铁扒茄子或者烤茄子上淋洒上角豆树糖浆。

⊕ **肉类** 在烧烤时，用角豆树糖浆涂在鸡肉或者羊肉上，或者将角豆树粉与涂抹料或者腌泡汁混合到一起。

⊕ **烘焙食品** 将角豆树粉混入到咖啡蛋糕面糊中和香料风味的香草饼干面团中，或者拌入到烙饼混合物中（要记住它比可可要甜一些）。

⊕ **甜品类** 用香草香精和一勺或两勺的角豆树粉或者角豆树糖浆快速地搅拌冰冻的香蕉，制成角豆树香蕉冰淇淋。

⊕ **饮料类** 在角豆粉中加入冷牛奶和冰，制作成一种清神爽口的冰拿铁的替代品。

释放出风味

整个的角豆树豆荚提供了最佳风味，但应根据菜肴的性质来使用。烘烤会使氨基酸和糖相互之间起化学反应，产生出新的坚果风味、类似咖啡和巧克力风味的化合物，但是甜度会降低。

对于**快速加热烹调的菜肴**，将豆荚研磨碎或者浸泡至软，捣烂或搅拌使用。

对于**慢火加热，多汁的菜肴**，可以直接加入整个的豆荚。

将**生豆荚**在150℃下烘烤40分钟。以减少磨成粗粒的时间，并进行检查以防止烤焦。

伏牛花果（BARBERRY）

酸味 | 锐利风味 | 刺激风味

植物学名称
Berberis vulgaris

别名
小檗，黄疸浆果，泽雷什克

主要风味化合物
己醛

可使用部位
干的浆果

栽种方式
果实是用手工收获的，最常见的方法是用棍子敲打树枝，直到浆果掉落下来。

商业化制备
浆果在阳光下晒干、阴凉处晾干，或者用工业烘干机烘干。研究表明，使用烘干机烘干的浆果品质最佳。

烹饪之外的用途
在伊朗传统医学中用来治疗黄疸、发炎炎症和牙痛。

伏牛花果香料的故事

最早使用伏牛花果的记录可以追溯到公元前650年，当时亚述国王亚述巴尼帕的图书馆里的泥板上刻有关于伏牛花果净化血液特性的描述。这种植物在中国的药用历史可以追溯到3000多年前，它在欧洲的药用历史几乎与中国一样悠久；例如，根和茎的树皮被用作泻药和补药。在整个中世纪时期，伏牛花果在西欧被广泛用于蜜饯、糖浆和葡萄酒中。后来，草药学家约翰·杰拉德（1545—1612年）提出，浆果可以用来给肉调味——这是一种经得起时间考验的调味料想法！伏牛花果在200多年前首次在伊朗得到种植，从那时起，伏牛花浆果就成为中东和高加索地区烹饪的重要组成部分。

植物
这种浓密多刺的落叶灌木在灌木丛中生长，属于小檗科。

橘黄色的花朵
从晚春到初夏盛开。

椭圆形的红色浆果
密集地簇生在带刺的树枝上，在秋天成熟。

可以生长到2~3米高。

直接整粒使用或者切碎后使用，或者先经过浸泡后再使用。

干浆果
只挑选颜色呈鲜红色的浆果，这表明它们经过了仔细的干燥处理，不是太陈旧的浆果。将它们放在密封容器中，放入冰箱里，可以冷冻保存6个月，并根据需要解冻。

伏牛花果的栽种区域
伏牛花果原产于中欧、南欧、非洲西北部和西亚等地。现在主要在伊朗种植（伊朗每年生产10000吨以上的伏牛花果），但是在北欧和北美也有种植。

在厨房内创造性地使用香料

伏牛花果能与其他浓烈的风味很好地混合到一起，并给各种各样咸香风味的菜肴和甜味菜肴增添活力。它们像宝石般的外观也使得它们成为一种极具吸引力的装饰品。

香料调配使用科学

干的伏牛花果内有高含量的酸和糖，是一种横跨酸甜风味的多用途调味剂。糖能够降低味蕾对苦味和酸味的敏感度，同时还含有一股风味化合物，包括香草风味的己醛和花香的芳樟醇，提供了与多种香料搭配的选择。

伏牛花果
Ba

苹果酸、酒石酸和柠檬酸
风味锐利｜酸味｜柠檬风味

糖类（如葡萄糖、果糖）
香甜风味

醛类：己醛和壬醛
绿色气息｜青草风味｜水果风味

与其他酸味的香料搭配，会产生强烈的酸味：

〇 漆树粉拥有所有的这三种酸

〇 罗望子含有酒石酸，和伏牛花果一样，它也有甜而酸的风味范畴

〇 高良姜渗透性的香味与柠檬酸的酸味搭配得很好

〇 香菜籽通过共享芳樟醇带来复合风味的花香和柑橘味

加入更多的"绿色"香料来增强醛类风味：

〇 香叶增添了清新风味和花香气味，补充了伏牛花果中的己醛和芳樟醇

〇 香旱芹籽增添了一种"绿色"的品质，可以与醛类很好地混合到一起

增强了其他甜美芳香型香料的甜味，并抑制了酸味和苦味：

〇 可可豆中的苦味可以得到缓和，并且增强了其甜美的芳香风味

〇 肉桂从共享的芳樟醇风味中增加了花香

〇 香草带来了奶油般的风味质感，有助于平衡伏牛花果中锐利的酸味

〇 胭脂树中甜美的香气里带有来自于石竹烯的一点苦味

与食物的搭配

⊕ **沙拉**　将干的伏牛花果压碎，撒在沙拉上。

⊕ **红肉类**　压碎伏牛花果，与盐混合，用作羊肉、牛肉或野味的涂抹用料。

⊕ **肉饭**　浸泡干的伏牛花果，然后在黄油中煎炸，最后加到米饭中用来制作成肉饭。

⊕ **蜜饯类**　用新鲜的伏牛花果做出一张水果"皮革"皮，把水果煮沸，过滤，然后在托盘里摊开以脱水。

⊕ **饮料类**　加入使用干的伏牛花果制成的糖浆让冷饮清新爽口。

释放出风味

在加热烹调之前，伏牛花果可以被水发，以稀释其锐利的风味，并加快风味化合物的释放。在冷水中浸泡10分钟或者加入一点开水用小火煮一小会。

加入伏牛花果一半容量的水

果胶来源

果胶是一种将植物细胞黏合在一起的化学黏合剂，它存在于所有的水果中，含量各不相同。当水果在糖和水里加热之后，果胶会渗出来，冷却后变成胶状凝胶——果酱的基底。伏牛花果中的果胶含量很高，其中的酸性会使果胶快速地析出。因此，使用伏牛花果来调味的果酱和果冻，特别是对于中度到低度果胶含量的水果来说，有助于快速、牢稳地凝固。

低	中	高
草莓 0.4%	杏 1%	苹果（未成熟）1.5% ｜ 伏牛花果 2.2%

果胶含量比较

可可豆（CACAO）

土质风味 | 花香风味 | 苦中带甜

植物学名称
Theobroma cacao

别名
可可粉

主要风味化合物
异戊醛

可使用部位
籽（也被称之为"豆"）

栽种方式
成熟的果实用安装在杆子上的切割钩采摘下来，然后用手掰开。

商业化制备
苦味的生可可豆经过发酵之后形成了怡人的风味，然后经过干燥处理，通常是在明火旁，经过烘烤，然后碎裂开，露出里面的核。

烹饪之外的用途
可用于化妆品；在传统医学中作为兴奋剂；现代医学声称可以预防心脏疾病。

可可豆香料的故事

有证据表明早在公元前1500年，墨西哥南部的奥尔梅克人就开始使用可可豆。到公元前600年，奥尔梅克人将可可豆引入到尤卡坦半岛的玛雅人，玛雅人将可可作为营养品营养的来源。他们把可可豆卖给阿兹特克人，阿兹特克人把可可豆变成一种不加糖的浓稠的饮料。16世纪初，当西班牙人入侵尤卡坦半岛时，他们意识到可可豆是一种珍贵的商品，于是开始加入蔗糖使可可豆变甜。有记载的第一批运往欧洲的可可豆于1585年抵达西班牙。在一个世纪之内，巧克力饮料在整个欧洲被消费，远远早于咖啡和茶。1847年，布里斯托尔的弗莱破天荒地制作出了世界上第一条固体巧克力棒。

植物
可可树是锦葵科中的一种热带阔叶常绿乔木。它在种植园里可以生长到7米高，在野外可以长到15米高。

在树干和树枝上生长着一簇簇的略带有粉红色的白花。

果实是一种绿色、黄色或棕色的荚果，内含嵌入在白髓组织中的大的籽。

整粒的，粗切，或在研钵中研磨成粗粉后使用。

可可粒
可可粒是可可豆没有加糖的内核的碎片。它们可以预先烘烤好，或者（比较少见的）生食（详见释放出风味部分中的内容）。

可可豆的栽种区域
可可豆原产于热带的中美洲和南美洲。目前，全球50%以上的可可总产量由象牙海岸和加纳出品，但是许多其他热带国家也种植可可，包括厄瓜多尔、巴西、秘鲁、哥伦比亚、墨西哥、多米尼加共和国和印度尼西亚。

<table>
<tr><td>

在厨房内创造性地使用香料

</td><td>

可可豆是最具复合风味的食物之一，可可豆具有土质风味、苦味和芳香风味，但与巧克力不同的是，可可豆不磨成糊状就不会融化。它们有坚果一样的松脆的质地，可以整粒、切碎或磨成粗粉后使用。

</td></tr>
</table>

香料调配使用科学

可可豆中含有大约600种风味化合物，它们的相对含量因地区、树种和加工方法不同而异。苦味部分是由咖啡因和可可碱这两种刺激性风味化合物产生的，它们在烘烤的过程中会变成苦味的吡嗪类化合物。可可豆中还含有甜味的醛类和酮类，以及果味的醇类和酚类。吡嗪类还赋予香料烘烤过的坚果风味。

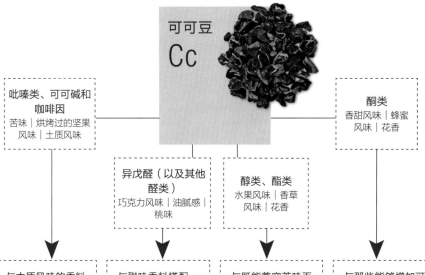

可可豆 Cc

吡嗪类、可可碱和咖啡因
苦味 | 烘烤过的坚果风味 | 土质风味

酮类
香甜风味 | 蜂蜜风味 | 花香

异戊醛（以及其他醛类）
巧克力风味 | 油腻感 | 桃味

醇类、酯类
水果风味 | 香草风味 | 花香

与木质风味的香料搭配使用，增加烘烤过的坚果风味：

○ 金合欢用强烈的烟熏香气增加了烘焙咖啡般的味道

○ 黑胡椒带来一种木质的、微苦的、温暖的辛辣风味

○ 芝麻在经过烘烤之后能带来舒适的坚果香味

○ 小茴香增添了一种土质的，烟熏般的木质风味，并引入了松木的香气

与甜味香料搭配，以增强巧克力的风味：

○ 香草是甜味香料，有着奶油味浓郁，芳香扑鼻的明显特点

○ 马哈利樱桃散发出苦中带甜的樱桃和杏仁香味

○ 豆蔻皮带着香甜的麝香味和橘子味（比豆蔻要少得多）

与既能兼容苦味而又能增强水果风味和花香气息的香料搭配：

○ 香菜籽能增强花香，并强化柠檬风味的水果香味

○ 辣椒带来水果味和绿色气息，增加了温暖的口感程度

○ 香叶具有一种渗透性，清新，略带花香的香草风味

○ 姜带来辛辣的温热感，甜味的柑橘风味和花香的芳樟醇风味

与那些能够增加可可豆中香甜的蜂蜜芳香风味的香料搭配使用：

○ 甘草带着强烈的甜味，带来丁香的味道和浓郁的桉树风味

○ 肉桂有助于提高香甜的温和品质

○ 多香果提供了一种甜的胡椒风味的热度

○ 甜的红辣椒增加了甜度，引入了土质的风味

与食物的搭配

⊕ **茴香，南瓜**　在茴香和血橙沙拉上撒上可可粒，或者擦碎后撒到南瓜和鼠尾草馄饨上。

⊕ **鱿鱼**　在用于炸鱿鱼的天妇罗面糊中加入大体上研磨碎的可可粒。

⊕ **肉类**　在铁扒之前，先把烤好后磨碎的可可粒涂抹到牛排上；添加到制作鸭肉或者猪肉的意大利艾格达斯少司中；拌入到水果风味、香辛风味的羊肉塔吉锅内。

⊕ **甜味烘焙食品类**　在香蕉面包中，烙饼中，或者曲奇中加入可可粒。

⊕ **奶酪蛋糕**　在制作用于咸香风味或者甜味奶酪蛋糕的饼干底座材料中，加入可可粒。

释放出风味

未经烘烤的（生的）可可粒没有甜味，比巧克力更苦。使用前烤一下可以帮助去除一部分的苦味。

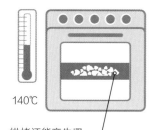

140℃

烘烤还能产生坚果味的吡嗪风味化合物。

将可可粒在140℃的烤箱中烤10~15分钟。

混合着试试看

使用并调整这道经典的以可可豆为特色的混合香料食谱。
● **摩尔混合香料，详见第65页**

红椒粉（甜椒粉，PAPRIKA）

苦中带甜 | 土质风味 | 水果风味

植物学名称
Capsicum annuum

别名
匈牙利红椒粉，西班牙红椒粉

主要风味化合物
吡嗪类风味化合物

可使用部位
果实

栽种方式
辣椒的果实在夏天当它们变成红色并且成熟时采摘下来。

商业化制备
果实在干燥后研磨成粉状。制作烟熏红椒粉的辣椒在加工前要先挂在熏制室里经过烟熏。

烹饪之外的用途
在化妆品和制药中用来着色，并且辣椒素拥有消炎特性。

红椒粉香料的故事

辣椒可能起源于墨西哥，最近的洞穴考古发现表明，早在公元前7000年，人们就开始食用辣椒。在公元15世纪末，探险家克里斯托弗·哥伦布将辣椒从加勒比海运回欧洲。西班牙僧侣们开始晒干和研磨辣椒，世界上最好的烟熏红椒粉之一仍在由埃斯特雷马杜拉的拉维拉谷制成，在那里，成熟的辣椒挂在田野里的熏制室里，并用古老的石磨研磨碎。奥斯曼土耳其人将辣椒引入匈牙利，到19世纪中叶，匈牙利人批准将红椒粉作为国家香料，并将其作为匈牙利牛肉汤中的一种关键食材，这是一道乡村风味的肉汤。法国大厨乔治·埃斯科菲尔将红椒粉引入更广泛的烹饪领域：1879年，他把红椒粉从匈牙利用船运到他在蒙特卡洛的餐厅，并把红椒粉鸡写入了菜单。

植物
红辣椒来自于辣椒植物，这是茄科中一种畏寒的草本多年生植物，在温暖、干燥的气候条件下生长良好。

植物的高度
大约可以达到80厘米。

果实多肉且中空。

品种各异，有些果实又小又圆。

◀ 匈牙利红椒粉

等级 从Eros（最辣的）到Kulonleges（最温和的）不等。

三个主要的品种 是皮肯特（辣的）、杜尔塞（甜的）和阿格瑞杜尔赛（苦中带甜的）。

西班牙红椒粉 ▶

红椒粉
红椒粉主要有两种：匈牙利红椒粉，鲜红色或铁锈红色，有着明显的水果风味；西班牙红椒粉称作Pimenton，颜色更深更甜。两种都可以熏制。

红椒的栽种区域
辣椒原产于南美洲和中美洲，但用于制作红椒粉的辣椒主要在匈牙利、西班牙、荷兰和土耳其种植和加工。

在厨房内创造性地使用香料

各种各样的红椒粉因其土质风味、烟熏风味、香辛的辣味和水果糖分的甜味而受到人们的广泛喜爱。选择非常温和的红椒粉，在不改变菜肴风味的情况下，去驾驭铁锈红的红椒粉颜色。

香料调配使用科学

红椒粉的刺激性风味来自酸味的柠檬酸，甜味来自糖类和类似于朗姆酒风味的化合物乙酸乙酯，而丰厚的土质风味来自吡嗪，其中许多种风味是在干燥和/或烟熏的过程中产生的。从香甜味和水果味，到苦味和烟熏味，红椒粉中各式各样的风味类型给各种香料提供了丰富的搭配机会。

红椒粉
Pa

各种类型的吡嗪
土质风味｜烟熏风味

柠檬酸
刺激风味｜柑橘风味

与其他吡嗪类及相关的风味化合物配对使用：

○金合欢中的吡嗪和其他烟熏风味化合物带来了木质烟熏风味和巧克力风味

○黑小豆蔻带有土质风味和烟熏的芳香风味

○芝麻在经过烘烤之后会带有浓郁的坚果和焦糖的味道

○在烘烤之后的香旱芹籽具有一种土质的香草风味和少量的柑橘风味

糖和乙酸乙酯
香甜风味｜水果风味

强化了红椒粉中甜味的程度：

○肉桂提升了红椒粉的甜味，并增加了芳香风味的温热感

○多香果带来丁香般的甜味和花香气息

○葛缕子有着与之匹配得很好的柑橘风味和苦中带甜的风味，伴着的是细腻的大茴香风味

异戊醛和乙酰丙酮
油腻感｜黄油风味

突出浓郁的风味：

○可可豆中含有许多风味化合物，包括吡嗪、酮类、酯类和异戊醛等

○当藏红花与较淡的红椒粉混合后，会呈现出一种独特的干草般的浓郁风味，同时又能对增强土质风味有所帮助

与其他酸性香料或柑橘风味类香料来促进红椒粉的浓烈味道：

○罗望子中的酒石酸，果香醛和柠檬烯带来了酸甜口味

○香菜籽通过柠檬烯与红椒粉配合得很好，其中的伞花烃增强了土质风味

○姜中的柑橘味、甜味和辛辣的成分可以分别由温和口味的，甜味的，以及辣味的红椒粉彰显出来

与食物的搭配

⊕**李子**　将烟熏味的红椒粉加入到酸甜口味的李子少司中。

⊕**烤根类蔬菜**　食用烤洋姜配烟熏红椒粉风味的蒜泥蛋黄酱，或盐烤新土豆配摩杰皮康少司，这种少司中包括红椒粉、小茴香、辣椒和大蒜等。

⊕**鱿鱼，八爪鱼**　将辣味红椒粉撒入到炸鱿鱼用的面糊中，或者加入到摩洛哥切慕拉（香草风味腌料）中用来铁扒八爪鱼。

⊕**肉类**　在烤骨髓上撒上烟熏风味的红椒粉和切碎的香草；加入到猪肉或鸭肉酱中；在慢炖之前，先将红椒粉涂抹到牛腩上；用红椒粉来制作一道内脏帕皮卡。

释放出风味

红椒粉富含类胡萝卜素（类似胡萝卜中的橙色色素），它与最芳香的风味化合物一起，能很好地溶解于油中。因此，在烹饪开始时用油煎炒红椒粉有助于将其颜色和风味扩散到整道菜肴里。

持续搅拌，并控制好温度。

红椒粉的粒径小，很容易焦煳。烟熏品种的红椒粉已经略微带有些苦味，而且容易因烧焦而产生辛辣的苦味。

温和口味的还是辣味的？

辣椒的热量来自辣椒素分子，其中绝大部分存在于白色的髓（筋脉）内。辣椒粉的热度或者温热度取决于所使用的辣椒品种中辣椒素的含量，以及加工过程中去除辣椒髓的多少程度。劣质的辣味红椒粉通常是由整个干的辣椒制成的，包括茎、髓和苦味的籽在内。

含有辣椒素的油腺体沿着髓和肉的内部分界延伸。

混合着试试看

使用并调整这些经典的食谱。

●牙买加杰克涂抹香料，详见第64页
●奇米丘里辣酱，详见第66页
●烧烤涂抹香料，详见第68页

金合欢籽（WATTLE）

烘烤风味 | 木质风味 | 霉味

植物学名称
Acacia victoriae（最常用的品种）

别名
冈达布卢金合欢

主要风味化合物
吡嗪类风味化合物

可使用部位
籽

栽种方式
成熟的豆荚是用机械摇树器或用人工使用棍子敲打下来的。

商业化制备
籽通过脱粒和筛选从豆荚中分离出来，然后经过干燥和烘烤。

烹饪之外的用途
一直被用作动物饲料；金合欢树的果实、籽和树胶在传统土著医学中用于治疗许多疾病。

金合欢籽香料的故事

金合欢作为澳大利亚土著人的主食至少已经有4000年的历史了。在澳大利亚生长的数百种金合欢树种中，只有少数几种生长着可供食用的籽，而其他一些则是有毒的。经过数千年的时间演变，土著居民们辨认出了这些可食用的种类。他们要么直接从豆荚里吃新鲜的籽，要么把种子晒干、干烤或者烘烤，然后用研磨石把籽碾压成粉末状。对这种金合欢籽日益增长的商业需求引导了澳大利亚小规模种植园的大力发展，尽管很大一部分作物仍然是从野生树木中收获。随着"灌木食物"越来越多地作为特色出现在澳大利亚的餐馆菜单上，金合欢籽作为一种烹饪香料的重要性也与日俱增。

植物
可食用的金合欢籽是由豆科中少量的常绿灌木或小树产出的。

奶油色的花朵可以食用，在烹饪中有时用作装饰。

金合欢籽味道丰富，蛋白质含量高（大约20%）。

绿色的豌豆状豆荚成熟后会变成棕色或黄色，并且会变得像纸片一样易碎。

金合欢粉
这种风味强劲的香料通常购买到的是一种预制好的粗的深褐色粉末状，类似于磨碎的咖啡。它可以被储存在一个密封的容器中，在阴凉、避光的地方保存两年。

金合欢的栽种区域
维多利亚金合欢和其他可食用的金合欢属植物原产于澳大利亚干旱和半干旱地区。它们在澳大利亚的南部和西部，维多利亚和新南威尔士州都有种植。

在厨房内创造性地使用香料 }

金合欢籽带有一种独具特色的坚果味，烘烤过的咖啡般的味道，有着淡淡的烧焦的木香味和烟熏味，加上爆米花和甜柑橘的味道。这种香料的复合味道与甜味和咸味的食谱都很搭配。

香料调配使用科学

金合欢的风味由水溶性的吡嗪主导，带有苦味、霉味、土质味、烘烤过的咖啡味和一丝可可味，以及油溶性吡嗪，带有甜味、坚果味、烧焦的木香味和一丝爆米花味。还展现出一些刺激的柠檬风味的柠檬醛和苦味的酚类。

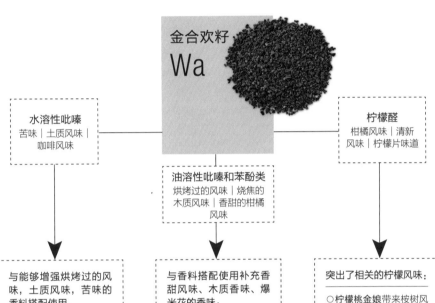

金合欢籽
Wa

水溶性吡嗪
苦味 ｜ 土质风味 ｜
咖啡风味

油溶性吡嗪和苯酚类
烘烤过的风味 ｜ 烧焦的
木质风味 ｜ 香甜的柑橘
风味

柠檬醛
柑橘风味 ｜ 清新
风味 ｜ 柠檬片味道

与能够增强烘烤过的风味，土质风味，苦味的香料搭配使用：

○漆树粉提供了一种锐利的、香甜的酸味

○罗望子有焦糖味和奶酪般的香气

○杜松子增加了草本松木的味道和柑橘的香味

○角豆树增加了咖啡和可可的味道，尤其是在经过烘烤之后

与香料搭配使用补充香甜风味、木质香味、爆米花的香味：

○肉桂增加了甜味的木质风味的温热感，而没有苦味

○红椒粉具有甜味、木香味和烟熏味

○可可豆增加了巧克力的苦味

○小茴香有一种麝香味，泥土味，几乎是烧焦的味道

突出了相关的柠檬风味：

○柠檬桃金娘带来桉树风味般的回味

○柠檬草增加了温和的花香似的胡椒风味和些许的香辛风味

○莳萝具有香草风味，薄荷味和温和的木质风味

○葛缕子提供了一种大茴香般的香辛风味

释放出风味

金合欢籽不需要油炸或烘烤，因为在加工的过程中已经产生了坚果风味和烘烤过的风味。相反，风味取决于一道菜中水和油脂的平衡。

苦味

金合欢籽　油脂　柠檬 + 坚果

在油脂中加热烹调可以降低苦味的酚类的含量，并释放出柠檬味的柠檬醛和坚果风味、油溶性的吡嗪风味。

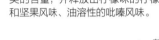

苦味

金合欢籽　水　咖啡 + 可可豆

在以水为基础的液体中加热烹调会释放出水溶性的吡嗪和一些苦味的酚类物质，从而产生苦味、土质风味和烘烤过的咖啡风味，并带有一丝可可豆的风味。

加热浓缩咖啡

最大限度地利用水基风味，从而减少苦味，通过使用研磨碎的金合欢籽，如同在咖啡机中煮咖啡一样，与水基风味液体一起加热烹调。

与食物的搭配

⊕**土豆类**　将金合欢籽撒到烤红薯片或者土豆块上。

⊕**卡仕达酱**　在卡仕达酱中加入金合欢籽浸渍，然后用来制作成冰淇淋，或者趁热浇淋到甜的海绵布丁上。

⊕**肉类**　将金合欢籽加入干性的涂抹香料中或用于腌制鸡肉、羊肉、牛肉的腌料中。

⊕**面包类**　加入少许的金合欢籽，给面包团和甜味的酵母面包增加坚果风味的香甜味。

⊕**金枪鱼**　在煎灼之前，在裹金枪鱼的混合香料中加入金合欢籽。

⊕**巧克力**　金合欢籽适用于任何巧克力风味——试着把它加入到巧克力慕斯中或巧克力甘纳许里。

芝麻（SESAME）

坚果风味 | 苦中带甜 | 风味浓郁

植物学名称
Sesamum indicum

别名
胡麻

主要风味化合物
吡嗪类风味化合物

可使用部位
籽

栽种方式
整株植物在籽囊（严格意义上来说是果实）完全成熟之前被切割下来。

商业化制备
茎秆经过干燥、敲打，籽囊会裂开，芝麻籽被抖搂出来。

烹饪之外的用途
芝麻油用作化妆品和香水的基本原料。温和的有通便作用的芝麻籽在阿育吠陀医学中用来治疗消化不良和关节炎。

芝麻香料的故事

芝麻最早种植于4000多年以前，被许多古代文明所珍视。巴比伦人和亚述人在烹饪和宗教仪式中都会用到芝麻。在亚述神话中，诸神在创造世界的前一天晚上喝的是芝麻酒。古代埃及人把芝麻油当作药物使用，并把芝麻研磨成粉使用。在图坦卡蒙墓中发现了芝麻遗骸。在罗马，士兵们带着这些能提供能量的芝麻作为应急军粮，厨师们把它们与小茴香一起研磨成一种糊状的调味料。在著名的阿拉伯民间故事里，当阿里巴巴喊"芝麻，开门！"的时候，一个洞穴被打开，露出里面藏匿着的珠宝。这可能暗示着成熟的芝麻荚在最轻微的触碰之下就会猛然裂开，里面的芝麻就会四散而出。芝麻通过奴隶贸易传到了北美和墨西哥，并于1730年开始在美洲殖民地内种植。

植物
芝麻是一种热带一年生植物，属胡麻科。它可以生长到1~2米高。

花朵呈喇叭状，可以是白色、淡粉色或紫色。

籽囊呈椭圆形，含有50~100颗扁平状的籽。

白芝麻
芝麻可以经过脱壳或不脱壳，以及烘烤过（熟芝麻）或者不经过烘烤（生芝麻）的形式售卖。生的芝麻几乎没有香味；烘烤的过程会带出它们的坚果味道。

黑芝麻
这种未经过脱壳的芝麻在中国和日本的烹饪中非常受欢迎，可以以烘烤过的或者未经过烘烤的形式售卖。

芝麻的栽种区域
芝麻原产于撒哈拉以南的非洲。芝麻在中国、印度、北非、北美、中美洲和南美以及苏丹都有种植。

在厨房内创造性地使用香料

芝麻被广泛应用于从印度拉都斯和中东的芝麻蜜饼等甜味食品，到芝麻酱和鹰嘴豆泥等咸香风味的蘸酱和调味汁等各种食品中，日本人会在米饭和面条上撒上戈马希奥，这是一种芝麻和盐的调味料。

香料调配使用科学

未经过烘烤的芝麻含有来自糠醛和己醛等风味化合物的细腻风味。当经过烘烤或干烘时，芝麻外层的蛋白质和糖相互作用，形成数百种新的风味化合物，包括坚果味的、吡嗪风味的等。

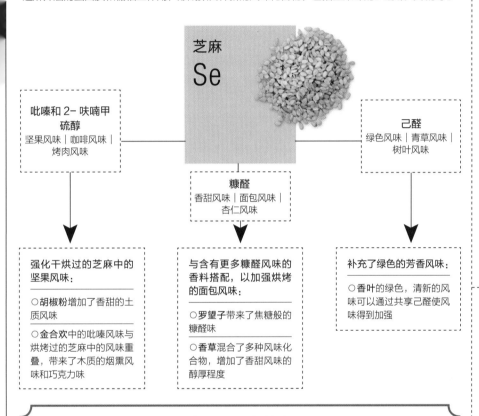

芝麻
Se

吡嗪和 2- 呋喃甲硫醇
坚果风味 | 咖啡风味 | 烤肉风味

己醛
绿色风味 | 青草风味 | 树叶风味

糠醛
香甜风味 | 面包风味 | 杏仁风味

强化干烘过的芝麻中的坚果风味：
○胡椒粉增加了香甜的土质风味
○金合欢中的吡嗪风味与烘烤过的芝麻中的风味重叠，带来了木质的烟熏风味和巧克力味

与含有更多糠醛风味的香料搭配，以加强烘烤的面包风味：
○罗望子带来了焦糖般的糠醛味
○香草混合了多种风味化合物，增加了香甜风味的醇厚程度

补充了绿色的芳香风味：
○香叶的绿色，清新的风味可以通过共享己醛使风味得到加强

与食物的搭配

⊕ **香蕉和苹果** 将烘烤过的芝麻撒到炸苹果或者炸香蕉上。

⊕ **蔬菜类** 在面条和蔬菜沙拉上撒上黑芝麻和辛辣的四川调料汁，或者撒到烤甘蓝或芦笋上。

⊕ **油性鱼类** 在煎之前将金枪鱼或者三文鱼裹上一层芝麻。

⊕ **鸡肉** 将鸡腿裹上一层黑芝麻粉、酱油以及蜂蜜制作的调料酱上色，然后再烤或者铁扒。

⊕ **豆类** 将鹰嘴豆泥丸子裹上一层芝麻，然后再加热烹调。

⊕ **烘焙和甜味食品** 在烘烤之前先将生的芝麻撒到面包面团上，或者用蜂蜜、黄油以及白芝麻制作成芝麻糖。

释放出风味

当芝麻经过烘烤，外层的蛋白质和糖会发生反应，形成新的化合物，包括烘烤过的坚果风味的吡嗪和硫黄风味、咖啡和类似于烤肉风味的2-呋喃甲硫醇。

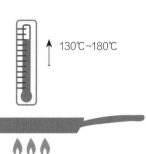

↑ 130℃~180℃

蛋白质和糖在130℃以上的温度下会发生反应。芝麻里面的脂肪在180℃左右会燃烧并产生辛辣的味道，所以干烘的时候要小心一些。

黑芝麻还是白芝麻？

颜色较深的芝麻有更厚重、更芳香的香味，更适合制作咸香风味的菜肴。淡色品种的芝麻与较温和的香料混合使用效果非常理想，并且也可以与黄油一起加热烹调。未脱壳的芝麻有一种淡淡的苦味，这是由于外层含有草酸，其作用是防止害虫。

最适合口味浓郁的菜肴。

较高浓度的酚类防御性化合物与色素一起传递出一种较强烈的、微苦的风味。

常用于制作芝麻酱和添加到甜味食品中。

浅色芝麻品种中的含油量较低，含有的水分更多，因此能给蜂蜜、焦糖牛奶和香草更加柔和的风味。

黑芝麻、甘草和小豆蔻冰淇淋
（BLACK SESAME, LIQUORICE, AND CARDAMOM ICE CREAM）

这道食谱混合了三种香料，以制作出一种乳脂状的，细致芳香的冰淇淋，味道丰厚却不过于甜腻。通过少许的甘草风味和小豆蔻中的花香增强了其中的坚果风味，烘烤过的芝麻味道。酒的添加可以让直接从冰箱里拿出来的冰淇淋变得更加柔软，但如果不喜欢，也可以不用添加。

香料
使用创意

使用白芝麻代替黑芝麻以减少苦味，并让没有经过干烘过的芝麻中的蜜香，更多的花香得到更进一步的提升。

用一定比例的金合欢代替芝麻，以带来巧克力风味和木质烟熏的味道。

通过使用香叶粉代替甘草，凸显出芝麻中的绿叶己醛和小豆蔻中的桉树般的桉油精风味。

供4人食用

制备时间20分钟

在冰淇淋机冷冻20~30分钟（如果可以，要记得将碗预先冷冻），至少要冷冻3~4小时

3满汤勺黑芝麻
300毫升鲜奶油
300毫升希腊风味酸奶
300毫升炼乳
30粒小豆蔻豆荚中的小豆蔻，研磨成粉
1½茶勺甘草粉
1½汤勺白朗姆酒或者其他风味的淡味烈酒（可选）

---

1 将芝麻放入到一个干的煎锅内，用中火加热，干烘大约5分钟，然后让其冷却。

2 用香料研磨机或小型食品加工机，将芝麻磨成粉糊状——这个过程大约需要1分钟。

3 在一个大碗里，将鲜奶油打发至湿性发泡的程度，放到一边备用。

4 在另一个碗里，将酸奶、炼乳、小豆蔻粉、甘草粉和芝麻糊搅拌到一起。轻缓地将其叠拌到奶油中。将酒也拌入（如果使用的话）。

5 将搅拌好的混合物倒入冰淇淋机中，并按照使用说明进行搅拌。将冰淇淋装入一个冷冻容器内，冷冻至食用时。也可以将搅拌好的混合物倒入冷冻容器内，冷冻3~4小时，每隔一段时间搅拌一次，以打碎凝结的冰晶，确保冰淇淋细腻光滑。

大蒜（GARLIC）

辛辣风味 | 硫黄风味 | 香甜风味

植物学名称
Allium sativum

别名
穷人的樟脑，臭玫瑰

主要风味化合物
大蒜素

可使用部位
球茎

栽种方式
当大约一半的叶子变黄时，球茎就被收获了。

商业化制备
球茎在阴凉的地方储存10~20天，这样它们就会失去大约五分之一的水分含量。

烹饪之外的用途
现代研究表明，大蒜能够改善胆固醇水平，并能略微降低高血压。

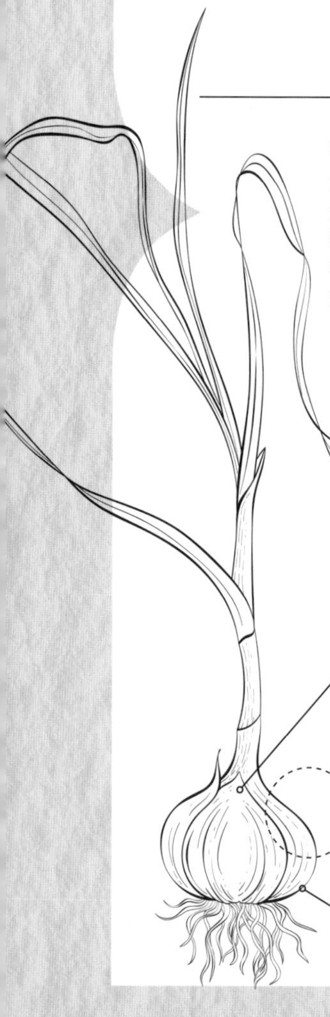

大蒜香料的故事

这种最富有成效的香料已经被珍视了5000多年，希腊医生盖伦几乎在所有文明中都把它誉为"灵丹妙药"。大约公元前1550年的埃及医学莎草纸上记载了22种不同的治疗各种疾病的大蒜配方。建造埃及金字塔的奴隶们被配发大蒜来维持生命和预防疾病。中国栽种大蒜的原因是大蒜具有刺激和治疗作用，而罗马士兵在作战之前吃它是为了获得勇气和力量。在民间传说中，大蒜被视为恶魔或吸血鬼的保护神，也是魔鬼的象征。作为一种食物，它的受欢迎程度时高时低；在罗马和希腊的宴会上，人们都避免吃大蒜，因为它带有强烈的气味，但随着时间的推移，大蒜成为许多地方菜系中不可或缺的一部分，包括印度菜和地中海菜。

植物
大蒜是洋葱科中多年生球茎状的草本植物，可长到0.6米高。在种植5~9个月之后球茎就可以收获了。

◀ 粉状大蒜

片状大蒜 ▶

大蒜干
大蒜干可以是片状的、粉末状的，也可以是颗粒状的，但都缺乏新鲜大蒜香料中的松木香味和柑橘风味，只留下了大蒜风味中主要的硫黄味。

球茎的表皮可以是白色、黄色、粉色或淡紫色。

储存在一个凉爽、避光的地方，但不需要冷藏。

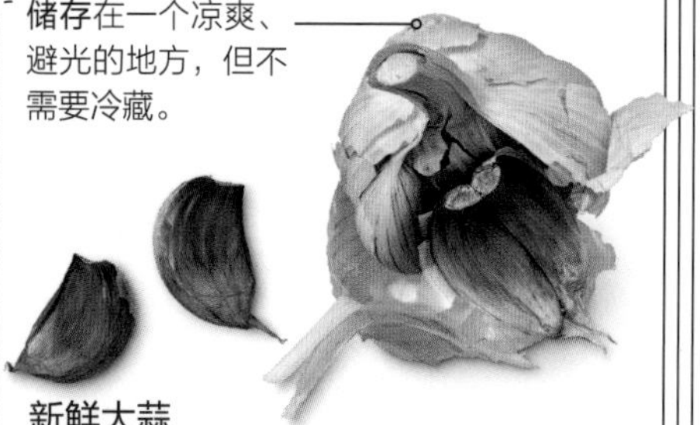

球茎由最多可达24瓣的蒜瓣组成。

新鲜大蒜
成熟的球茎往往有更强烈的味道，但要避免任何出现绿芽的球茎。

大蒜的栽种区域
大蒜很可能原产于中亚，中国目前是大蒜最大的生产国和出口国，其次是印度、韩国、俄罗斯和美国。

在厨房内创造性地使用香料

大蒜能强化和融合其他风味，同时又有自己独特的味道，赋予了许多咸香风味的菜肴醇厚的风味。在许多菜系中都必不可少，与洋葱和生姜一起构成了"三位一体"的调味品，处于许多亚洲菜系中的核心位置。

香料调配使用科学

大蒜的辛辣风味主要来自其含硫的化合物；它们与熟肉中的风味有着非常有效的糅合，因为熟肉内也含有硫化物。大蒜也含有少量温和的芳香型萜烯化合物，包括柠檬烯和桧萜等。干烘会产生坚果味的吡嗪类化合物。

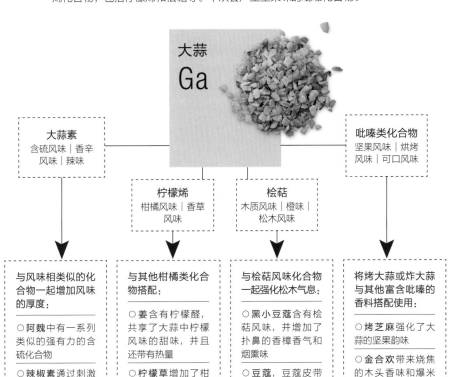

大蒜
Ga

大蒜素
含硫风味｜香辛风味｜辣味

吡嗪类化合物
坚果风味｜烘烤风味｜可口风味

柠檬烯
柑橘风味｜香草风味

桧萜
木质风味｜橙味｜松木风味

与风味相类似的化合物一起增加风味的厚度：

○ 阿魏中有一系列类似的强有力的含硫化合物

○ 辣椒素通过刺激舌头上的温感受器，加深了大蒜的热度

与其他柑橘类化合物搭配：

○ 姜含有柠檬醛，共享了大蒜中柠檬风味的甜味，并且还带有热量

○ 柠檬草增加了柑橘类的风味，有一股甜美的花香和温和的胡椒味

与桧萜风味化合物一起强化松木气息：

○ 黑小豆蔻含有桧萜风味，并增加了扑鼻的香樟香气和烟熏味

○ 豆蔻，豆蔻皮带来了土质风味的香甜味

将烤大蒜或炸大蒜与其他富含吡嗪的香料搭配使用：

○ 烤芝麻强化了大蒜的坚果韵味

○ 金合欢带来烧焦的木头香味和爆米花的味道

与食物的搭配

⊕ **烤羊肉** 在烤羊肉之前，在肉块上切割出一些切口，塞入鲜蒜片。

⊕ **汤菜** 在烤箱里烤一个用锡纸包好的蒜头，然后将香甜的蒜肉挤出，加入到南瓜汤或者其他蔬菜汤中。

⊕ **大虾** 将大蒜加入到油性的腌料中，用于铁扒或者烧烤大虾。

⊕ **生的蔬菜类** 把大蒜和鳀鱼、橄榄油一起捣碎，制作成普罗旺斯风味安乔阿德酱配蔬菜沙拉一起食用。

⊕ **鹰嘴豆** 在制作鹰嘴豆泥时，在研钵或搅拌机中加入烤过或者生的大蒜。

混合着试试看

使用并调整这些以大蒜为特色的经典混合香料食谱。

● 尼特基比黄油，详见第32页
● 姆邦戈混合香料，详见第35页
● 酸甜汁，详见第50页
● 七味粉，详见第57页
● 烧烤涂抹香料，详见第68页

苦味的大蒜芽

当大蒜瓣发芽时，它们会变得更苦。表明大蒜已经开始储备自卫性的苦味物质，如酚类和硫化物。在加热烹调之前把绿芽切掉，可以减少苦味。

绿芽中含有苦味的化合物

释放出风味

碎裂开的大蒜会释放出化学物质，这些化学物质会发生反应，产生出大蒜素，我们最容易联想到"大蒜味"的辛辣化合物。蒜末、蒜蓉和蒜泥产生出的大蒜素的量会逐步增多。

180℃以下

大蒜捣碎或切碎后要**放置60秒钟**，这样大蒜素的水平就会达到峰值。

未碎裂的大蒜不含有大蒜素。要获取温和、香甜的风味可以加热烹调整个的蒜瓣。

植物油能将大蒜中最强的风味化合物扩散开，而黄油则能使其味道更加柔和。

要避免在超过180℃的温度加热烹调大蒜，以免产生苦味。

阿魏（ASAFOETIDA）

硫黄风味 | 洋葱风味 | 似大蒜般的风味

植物学名称
Ferula assa-foetida

别名
撒旦之粪，臭口香糖，哈尔

主要风味化合物
硫化物

可使用部位
主根：由凝结的树液产生的树脂

栽种方式
在春天，茎基被剪掉，以露出主根的顶部位置，每隔几天，主根的汁液就会被"挤出"。

商业化制备
树液干燥后形成一种深色的树脂，其中大部分被研磨成粉末状，并与米粉和阿拉伯树胶混合。

烹饪之外的用途
在传统医学中用于缓解肠胃胀气和治疗肺部疾病。

阿魏香料的故事

公元前4世纪，亚历山大大帝的士兵在波斯发现了阿魏，他们把它误认为是串叶松香草，这是一种广泛使用的古代香料，来自一种相类似的现已灭绝了的植物。他们把它带到亚洲和地中海地区，在那里它非常受欢迎，希腊人和罗马人用它来代替串叶松香草。阿魏作为一种调味品和有益健康的特性而备受赞誉，在公元1世纪的罗马烹饪书籍《阿比修斯》中就引用了很多食谱。罗马帝国灭亡后，阿魏再也没有在欧洲流行起来，但经过几个世纪之后，在《巴格达烹饪书》（1226年）中再次记录了它的使用方式。据报道，16世纪莫卧儿人将这种香料带到印度，成为整个印度次大陆素食和阿育吠陀美食中不可或缺的一种元素。

植物
阿魏是由胡萝卜科阿魏属中的几种巨型茴香类植物衍生而来。这种植物散发出明显的臭味。

叶片和茎秆可以食用，在伊朗，人们偶尔会把它们当作蔬菜来食用。

巨大的，胡萝卜状的根系直径可达15厘米。

阿魏粉
商业化生产的阿魏粉会混合米粉，既可以防止富含淀粉的香料结块，并在使用香料的时候，能够对风味进行更好的控制。

整块的阿魏
这是其最纯净的形式，阿魏可以购买到小块状的干燥树脂，可以研磨碎或者与水或蒸汽一起使用，以析出风味。

纯净的树脂块易碎，被称之为"眼泪"。

阿魏的栽种区域
阿魏原产于亚洲中部的山区，从土耳其、伊朗以及阿富汗到克什米尔。它主要在阿富汗种植，但在伊朗、巴基斯坦和克什米尔也有种植。世界上大部分阿魏是由印度进口的。

在厨房内创造性地使用香料

当阿魏在油脂中加热时，它会产生一种类似于煎炒洋葱和大蒜的味道。因为在肉类中也发现了同样的含硫化合物（硫化物），阿魏也能给素食烹饪带来类似肉类般的醇厚风味。

香料调配使用科学

阿魏所带有的风味油主要由硫化物组成，硫化物提供了其煎炒洋葱的味道，使其非常适合与类似口味的香料搭配使用，如大蒜。辅助性的风味化合物会带来更加细腻的风味，对更多的使用搭配起到了一定的帮助作用。

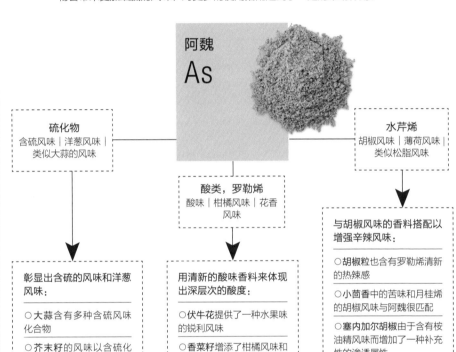

阿魏
As

硫化物
含硫风味｜洋葱风味｜类似大蒜的风味

水芹烯
胡椒风味｜薄荷风味｜类似松脂风味

酸类，罗勒烯
酸味｜柑橘风味｜花香风味

彰显出含硫的风味和洋葱风味：
○大蒜含有多种含硫风味化合物
○芥末籽的风味以含硫化合物为主
○黑种草有着类似于洋葱的味道

用清新的酸味香料来体现出深层次的酸度：
○伏牛花提供了一种水果味的锐利风味
○香菜籽增添了柑橘风味和花香风味的气息

与胡椒风味的香料搭配以增强辛辣风味：
○胡椒粒也含有罗勒烯清新的热辣感
○小茴香中的苦味和月桂烯的胡椒风味与阿魏很匹配
○塞内加尔胡椒由于含有桉油精风味而增加了一种补充性的渗透属性

与食物的搭配

⊕ **豆类和干豆类**　在酥油中将阿魏与其他温热型香料一起煎炒，用来制作蒙恩扁豆汤。

⊕ **鸡肉和羊肉**　将阿魏添加到用于烤或者烧烤鸡肉或羊肉的酸奶腌泡汁中。

⊕ **鱼**　在铁扒之前，将阿魏撒到鱼肉串上。

⊕ **蔬菜类**　将少许阿魏粉加入到炖洋葱汤中，让洋葱汤的风味变得醇厚；在制作菜花、蘑菇或者咖喱土豆的时候，在冷却的油里撒入一点阿魏粉。

⊕ **腌制食品**　在制作菠萝、番茄或者芒果泡菜或者酸辣酱的时候加入少许的阿魏。

混合着试试看

试试这些以阿魏为特色的经典的混合香料食谱，并且尝试运用一些香料调配科学来调整它们。
●恰特马萨拉，详见第42页
●甘炮达，详见第45页

控制风味的强度

阿魏中强力的油基性硫化物在水中溶解得非常缓慢，当使用整块树脂时，可以利用这一情况来控制风味的强度。

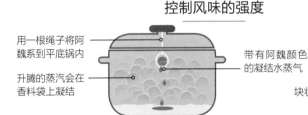

用一根绳子将阿魏系到平底锅内

升腾的蒸汽会在香料袋上凝结

带有阿魏颜色的凝结水蒸气

将一块阿魏放入到一个香料袋里，把它绑在锅盖的里面。带有阿魏颜色的凝结水蒸气就会滴落到锅内加热的液体里。

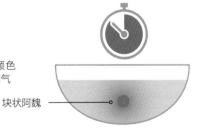

块状阿魏

将阿魏香料块放入到水中浸渍几个小时，使其变成比生香料更加温和的香料水。

咖喱叶（CURRY LEAF）

肉质风味 | 温热口感 | 花香风味

植物学名称
Murraya koenigii

别名
卡拉平查，米莎尼姆，卡里帕塔，不要和
不能食用的"咖喱草"相混淆

主要风味化合物
苯乙硫醇

可使用部位
叶片（更准确地说是小叶）

栽种方式
这些叶片是在初夏时节，在开花之前，从
至少生长了三年的树上采摘下来的。

商业化制备
新鲜的叶片连同它们的茎被真空包装好，
经过冷藏或者冷冻，或者洗净后经过4~5
天的风干。

烹饪之外的用途
用于化妆品中，并在传统医药中用作助消
化药。

咖喱叶香料的故事

咖喱叶在印度南部、斯里兰卡和马来西亚的美食中有着特殊的地位。当印度西北部的德拉维人在公元前1000年左右南迁时，他们带来了大米、芥末籽和豆类植物种植在他们的新家园里，并将它们与当地的咖喱叶结合到一起使用。在公元1世纪早期泰米尔文献中就有将咖喱叶作为蔬菜调味料使用的记载。咖喱叶的植物学名字为*Murraya koenigii*，指的是18世纪的两位植物学家，约翰·安德里亚斯·默里和约翰·格哈德·科尼格，而不是为了颂扬这种植物"高贵的"芳香品质。它作为一种装饰性植物和厨房花园植物在印度南部地区被大量栽培。

植物
咖喱叶来自于柑橘科中的一种热带落叶树木。

黑色的浆果生长
在树枝的顶端。

叶片被分开成对
的小叶。

小叶呈深绿色，富有光泽，芳香浓郁。

干的咖喱叶
虽然有些食谱上提到，如果加入双倍的量，可以使用干的咖喱叶代替新鲜的叶片，但它们真的没什么味道，最好避免使用。

新鲜的咖喱叶
最好买新鲜的叶片，带着茎。把咖喱叶放在一个密封的袋子里，在冰箱里可以冷藏一个星期，或者差不多可以无限期地冷冻保存。

叶片应该是鲜绿色，没有黑色的斑点。

咖喱树的栽种区域
原产于喜马拉雅山脉的丘陵地带，但在数千年的时间里咖喱树的栽培逐渐遍布印度、斯里兰卡、孟加拉国和缅甸。它主要在印度南部种植，但也遍及东南亚、澳大利亚北部和中东地区。

在厨房内创造性地使用香料 }

新鲜时采摘，咖喱叶有一种温和的柑橘香味，当被揉搓或用刀切开时，会迸发出麝香风味、花香风味——与咖喱粉根本不同！风味非常细腻，所以咖喱叶可以大量地使用。

香料调配使用科学

含硫化合物1-苯乙硫醇主导着其风味，其传递出了肉质的味道，风信子的香气以及硫黄的刺激风味。少量的萜烯中包括了芳樟醇、松香蒎烯、渗透性的桉油精和胡椒味的月桂烯。"绿色"的己醛和柠檬烯提供了柑橘风味，尤其是在新鲜的叶片中。

咖喱叶
Cy

苯乙硫醇
含硫风味 | 肉质风味 | 花香风味

蒎烯
松木般的风味 | 木质风味 | 香草风味

芳樟醇
花香风味 | 柑橘风味 | 蔷薇木风味

桉油精
渗透性 | 桉树风味

与辛辣风味或含硫风味香料混合使用：

○ 阿魏添加了补充性的肉质风味，大蒜滋味

○ 大蒜提供了热量、含硫风味和一些甜味

○ 芥末带来了硫化物中的热量，并共享了细腻的松木风味

○ 辣椒带来热量和清新的水果味

与含有蒎烯化合物的香料搭配使用，以增强木质芳香风味：

○ 豆蔻有一股潜在的蒎烯风味，给人一种苦中带甜的舒适感

○ 黑胡椒具有强力的热辣味和以蒎烯为支撑的香气

与其他含有芳樟醇的香料搭配突出花香风味：

○ 香菜籽花香风味浓郁，有松木般的芳香和柑橘味

○ 柠檬草带有来自芳樟醇和橙花醇的花香；其木质风味的月桂烯也对蒎烯形成了补充

与其他具有渗透性的香料搭配使用：

○ 摩洛哥豆蔻中含有圆润的胡椒风味，并且具有与桉油精风味兼容的持久不散的品质

○ 小豆蔻中具有桉油精的品质

○ 黑小豆蔻增加了烟熏风味的层次感

○ 香叶有一种香草的香气，苦味和渗透性的味道

与食物的搭配

⊕ **茄子和秋葵** 先煎炒新鲜的咖喱叶与芥末籽、小茴香以及姜，然后加入茄子或者秋葵和椰奶，加热至成熟，成为一道简单的蔬菜配菜。

⊕ **羊肉** 在慢炖之前，在蒜味酸奶腌泡汁中加入新鲜的咖喱叶用来腌制羊肉。

⊕ **海鲜** 将咖喱叶拌入到番茄大虾或者蟹肉咖喱中；用咖喱叶代替欧洲风味香料用于制作白葡萄酒风味贻贝。

⊕ **鸡蛋类** 用油或酥油煎炸新鲜的咖喱叶，并将其浇淋到炒鸡蛋上。

⊕ **干豆类** 将新鲜的咖喱叶在酥油或者黄油中与芥菜籽一起翻炒，然后拌入到红扁豆汤中。

⊕ **烘焙食品** 在烘焙之前，将切碎的咖喱叶加入到面饼面团中。

混合着试试看

使用并调整这道经典的以咖喱叶为特色的印度南部风味混合香料。

● **甘炮达**，详见第45页

释放出风味

新鲜的咖喱叶最好从茎上摘下来，在加入到热油里之前轻轻揉搓几下。如果使用干燥的咖喱叶，它们可以被研磨成粉状，以从这种没有多少芳香风味形式的干咖喱叶中增强风味。

立即用油或酥油加热烹调，以确保所有的含有丰富咖喱叶风味的油都能逸出来。

对于慢火加热的菜肴，在煎过之后把叶片从茎上摘下来，稍后再加入到菜肴中，以确保较淡雅的花香没有完全挥发掉。

对于快速加热烹调的菜肴，将叶片切成细条或者将其粉碎，以确保味道更快地散发出来。

芥末（MUSTARD）

辛辣风味 | 土质风味 | 风味锐利

植物学名称
Brassica alba（白色），*B. juncea*（褐色），
B. nigra（黑色）

别名
印度芥末（褐色）

主要风味化合物
异硫氰酸酯

可使用部位
籽，叶片也可以食用，生食或者熟食

栽种方式
绿色的籽状果实（"豆荚"）在播种后约4个月就可以收获，当完全长成但还没有全部成熟时，它们不会裂开。

商业化制备
将果实成捆地堆放，大约晾干10天的时间，然后脱粒取籽并进行分级。研磨用的籽会被脱去它们那苦涩的，像纸一样的种皮。

烹饪之外的用途
芥末油用于局部敷用治疗肌肉疼痛和关节炎。

芥末香料的故事

从中国到欧洲的史前遗址中都发现了芥末籽。芥末作为调味品使用的最早记录可以追溯到古希腊和古罗马人，他们咀嚼整粒的芥末籽，研磨成粉后撒到食物上，或者把它们浸泡在葡萄酒里。到了中世纪，白芥末通过阿拉伯贸易路线进入印度和中国，而棕色芥末则从印度本土经由陆路辗转进入欧洲。运送这种粉末的方法之一是将其与面粉和其他香料混合，然后用蜂蜜、葡萄酒或醋将其制成球状。芥末（Mustard）这个词被认为是来自拉丁语Mustum，这个词的意思是指用新酿造的葡萄酒与研磨成粉状的芥末籽混合成的糊状物。

植物
芥菜是卷心菜科中一种生长迅速的一年生植物。它可以长到60厘米高。

黄色的花朵变成绿色的籽状果实。

每一个果实中含有大约6粒籽。

整粒的芥末籽
白色的芥末籽呈浅棕色，而不是白色。棕色和黑色的芥末籽比较小。

芥末粉
黄芥末粉通常由白色和棕色的芥末籽混合制作而成。一旦被润湿，风味在10分钟之内就会形成，但是如果不加醋的话，在一个小时左右就会失去它的效力。

芥末的栽种区域
白芥末可能原产于地中海地区。它在欧洲大部分温带地区都有种植，在北美地区，主要是在加拿大种植。棕色芥末可能原产于喜马拉雅山麓，在印度各地都有种植。

在厨房内创造性地使用香料 }

白色芥末籽味道温和，用于腌制和制作美国风味黄色芥末。棕色芥末籽更辣一些，通常是印度菜的特色风味。黑色芥末籽有宜人的芳香，但并不常见。

香料调配使用科学

芥末的热量是由含硫异硫氰酸酯所产生的，异硫氰酸酯与其他刺激性化合物不同，它在体温下挥发，具有一种充满鼻腔的刺激风味。复杂的风味系列中还包括松木风味般的蒎烯，研磨的咖啡风味般的呋喃甲硫醇，麦芽香味般的桃红色3-甲基丁醛和爆米花风味般的2-乙酰-1-吡咯啉。坚果风味，烘烤过的吡嗪风味是通过烘烤芥末籽而产生的。

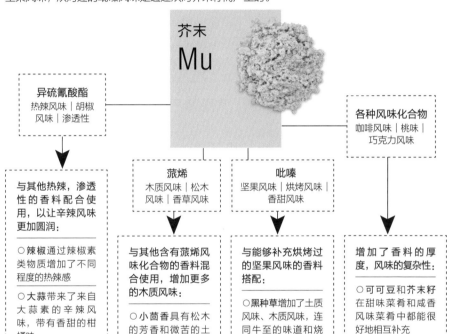

芥末
Mu

异硫氰酸酯
热辣风味 | 胡椒风味 | 渗透性

各种风味化合物
咖啡风味 | 桃味 | 巧克力风味

蒎烯
木质风味 | 松木风味 | 香草风味

吡嗪
坚果风味 | 烘烤风味 | 香甜风味

与其他热辣，渗透性的香料配合使用，以让辛辣风味更加圆润：

○辣椒通过辣椒素类物质增加了不同程度的热辣感

○大蒜带来了来自大蒜素的辛辣风味，带有香甜的柑橘味

○姜散发出刺激性的辛辣味道，增加了土质风味和花香的柑橘风味

○黑胡椒带来了木质风味的温热感

与其他含有蒎烯风味化合物的香料混合使用，增加更多的木质风味：

○小茴香具有松木的芳香和微苦的土质风味，并带有一些胡椒的香气

○香叶给混合风味带来了清新的，些许的药用草本植物的风味

与能够补充烘烤过的坚果风味的香料搭配：

○黑种草增加了土质风味、木质风味，连同牛至的味道和烧焦的洋葱味道

○芝麻在烘烤过后有助于融于坚果的风味

增加了香料的厚度，风味的复杂性：

○可可豆和芥末籽在甜味菜肴和咸香风味菜肴中都能很好地相互补充

释放出风味

整粒的芥末籽味道比较清淡：这种香辣的异硫氰酸酯只有在一种称作芥子酶的防御性的酶从受损的细胞中释放出来，作用于特定的分子时才会形成——在白芥末中形成的白芥子硫苷，在黑色芥末和棕色芥末中形成的黑芥子苷。然而，芥子酶只有在有水存在时才会起作用。

在使用之前，通过干烘芥末籽，产生出丰富多样的坚果风味和烘烤过的吡嗪风味化合物。

通过碾碎或者加热烹调芥末籽使得芥菜籽破损，以释放出芥子酶。

在加热烹调之前，将碎裂开的芥末籽在水里浸泡几分钟，让芥子酶发挥作用，从而最大限度地获得其风味和热量。

与食物的搭配

⊕ **防风草**　在烤奶油防风草中加入一勺英式芥末籽酱。

⊕ **扁豆**　将英式芥末粉和糖蜜混合，然后可以加入到扁豆煲中。

⊕ **兔肉**　将一勺芥末加入到龙蒿炖兔肉中。

⊕ **鱼类**　在酥油中加入棕色芥菜籽和其他温热型香料煎炒，加入番茄和洋葱，制作成一种佐餐炸鱼或蒸鱼所用的少司。

⊕ **奶酪**　在酥皮条上撒上芥末籽和磨碎的浓味奶酪，做成奶酪棒。

混合着试试看

试试这些以芥末为特色的经典的混合香料食谱，或者尝试运用一些香料调配科学来调整它们。

● 潘奇佛兰，详见第43页
● 文达路咖喱酱，详见第44页

摩洛哥豆蔻
(GRAINS OF PARADISE)

胡椒风味 | 辛辣风味 | 水果–花香风味

植物学名称
Aframomum melegueta

别名
几内亚胡椒，非洲豆蔻，奥斯梅

主要风味化合物
姜酮酚

可使用部位
籽

栽种方式
在果实由绿色变为红色时，籽荚（果实）被收获下来。

商业化制备
籽荚通常在阳光下晒干。然后打开豆荚，取出籽来进一步干燥。

烹饪之外的用途
缓解肠胃胀气，清新口气，并作为一种兴奋剂使用。杰拉德的植物志中写道，摩洛哥豆蔻可以"消除身体内的感染"。

摩洛哥豆蔻香料的故事

摩洛哥豆蔻源于西非。这种香料最初是由阿拉伯人、柏柏尔人或犹太商人通过穿越撒哈拉沙漠的商队贸易路线带到欧洲的。在欧洲，它在14世纪和15世纪时达到了时尚的顶峰，当时商人们为了增加销量，给它起了一个天赐的绰号。它被当作黑胡椒的较便宜的替代品，用来给葡萄酒、啤酒调味，也被用作食物的调味品。这种香料的生产是如此的重要，以至于它生长的西非地区被称为谷物（或胡椒）海岸。到了19世纪，这种香料在西方烹饪中的受欢迎程度有所下降，但在它的故乡西非，它仍然是仪式上和食物中的重要香料；在尼日利亚的约鲁巴文化中，它被用作祭祀神灵。

植物
这种芦苇状的，多年生草本植物是姜科中的一个成员。它能长到1.5米的高度。

果实呈无花果形，含有60~100粒的籽。

果实里面籽的大小与小豆蔻籽相类似。

微小的籽的里面呈乳白色。

整粒的摩洛哥豆蔻籽
整粒的籽是红褐色，呈金字塔形。

摩洛哥豆蔻粉
研磨成粉状的摩洛哥豆蔻颜色呈浅灰色。

摩洛哥豆蔻的栽种区域
摩洛哥豆蔻原产于西非沿海地区，它们生长在森林的边缘地带。加纳是这种香料的主要生产国。

在厨房内创造性地使用香料

这种香料，带有着热量和芳香的草本植物的味道，在北非和西非，经常用于炖肉类和汤类菜肴所使用的混合调味料中。它可以用来代替黑胡椒粒或者与黑胡椒粒混合使用——在胡椒研磨机里加入几粒试试。

香料调配使用科学

摩洛哥豆蔻中缓慢释放出的热量主要来自辛辣的化合物姜酮酚，以及来自较少含量的姜辣素，姜辣素让姜产生了热量。苦味来自一种称作葎草酮的酸，芳香风味来自萜烯分子石竹烯。

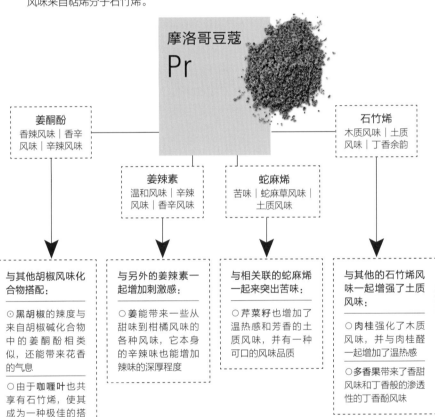

摩洛哥豆蔻
Pr

姜酮酚
香辣风味 | 香辛风味 | 辛辣风味

姜辣素
温和风味 | 辛辣风味 | 香辛风味

蛇麻烯
苦味 | 蛇麻草风味 | 土质风味

石竹烯
木质风味 | 土质风味 | 丁香余韵

与其他胡椒风味化合物搭配：

⊙ 黑胡椒的辣度与来自胡椒碱化合物中的姜酮酚相类似，还能带来花香的气息

○ 由于咖喱叶也共享有石竹烯，使其成为一种极佳的搭配香料

与另外的姜辣素一起增加刺激感：

○ 姜能带来一些从甜味到柑橘风味的各种风味，它本身的辛辣味也能增加辣味的深厚程度

与相关联的蛇麻烯一起来突出苦味：

○ 芹菜籽也增加了温热感和芳香的土质风味，并有一种可口的风味品质

与其他的石竹烯风味一起增强了土质风味：

○ 肉桂强化了木质风味，并与肉桂醛一起增加了温热感

○ 多香果带来了香甜风味和丁香般的渗透性的丁香酚风味

释放出风味

在这些娇小的摩洛哥豆蔻籽里的风味化合物挥发得特别快，并且大部分在水中的溶解性很差。

油脂

酒

用油加热烹调是至关重要的——大部分的风味和辛辣性化合物在油和/或酒中溶解性都很好。

仅在使用之前才研磨摩洛哥豆蔻，并在加热烹调快要结束时加入到菜肴中，以尽量减少因为挥发而失去的风味。

混合着试试看

使用并调整这道以摩洛哥豆蔻为特色的经典的混合香料。
● 姆邦戈混合香料，详见第35页

胡椒的替代品

如果使用摩洛哥豆蔻来代替黑胡椒，加入的量要比使用黑胡椒多出2~3倍。

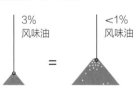

3% 风味油		<1% 风味油
黑胡椒	=	摩洛哥豆蔻

黑胡椒中所含有的风味油量是摩洛哥豆蔻的三倍以上。

与食物的搭配

⊕ **蔬菜类**　将研磨好的摩洛哥豆蔻粉撒到炖茄子和番茄上，在烤好的根类蔬菜上多撒上一些研磨碎的摩洛哥豆蔻。

⊕ **苹果**　将几粒摩洛哥豆蔻研磨碎，加入到糖煮苹果中，使其具有柑橘和香草的味道。

⊕ **米饭**　在制作西非辣椒炖鱼饭的汤汁中，加入大量研磨碎的摩洛哥豆蔻，这是一道西非风味菜肴。

⊕ **羊肉**　将摩洛哥豆蔻烘焙后研磨碎，在上桌之前，撒到摩洛哥风味炖羊肉上。

⊕ **油性鱼类**　在铁扒三文鱼排或者金枪鱼排之前，撒上摩洛哥豆蔻碎。

⊕ **饮料类**　将几粒摩洛哥豆蔻与其他香料，如柠檬皮等一起浸泡到温热的糖浆中。待糖浆冷却后用于杜松子酒或者伏特加鸡尾酒中。

香甜酥皮苹果馅饼
（SWEET AND SPICY APPLE PASTRY ROSETTES）

这款颇受欢迎的流行糕点是受到东非和西非香料茶的香甜和胡椒风味的启发。苹果的香甜风味中和了苏格兰帽辣椒所提供的绵绵的热辣风味。如果找寻不到苏格兰帽辣椒，可以用非洲或泰国的鸟眼辣椒来代替。

香料
使用创意

用另一种辛辣的香料来代替辣椒的热辣味：试试用黑胡椒来取得花香的木质风味，或者用花椒取得麻辣性的柑橘味。

通过加入其他甜味和温和型的香料，如多香果和豆蔻。去尝试一下香料茶的味道。

通过在杏酱中加入干辣椒碎，以代替新鲜的苏格兰帽辣椒，从而引入烘烤过的坚果味和烟熏味。

制作6个苹果馅饼
制备时间30分钟
加热烹调时间35~40分钟

3个红苹果，如帝国苹果、爵士苹果或者红粉佳人苹果
半个柠檬的柠檬汁
3汤勺杏酱
半个苏格兰帽辣椒，去籽切成薄片
1茶勺擦碎的鲜姜末
半茶勺肉桂粉
1/4茶勺丁香粉
1/4茶勺摩洛哥豆蔻粉
1/4茶勺小豆蔻籽粉
375克制作好的片状成品酥皮面团
黄油，涂抹用

1 将酥皮从冷冻冰箱或者冷藏冰箱内取出，让它解冻或恢复到室温，使其变得柔软。将烤箱预热至210℃。

2 将苹果切成两半并去掉果核。将每一半苹果分别切成3毫米厚，半月形的片。

3 将苹果片与柠檬汁一起放入到一个少司锅内，倒入水，加热烧开，然后用小火加热2~3分钟，直到苹果片刚好变得柔软到能够卷起来的程度。捞出并控干，放到一边让其冷却。或者，把苹果片放到微波炉专用碗里，加入柠檬汁和两汤勺的水。盖上保鲜膜，戳出一个可以让蒸汽逸出的孔。用高功率（900瓦）加热2~3分钟，直到苹果片变得柔软。

4 将杏酱与辣椒碎和香料一起放入到一个小号的少司锅中，用小火加热至融化开。

5 在撒有薄薄一层面粉的工作台面上，将酥皮面团擀开成为大约30厘米×36厘米的长方形。将酥皮面团纵长切割成6等份的条形。

6 将香料果酱分别涂抹到每一块酥皮条上。将苹果片沿着酥皮长条摆放到酥皮上，每一片都略微重叠一点，而苹果皮那一边比酥皮的顶部边缘略微高出一点。

7 将每条酥皮的底部边缘朝上折叠，使其与顶部边缘相齐。然后将酥皮条卷成玫瑰的形状，注意苹果片要保持在合适的位置不变。

8 在杯子蛋糕模具里涂上黄油，把玫瑰形酥皮苹果馅饼放到模具里，烘烤35~40分钟，直到香酥并呈金黄色。趁热食用。

黑胡椒（BLACK PEPPER）

热辣风味 | 香辛风味 | 柑橘风味

植物学名称
Piper nigrum

别名
胡椒粒

主要风味化合物
胡椒碱

可使用部位
干的浆果，称作"胡椒粒"

栽种方式
果实是从不同成熟阶段的藤蔓植物上采摘下来的。

商业化制备
部分成熟的浆果要么用开水焯过，然后让其变黑变干，制作成黑胡椒，要么更早一些进行采摘，并保存下来成为没有变成黑色的青胡椒。粉色胡椒是在完全成熟之后采摘下来的。

烹饪之外的用途
在传统医学中用作助消化剂。

黑胡椒香料的故事

黑胡椒原产于印度南部，其种植和交易已有3500多年的历史。在公元前4世纪，亚历山大大帝到达印度后，黑胡椒沿着新建的贸易路线被带到了欧洲。这种极具价值的香料很快在商业用途上变得重要起来，阿拉伯商人垄断了这种香料运往欧洲的运输渠道。到了中世纪，黑胡椒粒不仅成为一种烹饪身份的象征，而且还被当作货币接受。葡萄牙探险家瓦斯科·德·伽马出发去寻找并控制这种昂贵香料的来源，在1498年发现了一条通往印度西南部的海上航线。在接下来的一个世纪里，葡萄牙人控制了黑胡椒贸易。在17世纪，他们拱手交给了荷兰人而失去了对黑胡椒的垄断，在18世纪，当大英帝国控制了热带地区的香料贸易时，荷兰人又把对黑胡椒的垄断权输给了英国。

植物
胡椒粒来自一种热带多年生攀缘藤本植物，属胡椒科。

在栽培过程中，藤蔓被修剪到3~4米高。

浆果由生长在穗状花序上的淡绿色花朵发育而成的。

整粒的黑胡椒
黑胡椒粒是干燥的，其褐色、芳香的外层完好无损。青胡椒没有那么辣，有着更丰富的草本植物的风味。

整粒的白胡椒
白胡椒的外层经过细菌发酵作用而被剥离掉。让其更刺激，更少的芳香风味，并带有动物粪肥般的气息。

黑胡椒的栽种区域
黑胡椒原产于印度西南部的马拉巴尔海岸。现在主要在越南种植，但在印度、印度尼西亚、马来西亚和巴西也有种植。

在厨房内创造性地使用香料

黑胡椒产生出一种辛辣的热感，这种热感既没有味道也没有香味，而是一种类似于辣椒的热量所引起的疼痛感。这种香料在一种木质的芳香风味中含有花香、水果香味、柑橘风味的元素成分，并带有一些苦味。

香料调配使用科学

胡椒的温热特性是由一种称作胡椒碱的刺激性生物碱所产生的。这种香料中更加细腻的风味是由萜烯类风味化合物所带来的，包括木质风味的莎草薁酮，松香风味的蒎烯，柠檬风味的柠檬烯，香辛风味的月桂烯，花香风味的芳樟醇，以及水芹烯，其带有清新的青柠檬和绿色气息。

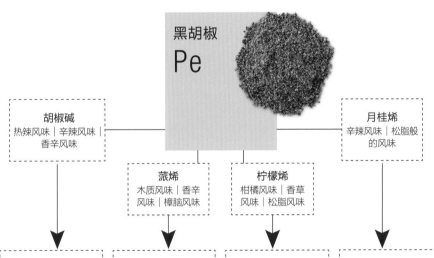

黑胡椒
Pe

胡椒碱
热辣风味｜辛辣风味｜香辛风味

月桂烯
辛辣风味｜松脂般的风味

蒎烯
木质风味｜香辛风味｜樟脑风味

柠檬烯
柑橘风味｜香草风味｜松脂风味

与其他辛辣风味类型的香料一起使用，创制出圆润而复合型的热辣感：

○ 取决于品种的不同，是否是新鲜的还是干燥的，**辣椒**提供了水果味、青草味或烘烤过的风味

○ **芥末籽**增加了苦味的温热感，如果经过烘烤，会带有坚果的味道

○ **花椒**不仅具有麻辣的特点和热辣的口感，而且还含有柑橘—花香的成分

○ **生姜**带来特有的热辣和额外香甜的柑橘风味

与其他蒎烯类芳香型香料一起突出了松柏科树木的气息：

○ **香叶**带来了花香—香草的芳香，渗透着桉树的味道，并带有淡淡的苦味

○ **黑小豆蔻**散发出肉香味和烟熏香味，丁香般的滋味和桉树味

○ **豆蔻**增加了甜味，麝香的香气和一股强烈的，木质的泥土味

与其他来源的柠檬烯或香料混合使用，以增强柑橘风味的成分：

○ **小豆蔻**是香甜的薄荷风味，有着渗透性

○ **柠檬桃金娘**带来了强烈的柠檬味和挥之不去的桉树风味

○ **姜黄粉**给人一种土质风味的温热感，并带有一丝姜的风味和来自柠檬醛的柑橘风味

○ **香菜籽**增加了花香风味和香辛的柑橘气息

含有月桂烯的香料使其成为绝佳的搭配，尤其是香甜风味的香料与粉红色胡椒粒的搭配：

○ **肉桂和大茴香**都有香甜温热的芳香风味，并且令人惊讶的是，它们都跻身于胡椒的最佳搭配香料之中

○ **多香果**带来了香甜风味和丁香般的滋味

○ **石榴籽**添加了酸果味，共享了月桂烯和柠檬烯风味

○ **杜松子**具有浓郁的松木般的风味以及水果风味和柑橘的余韵

与食物的搭配

⊕ **腌制的蔬菜类** 将整粒的黑胡椒粒或青胡椒粒加入到卤水中，用于腌制烘烤过的柿椒或者新鲜的黄瓜。

⊕ **水果** 将研磨碎的胡椒撒到桃子或瓜上，或者在用糖浸渍草莓时撒上一些研磨的黑胡椒粉。

⊕ **牛排** 用干的或腌制过的青胡椒替换黑胡椒，用于给胡椒牛排增添些水果风味。

⊕ **贝类海鲜** 在海蛤周达汤中或者白葡萄酒风味贻贝中加入白胡椒。

⊕ **冰淇淋** 将研磨好的黑胡椒加入到香草卡仕达酱中，然后经过搅拌制作成冰淇淋。

释放出风味

为了充分享受胡椒的复合风味，保留细腻的萜烯风味化合物是至关重要的，当暴露在空气中时，萜烯风味化合物会迅速分解并挥发。

在使用之前再研磨碎整粒的胡椒，以减少味道流失。

预先研磨碎的香料只适用于增加热量。

混合着试试看

使用并调整这些以黑胡椒为特色的经典的混合香料。

- **土耳其巴哈拉特**，详见第23页
- **恰特马萨拉**，详见第42页
- **南京风味香料袋**，详见第59页
- **四香粉**，详见第74页

花椒（SICHUAN PEPPER）

辛辣风味 | 柑橘风味 | 花香风味

植物学名称
Zanthoxylum simulans

别名
中国香菜，中国胡椒，山椒，花椒，发葛拉

主要风味化合物
花椒麻素

可使用部位
果皮（称为"花椒粒"），叶片

栽种方式
在秋天当浆果大小的果实变成红色并成熟时进行采摘。

商业化制备
果实在阳光下晒干，直到它们裂开，经过敲打以释放出苦味的籽，这些籽被丢弃不用，果实进行进一步的干燥处理。

烹饪之外的用途
在中药中用作促进消化的刺激材料。也用作利尿剂和治疗风湿病。

花椒香料的故事

长期以来花椒一直都是中国文化和烹饪的特色。据报道，早在2000多年前的汉朝，花椒就被掺入到灰泥中，用于砌成"花椒屋"中散发出香味的墙壁——皇帝的嫔妃们居住的房屋——使房间暖和，使空气芳香。时间追溯到相同的时期，在中国北方的陵墓中也发现了花椒。花椒被用来给高档的食物和酒调味；寒山，一位8世纪的中国诗人描述了"用花椒和盐调味的烤鸭"的场面奢侈的菜肴。它也是作为祭品献给神灵的食物中的关键材料。也许是因为这种植物结了很多果实和籽，所以它被当作生育能力的象征，如今，在中国的一些农村地区，这种香料仍然会被用来撒在新婚夫妇身上，就如同大米或者五彩纸屑一样。

植物
花椒来自柑橘科中的一种灌木或小树。

果实很小，呈铁锈红色。

在日本，叶子被用作柠檬风味的香料。

果实中的籽呈黑色并带有光泽。

籽略带有点苦味，但对人体无害，不需要被挑拣出来。

表面多刺，有少许的茎相连。

整粒的花椒
香料的风味来自果实干燥的外皮，而不是里面的黑籽。

花椒粉
可以购买到研磨好的成品花椒粉，但最好避免购买，因为花椒的风味很快就会流失。

花椒的栽种区域
花椒原产于中国四川地区。现在在中国各地、韩国、蒙古、尼泊尔和不丹都有种植。

在厨房内创造性地使用香料

花椒是中国烹饪中必不可少的一种原材料。它包含了中餐中五种主要风味中的两种，即辣（或辛辣）和苦（或麻），其他的风味是咸、甜和酸。

香料调配使用科学

花椒含有一组称作花椒麻素的化合物，它能刺激口腔和嘴唇的神经组织，使人感觉到麻木和刺痛。芳香风味是由芳樟醇、香叶醇、柠檬烯和松油醇等香味化合物组合而成的。其锐利的品质来自月桂烯和桉油精。

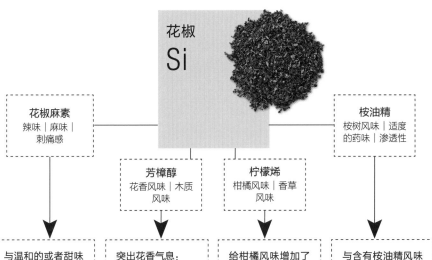

花椒
Si

花椒麻素
辣味｜麻味｜刺痛感

桉油精
桉树风味｜适度的药味｜渗透性

芳樟醇
花香风味｜木质风味

柠檬烯
柑橘风味｜香草风味

与温和的或者甜味风味化合物搭配来补充热量：
○八角中混合着的渗透性、木质风味和甜味的风味化合物，增加了风味的复杂性
○豆蔻中渗透性的丁香酚和莰烯风味包含着足够的使其与胡椒麻素相匹配的能力

突出花香气息：
○香菜籽中含有柠檬烯，还有芳樟醇和胡椒风味的月桂烯
○肉桂中含有芳樟醇，并增加了香辛的木质风味的石竹烯

给柑橘风味增加了复杂性：
○柠檬草中强力的柑橘风味和月桂烯风味化合物使它成为一种理想的配对香料

与含有桉油精风味的香料搭配来增强桉树的香味：
○香叶还添加了丁香风味般的丁香酚
○高良姜也增加了强力的樟脑气味
○小豆蔻搭配效果非常好，共有着芳樟醇和柠檬烯风味，以及桉油精的风味

花椒属植物的变种

花椒也有区域性的变异品种，树种来源略有不同。它们有着相同的核心风味特点，但会有明显不同的风味类型。

山椒
（Zanthoxylum piperatum）来自日本，是风味比较温和的品种，带着非常明显的柑橘风味。

铁木尔
（Zanthoxylum alatum）来自尼泊尔，有着非常明显的西柚风味。

安达利曼
（Zanthoxylum acanthopodium）来自印度尼西亚，有着青柠檬和柑橘的味道。

蒂法尔
（Zanthoxylum rhetsa）生长在印度沿海的热带雨林中，有弥久不散的苦涩味道。

与食物的搭配

⊕ **蔬菜类**　在炒四季豆、芦笋或卷心菜之前，先用油将花椒碎煸炒一下。在蔬菜上撒上烘烤过的研磨碎的花椒。

⊕ **柑橘类水果**　将烘烤过的研磨碎的花椒撒到酸血橙果子露或者柠檬沙冰上。

⊕ **猪肉，牛肉**　将花椒粒与姜、葱、八角、糖和酱油一起加入到炖猪五花肉或者牛尾中。

⊕ **鱿鱼**　在炸鱿鱼的面糊中加入花椒碎。

⊕ **面条**　将凉面、烤花生、葱、炒青菜和辣椒一起混合好，然后淋洒上花椒芝麻油。

释放出风味

花椒粒的厚皮会阻碍其风味的释放。干烘有助于其风味化合物的逸出。它们也可以用胡椒磨研磨并当作一种调味品使用。

干烘也会开发出坚果味的吡嗪化合物

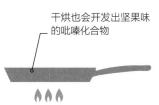

要避免过度的干烘，这可能导致柠檬烯分子的流失，并让强力的吡嗪掩盖住其细腻的风味。

混合着试试看

使用并调整这些经典的，以花椒为特色的混合香料。
● 蒂穆尔高切，详见第41页
● 七味粉，详见第57页

姜（GINGER）

辣味 | 柑橘风味 | 木质风味

植物学名称
Zingiber officinale

别名
根姜，广姜

主要风味化合物
姜辣素，姜烯酮，姜烯

可使用部位
根状茎（地下的肉质茎）

栽种方式
如果姜分别是以新鲜的，或者干燥之后出售的话，其根状茎在种植后的2~5个月或者8~10个月收获。

商业化制备
鲜姜：嫩的根状茎被清洗干净，有时会经过漂白，并干燥一两天。干姜：成熟的根块茎被去皮、干燥并研磨成粉。

烹饪之外的用途
用于香水和化妆品；在传统医学中用于治疗消化不良和恶心。

姜香料的故事

姜是最早运往欧洲的亚洲香料之一，大约在公元前4世纪，当时阿拉伯商人将干姜和腌制的姜运往古希腊和罗马。希腊人用它来治疗胃病，罗马人用它来制作少司和香料盐。到了公元9世纪，干姜在欧洲被视为一种日常使用的调味品。到中世纪时期，它被广泛地用于咸香风味和甜味食品的烹调中（尤其是姜饼），以及给啤酒和麦芽啤酒调味。到了13世纪，姜开始在东非和西非得到种植，到了16世纪，姜开始在牙买加得到种植，至今牙买加仍以生产优质姜而闻名。

植物
姜是一种热带根状茎的开花植物，与姜黄和小豆蔻同科。它可以生长到1米高。

姜粉
不要用干姜粉代替新鲜的姜使用，因为它有着不同的风味（见下一页，干热部分中的内容）。

花朵由锥形的浅黄色苞片簇构成。

姜芽是一连串紧密重叠的叶基。

鲜姜
要避免带有皱缩迹象的老的根状茎，这种情况意味着其肉质是纤维状的。

姜的栽种区域
姜原产于亚洲热带地区，可能是印度。如今，它主要在印度的马拉巴尔海岸种植（全球50%的鲜姜产自马拉巴尔海岸）和整个亚洲的热带和亚热带地区，但在非洲的部分地区、牙买加、墨西哥、北美和秘鲁也有种植。

在厨房内创造性地使用香料

姜具有一种香辣、柑橘和木香的味道。干姜比鲜姜风味更浓、更芳香，通常用于烘焙和混合香料中。鲜姜则广泛地应用于亚洲菜肴中。

香料调配使用科学

萜烯类化合物中的姜烯具有姜所特有的芳香风味，但由于其他风味化合物的丰富性，姜的味道变得更加复杂，包括香辣的姜辣素，以及花香的芳樟醇和香叶醇，香草风味的姜黄素，柠檬风味的柠檬醛和桉树风味的桉油精等。

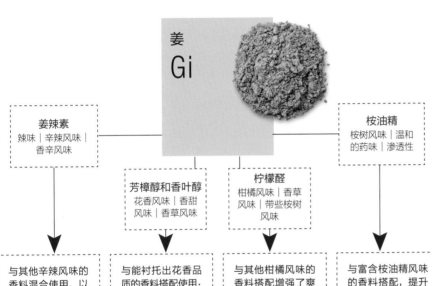

姜
Gi

姜辣素
辣味｜辛辣风味｜香辛风味

芳樟醇和香叶醇
花香风味｜香甜风味｜香草风味

柠檬醛
柑橘风味｜香草风味｜带些桉树风味

桉油精
桉树风味｜温和的药味｜渗透性

与其他辛辣风味的香料混合使用，以增加香辣的程度：

○ 辣椒通过辣椒素增加了不同程度的热感

○ 黑胡椒通过胡椒碱带来了一种木质风味的舒适感，以及一些柑橘风味

与能衬托出花香品质的香料搭配使用：

○ 肉桂共有着芳樟醇，带来香甜、温暖的品质

○ 豆蔻共享有香叶醇和桉油精而散发出舒适的香辛气息

○ 可可豆增加了强烈的苦中带甜的味道和烘烤的风味

与其他柑橘风味的香料搭配增强了爽口的风味：

○ 柠檬草共享了柠檬醛风味，并增加了温和的胡椒味

○ 柠檬桃金娘带来了强烈的柠檬味，共享着柠檬醛风味和弥久不散的桉树风味

○ 香菜籽和柠檬味很协调

与富含桉油精风味的香料搭配，提升具有渗透性的清新风味：

○ 香叶增添了一股弥久不散的丁香般的底蕴风味

○ 小豆蔻提供了香甜风味和一丝薄荷的香草味

与食物的搭配

⊕ **胡瓜和卷心菜胡萝卜沙拉** 将擦碎的鲜姜与亚洲风味的卷心菜胡萝卜沙拉混合好，或者将姜与洋葱一起炒，用于制作胡瓜汤的基础材料。

⊕ **芒果，梨，大黄** 搭配芒果用于制作奶油布丁，将姜片与梨和大黄一起煮。

⊕ **猪肉** 将鲜姜片加入到小火加热的猪肉菜肴中，以消除油腻感。

⊕ **鱼类** 在蒸鱼时，可使用姜丝配韭葱丝或者春葱丝。

⊕ **烘烤食品类** 可以尝试着将姜粉加入到胡萝卜蛋糕，柠檬蛋糕，以及椰子或者黑巧克力曲奇中。

混合着试试看

使用并调整这些经典的，以姜为特色的混合香料。

● 阿德维耶，详见第27页
● 雅吉，详见第36页
● 蒂格雷腌泡汁，详见第69页

干热

当鲜姜经过干燥后，其热的辛辣风味会增强，五分之一的风味分子会挥发掉。

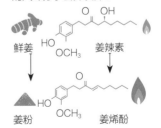

鲜姜　姜辣素
姜粉　姜烯酚

干燥的过程将姜辣素转化为姜烯酚，姜烯酚的热量是姜辣素的两倍。干的姜粉香料中含有的柑橘风味也较少。

释放出风味

使用之前再将鲜姜去皮，以保持其复杂的风味属性。高温会把姜辣素和姜烯酚分解成温和的姜酮，所以姜加热的时间越长，其香辛的辣味就越温和。

削去姜的外皮后，外层的细胞会爆裂开，让其芳香油得以挥发。

加热的过程会将生姜里的令人口腔发热的风味化合物转化为更加温和的姜酮。

辣椒（CHILLI）

辣味 | 辛辣风味 | 水果风味

植物学名称

Capsicum annuum, C. frutescens，以及其他的一些种类

别名

辣椒粉，红辣椒，辣椒，红番椒

主要风味化合物

辣椒素

可使用部分

果实（事实上是浆果）

栽种方式

青辣椒在种植后3个月左右未成熟时即可收获。干辣椒作为干的香料通常在变成红色并完全成熟时收获。

商业化制备

辣椒洗净后，经过晒干或烘干，腌制，或新鲜出售。

烹饪之外的用途

在乳膏和软膏中减少肌肉疼痛;在阿育吠陀医学中用来促进消化。

辣椒香料的故事

有证据表明早在公元前5000年南美洲就有人种植辣椒。据西班牙征服者赫尔南科尔特斯所说，古代阿兹特克人种植了大量辣椒，用于宗教仪式和加入到巧克力饮料中。哥伦布在公元15世纪末把新发现的香料带回了西班牙；他错误地把辣椒和胡椒联系在一起，因为它们都是辣的，所以这个名字一直沿用至今。葡萄牙商人将辣椒运往他们在果阿邦——印度的殖民地，以及亚洲和非洲的贸易站，在那里辣椒迅速地取代黑胡椒成为辣味香料的选择。1912年，药理学家威廉·斯科维尔发明了一种测量辣椒辣度的方法，后来被称为斯科维尔热指数，但现在，这种方法已经被更精确的实验室测量方法所取代。

植物

辣椒是由茄科中一年生或多年生植物所结的果实。大约有32个品种的辣椒被种植。

辣椒粉

研磨会使许多风味化合物挥发，而粉状辣椒最适合用来增加热量。

整个的干辣椒

辣椒在干燥的过程中会失去一些芳香型物质，但会产生新的化合物，从香甜的大茴香似的风味到坚果风味、木质风味和烘烤过的气息等。

未成熟的果实是绿色的；成熟的果实从黄色到几乎黑色不等。

鲜辣椒

鲜辣椒中的水果风味、柑橘风味、绿色风味和甜味往往很突出，这取决于辣椒的种类和成熟程度。

辣椒的栽种区域

辣椒原产于墨西哥和中美洲以及南美洲。干辣椒的生产集中在中国、南亚、东南亚大陆、埃及、埃塞俄比亚、土耳其和罗马尼亚。印度尼西亚、北非、西班牙、墨西哥，并且美国更以种植新鲜辣椒而闻名。

在厨房内创造性地使用香料 }

辣椒出现在世界各地无数的菜系中，它们的味道和热辣都被广泛使用，尤其是在墨西哥烹饪中。有些辣椒粉实际上是复合香料；"智利"粉和卡宴辣椒粉一般都是纯正的辣椒粉。

香料调配使用科学

辣椒素是一种热刺激性的物质，它能使口腔对更加细腻的味道变得麻木。这些细腻的风味最受温和型和/或新鲜辣椒的欢迎，它们是由丰富的水果酯，不太常见的十一烷醇，草醛和柑橘味柠檬烯等产生的。干辣椒和熏制辣椒会产生出新的风味化合物，尤其是土质风味、烘烤过的吡嗪味和坚果味、类似面包风味的糠醛味等。

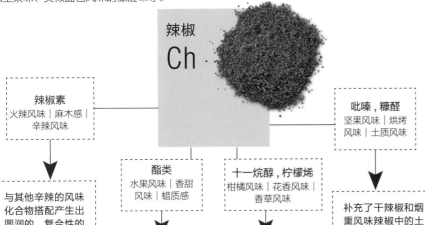

辣椒
Ch

辣椒素
火辣风味｜麻木感｜辛辣风味

吡嗪，糠醛
坚果风味｜烘烤风味｜土质风味

酯类
水果风味｜香甜风味｜蜡质感

十一烷醇，柠檬烯
柑橘风味｜花香风味｜香草风味

与其他辛辣的风味化合物搭配产生出圆润的，复合性的热辣风味：

○ 芥末籽增加了锐利的，渗透性的辛辣风味和苦味

○ 黑胡椒增加了木质风味，弥久不散的热量和柑橘的味道

○ 摩洛哥豆蔻在温热的胡椒风味之外带来一抹热带水果的气息

○ 花椒具有木香、柑橘香和花香的味道，能给人一种麻辣感

加强了温和型和新鲜辣椒中的水果味：

○ 肉桂增加了香甜的，渗透性的芳香风味和温热感

○ 多香果带来香甜的胡椒味

○ 小豆蔻具有渗透性的薄荷风味

○ 葛缕子增加了苦中带甜的风味，类似于大茴香般的柑橘风味

带出了温和型和新鲜辣椒中的柑橘风味和花香气息：

○ 香菜籽提供了浓郁的，花香的柑橘风味

○ 姜带来了香甜的柑橘风味和清新的辛辣风味

○ 柠檬草有着类似的柠檬醛和些许的胡椒味

○ 香旱芹籽提供了强烈的，香草风味的，似百里香般的风味

补充了干辣椒和烟熏风味辣椒中的土质风味，烘烤过的风味：

○ 可可豆添加了烘烤风味，坚果风味，加上花香和柑橘味

○ 小茴香增加了些许苦涩的土质风味

○ 芝麻拥有糠醛，在烘烤时会带来舒适的坚果风味

○ 姜黄粉增加了麝香风味，土质风味和一抹姜的气息

与食物的搭配

⊕ **热带水果**　在切成片状的热带水果上撒上一点辣椒粉。

⊕ **番茄**　在西班牙番茄冷汤上撒上烟熏辣椒碎。

⊕ **白鱼类**　浸湿干辣椒，然后把它们加入到樱桃番茄沙司中，配铁扒或者炸白鱼食用。

⊕ **鸡肉，豆腐**　将干红辣椒与花椒混合用来香炒鸡肉，或者香炒豆腐。

⊕ **巧克力**　将少量的辣椒粉加入到黑巧克力甜点中，或加入挞、曲奇、甘纳许中。

混合着试试看

试试这些以辣椒为特色的混合香料，并运用香料调配科学来调整它们。

- 哈里萨辣椒酱，详见第33页
- 雅吉，详见第36页
- 蒂穆尔高切，详见第41页
- 文达路咖喱酱，详见第44页
- 甘炮达，详见第45页
- 七味粉，详见第57页
- 香辣豆瓣酱，详见第61页
- 摩尔混合香料，详见第65页
- 烧烤涂抹香料，详见第68页
- 阿拉比亚塔少司，详见第76页

控制辣椒的辣度

不要低估了辣椒的辣度：要小心加入！一道菜肴中较少的油脂会抑制辣椒的辣度，因为辣椒素溶于油中，不过一些相关的辣椒素可以溶于水。

干辣椒比等量的新鲜辣椒有更多的辣度：干辣椒中辣椒素的浓度大约是新鲜辣椒的两倍。

辣椒籽

辣椒筋脉

取出辣椒里面的白色筋脉（或胎座）以降低辣度。"去掉辣椒籽"只有在加工过程中去除掉筋脉才有效果。

辣椒（CHILLI）
辣椒的种类

辣椒有多种形状、大小和颜色。一般说来，个头越小越成熟的辣椒，就越辣。墨西哥对于他们许多品种的辣椒，在不同的使用方法上独树一帜。墨西哥干辣椒应该是带有柔韧性的，而不是一掰就断的。擦拭干净后，去掉茎和无味的籽，经过干烘，然后在使用之前先浸泡。

新鲜辣椒

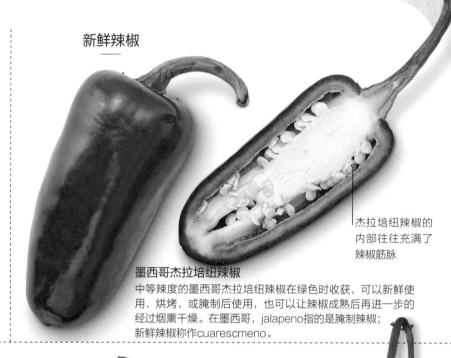

杰拉培纽辣椒的内部往往充满了辣椒筋脉

墨西哥杰拉培纽辣椒
中等辣度的墨西哥杰拉培纽辣椒在绿色时收获，可以新鲜使用、烘烤，或腌制后使用，也可以让辣椒成熟后再进一步的经过烟熏干燥。在墨西哥，jalapeno指的是腌制辣椒；新鲜辣椒称作cuarescmeno。

干的红辣椒

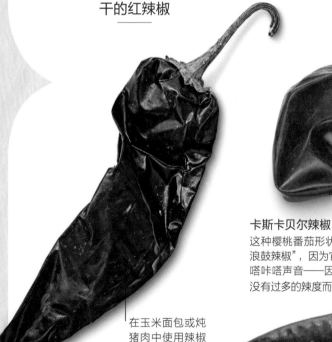

墨西哥波布兰诺干辣椒

带有一种烟熏风味，坚果味道的中等辣度的品种

在玉米面包或炖猪肉中使用辣椒碎或者辣椒粉

卡斯卡贝尔辣椒
这种樱桃番茄形状的墨西哥辣椒昵称为"拨浪鼓辣椒"，因为它的种子在摇动时会发出咔嗒咔嗒声音——因为它的热带风情的甜味而没有过多的辣度而著称。

安祖辣椒
一种甜的、果味、温和的干辣椒，带有一丝烟草的味道，可以浸泡和酿馅，也可以加到摩尔少司中。与墨西哥卷饼里的猪肉丝很匹配。

瓜基洛辣椒
这是晒干后的深色米拉索尔辣椒。它的烟熏甜味——只需要加上一点点——就能让经典的墨西哥玉米粉蒸肉、墨西哥辣肉馅玉米卷和莎莎酱充满活力。

克什米尔辣椒
干的克什米尔辣椒呈迷人的深红色，与许多印度辣椒不同的是，它只有温和的香辛风味。它是克什米尔波亚尼炖饭的重要组成部分。

阿尔柏利辣椒
这种细长、晒干的辣椒被广泛应用于墨西哥菜中，增添了鲜艳的、火辣的烟熏味。放入油中煎炒，并剁碎，或碾压碎，当作辣椒碎使用。

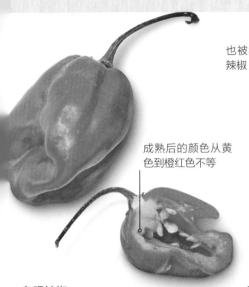

成熟后的颜色从黄色到橙红色不等

鸟眼辣椒
无论是新鲜的还是干燥的，这种辛辣的辣椒在亚洲烹饪中随处可见，尤其是在东南亚的汤、沙拉、参巴酱和中式炒菜中。

也被称为泰国辣椒

苏格兰帽红辣椒
与哈瓦那有关，苏格兰帽也非常辣，它在圭亚那被称为火球，有一种深沉的水果味。它是加勒比海地区最受欢迎的辣椒。

辣椒粉

烟熏味杰珀特利辣椒粉
杰珀特利是成熟的杰拉皮诺干辣椒烟熏后的名字。除了烟熏味之外，它们还有巧克力般的甜味。使用辣椒粉用于快速增加强烈的风味，或者在慢炖的菜肴中使用整个的辣椒。

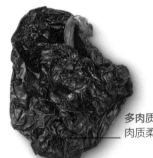

多肉质地，肉质柔韧

哈瓦那辣椒
亮橙色中带有强烈的水果香味，哈瓦那辣椒是墨西哥尤卡坦半岛慢火加热的猪肉菜肴皮博里烤肉的重要组成部分。

类似于迷你柿椒，但却是最辣的辣椒之一

穆拉托辣椒
与安祖辣椒关系密切的穆拉托辣椒烟熏味道更浓。经过去籽、烘烤、浸泡并研磨成糊状，它增加了浓郁的成熟的水果的味道和深沉的颜色。

卡宴辣椒粉
卡宴辣椒粉中纯正、锐利的热辣通常都以干制并研磨成粉状为特色。它是印度和南美美食中的一种重要原材料。

也称为"小葡萄干"

用于非洲菜中给肉类菜肴增加香味

皮里皮里辣椒
娇小的皮里皮里辣椒（也被称为非洲鸟眼辣椒）比真正的鸟眼辣椒更加温和，但仍然非常辣。这是葡萄牙少司皮里皮里莫尔霍的主要原料。

巴西拉辣椒
这种墨西哥常用的香料是中辣的，有着一种复杂的，类似于甘草的甜味。适合于甜食中使用，如巧克力蛋糕。

埃斯佩莱特辣椒粉
一种受法律保护的品种，只在法国埃斯佩莱特公社种植，其具有柑橘味和中等程度的热辣感。在巴斯克菜肴中用于腌制肉类，番茄辣椒炒蛋，以及炖鱼等菜肴。

藏红花（SAFFRON）

青草风味 | 苦味 | 蜂蜜风味

植物学名称
Crocus sativuss

别名
红金

主要风味化合物
藏红花苦苷

可使用部位
花柱头（雌花花粉覆盖的生殖部分）

栽种方式
在深秋时节的两周之内收获。花朵是在黎明前，在它白天盛开之前，用手工采摘下来的。

商业化制备
柱头摆放在筛子上，干燥之后，将其放入到密封容器内。

烹饪之外的用途
用于化妆品着色剂和织物染色；在阿育吠陀医学中用于镇静剂和治疗咳嗽和哮喘。

每朵花都有三个红色柱头和三个黄色雄蕊（花的雄性性器官）。

找寻颜色鲜艳的红丝状的藏红花，暗淡的红棕色或者颜色变浅的柱头有可能表明是陈年的藏红花。

丝状的藏红花非常容易吸收空气中的水分，所以要储存在一个密封的容器内保持干燥。

每个球茎最多可开出5朵淡紫色的花朵。

植物
藏红花是鸢尾科中多年生球根状番红花属植物，可以生长到大约15厘米高，在秋季开花。六瓣的花从球茎（膨胀的茎基部）中生长出来。

整缕的藏红花
使用超过6000多朵花，经过12个多小时的人工制作，产量仅为30克，所以如果藏红花很便宜，那就值得怀疑了。仿藏红花通常没有气味，可能尝起来是甜的，而不是苦的。预先研磨好的藏红花粉很容易掺假，最好避免购买。

藏红花香料的故事

藏红花自青铜器时代早期就开始栽培，数千年来一直受到人们的珍视。据说埃及艳后克利奥帕特拉曾在充满藏红花芳香的马奶中沐浴。

中国的佛教僧侣常用它来给他们的长袍上色，它被希腊、罗马和印度皇帝当作食物和药品来尊崇。随着中世纪贸易路线的开通，阿拉伯人把它带到西班牙，十字军战士把它带到法国和英国。英国在中世纪种植了藏红花，埃塞克斯郡的藏红花瓦尔登湖就是以生长在那里的藏红花命名的。由于藏红花的贵重程度，藏红花自上市以来就一直被掺假，即使在今天，仿造（姜黄、金盏花花瓣和红花)仍然很盛行。克什米尔藏红花尤其珍贵，西班牙拉曼恰产的藏红花也是如此，它们已获欧盟指定原产地保护（PDO）地位。藏红花的现代名字源于阿拉伯语中的黄色：Asfar。

藏红花的栽种区域
藏红花原产于地中海的部分地区，最初在希腊种植，现在主要在伊朗种植，伊朗占世界藏红花产量的90%，在克什米尔、西班牙、希腊、阿富汗和摩洛哥也有种植。

在厨房内创造性地使用香料

舒适的麝香风味，带有独特的干草风味和淡淡的金属气味，藏红花的风味部分来自香料中独特的化合物。如果处理得当，仅仅只是一小捏就能改变一顿饭的味道。

香料调配使用科学

藏红花中的苦苷赋予了藏红花持久的，微苦的味道，而藏红花醛产生了很多独特的香气。藏红花中的苦苷和藏红花醛都是藏红花所特有的化合物，但它们的性质有助于确定所配合使用的香料风味，数量不多的萜烯和弥久不散的似桉树般风味的化合物桉油精也都是如此。

藏红花

Sa

藏红花苦苷
麝香风味｜土质风味｜温和风味｜苦味

苦味能够抵挡住其他风味强烈的化合物：

○**葛缕子**通过共享的萜烯使得风味保持一致，其s-香芹酮与藏红花苦苷相似

○**红椒粉**带有土质风味和烟熏的芳香风味，可以与藏红花的麝香风味相结合

○**黑胡椒**带有轻缓的辛辣味，轻微的苦味，并含有萜烯化合物

藏红花醛
蜂蜜风味｜干草般风味｜花香风味

与藏红花醛的芳香风味协调一致：

○**香菜籽**的花香来自丁香味的芳樟醇，补充了藏红花醛中的干草风味

○**肉桂、香草、多香果、豆蔻**都是香甜风味的香料，与藏红花醛中的蜂蜜味道能够完美结合

桉油精
渗透性｜桉树般风味

桉油精提供了一个关键的风味链接：

○**姜**是一种十分有效的，温热的搭配香料，与萜烯，花香芳樟醇和甜香风味的香叶醇共享桉油精风味

○由于共享的桉油精和其他互补的辅助性风味化合物，香叶具有很强的协同作用

萜烯
松木般的风味｜木质风味

与其他松木和/或冷杉的芳香味相对应：

○温和烹制的**大蒜**带有甜味，与松木风味、橙子味的桧萜相结合，使其成为咸香风味的藏红花菜肴类的一种重要香料

○**漆树粉**具有明显的松木和木质风味，其高单宁含量映照出了麝香和土质的芳香

与食物的搭配

⊕**蔬菜类**　藏红花对土生蔬菜有特殊的亲和力，如胡萝卜、韭葱、蘑菇、南瓜和菠菜。为了使烤土豆的颜色和味道更丰富，可以在加入藏红花的水里先煮一会，然后用油和藏红花粉混合之后一起烤。

⊕**柠檬**　将藏红花和腌制的柠檬相互搭配可用于摩洛哥风格的塔吉锅。

⊕**米饭**　藏红花是西班牙海鲜饭必不可少的原材料，也使得伊朗的肉饭、印度的波亚尼炖饭和意大利调味饭的风味得到了丰富。

⊕**羊肉**　用来给慢烤羊腿的酸奶风味腌泡汁增加风味。

⊕**鱼类，贝类海鲜类**　用藏红花浸渍的牛奶煮鱼，或将浸泡过的一缕藏红花丝加入到螃蟹浓汤或者龙虾浓汤中，白葡萄酒风味贻贝或马赛鱼汤中。

⊕**牛奶**　浸泡到牛奶中，用来制作印度卡仕达酱形式的布丁、冰淇淋，或者是使用燫浓的牛奶制作的甜食。

混合着试试看

使用并调整这一道以藏红花为特色的经典食谱。

- **西班牙海鲜饭混合香料**，详见第74页

释放出风味

主要的风味化合物（藏红花醛和藏红花苦苷）和色素（藏红花素）溶于水中的效果比溶于油中要好许多，但是需要一定的时间才可以将风味浸出并从浸泡的过程中将风味全部释出；直接加入到菜肴中可能会让很多的藏红花丝缠绕在一起。

在浸泡前用杵和研钵**研磨**碎以加速化合物的风味释放。

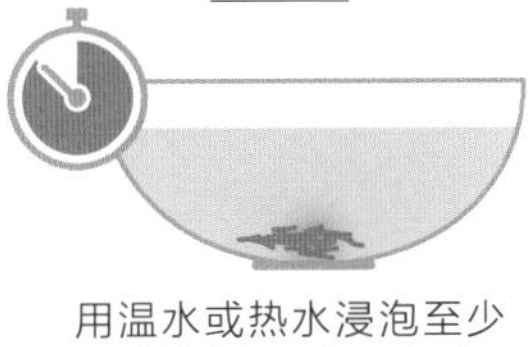

用温水或热水浸泡至少20分钟或者浸泡24小时。

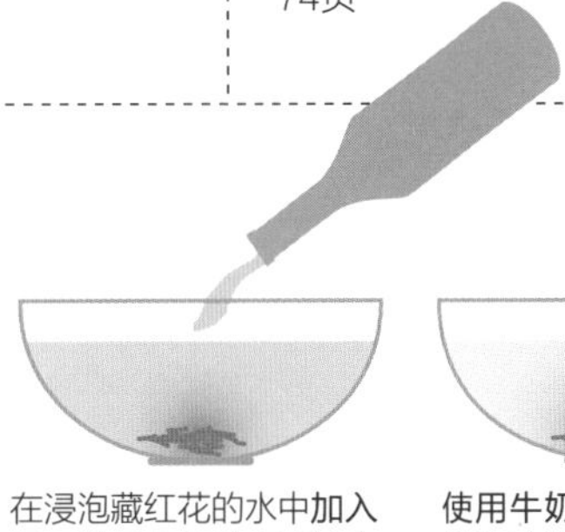

在浸泡藏红花的水中**加入酒**，以析出那些含量较少的风味化合物。

使用牛奶通过脂肪的存在帮助溶解那些含量较少的风味化合物分子。

香煎扇贝配藏红花黄油少司
（SPICED SCALLOPS WITH SAFFRON BEURRE BLANC）

克什米尔烹饪的特点通常是以温和的烘烤茴香籽，收敛性的姜和香甜的藏红花形成强烈的对比。这三种原材料在全球各地的烹饪方式中都很受欢迎，并且是蘑菇和海鲜的绝佳搭配——这两者皆以这道丰盛的扇贝类菜肴，加上使其充满活力的法式黄油少司为鲜明特色。

香料
使用创意

通过用咖喱叶和芥末，以及小茴香籽来代替茴香和姜制作成具有更加突出的南印度风格的土质风味的香料调味品。

使用地中海香料版图中的香料，将茴香籽与小茴香和辣的红椒粉搭配使用——如果更喜欢烟熏风味的话——可以用来代替姜。

要取得更加浓郁的胡椒风味，在加入到黄油少司中之前，将整粒的胡椒略微敲碎成粗粒状，以释放出更多的风味油。

作为开胃菜，可供6人食用

制备时间30分钟，再加上1个小时的浸泡时间

加热烹调时间2小时25分钟，再加上冷却时间

制作蘑菇香料用料
200克栗子蘑菇
2茶匙茴香籽
1茶匙姜粉
1茶匙盐

制作黄油少司用料
1小撮藏红花丝
3汤勺白葡萄酒醋
4汤勺白葡萄酒
1个葱头，切成细末
175克无盐黄油，切成块
6粒黑胡椒粒
半个柠檬

制作扇贝用料
12个大的扇贝，去掉裙边
2汤勺特级初榨橄榄油
4汤勺蘑菇混合香料
2汤勺细香葱，剪碎

---

1 用杵和研钵把藏红花丝研磨成粉状，然后加入2汤勺的温水浸泡1小时。

2 制作蘑菇香料调味料，将烤箱预热到120℃。将蘑菇切成薄片，在铺有油纸的烤盘上，呈单层地摊开摆放好。烘烤2小时，或者一直烘烤到蘑菇片变得酥脆。从烤箱内取出并让其冷却。

3 用中火加热一个小号的煎锅，将茴香籽干烘1分钟，直到散发出芳香风味。将干烘好的茴香籽研磨成粉。

4 将干的蘑菇片放入到一个小型的食品加工机内，加入茴香、姜以及盐。搅打至呈粗粉状，放到一边备用。混合香料在一个带盖的密封罐内可以保存2~3周的时间。

5 制作黄油少司，将白葡萄酒醋和葡萄酒倒入一个小锅内，加入葱头末和胡椒粒。加热至烧开，然后用小火继续加热4~6分钟，直到熬至剩余1~2汤勺，并且如同糖浆般。

6 将汤汁过滤并丢弃葱头末不用。将藏红花和浸泡藏红花的水一起搅打进去。将搅拌好的汤汁倒回到洗干净的锅内，用小火加热大约15分钟，将黄油逐渐搅拌进去，一次加入一块。少司会呈乳化状并变得浓稠，正好会粘在勺子背面。调味并用挤出的柠檬汁将少司变得利口。将少司保温。

7 用中火加热一个干的煎锅。将每一个扇贝的两面都涂刷上橄榄油，并粘上薄薄的一层蘑菇混合香料。根据扇贝的大小不同，将扇贝的两面分别各煎1~2分钟，注意不要煎过火——当扇贝变成不透明状，但是仍然鲜嫩时，就可以了。

8 将藏红花黄油少司分装到6个浅碗里，在上面分别摆放2个扇贝。撒上细香葱并立刻服务上桌。

香旱芹籽（AJWAIN）

苦味 | 香草风味 | 胡椒风味

植物学名称
Trachyspermum ammi

别名
印度藏茴香，阿贾威，卡罗姆，埃塞俄比亚小茴香，欧玛，毕肖普的野草

主要风味化合物
百里香酚

可使用部位
籽（严格意义上的果实）

栽种方式
大约在开花后的两个月，当籽成熟时，茎秆会被切割下来。

商业化制备
茎秆经过干燥，脱粒，筛选，然后根据大小对籽进行分级并分类。

烹饪之外的用途
制作香水；用作牙膏的防腐剂；在阿育吠陀医学中用于治疗消化系统紊乱、风湿病、关节炎和发烧症状。

香旱芹籽香料的故事

香旱芹籽自古以来就被认为是价值极高的药用香料，最早可能是在埃及开始种植。罗马人认为它是小茴香的一个变种，因此有了共同的名字"埃塞俄比亚小茴香"。据传，大约在公元750年后不久，大约和小茴香籽相同的时间，随着香料商队的到来，这种香料到达了印度，并开始流行了起来。人们给它起了很多误导性的名字——"芹菜籽"和"独活草籽"是最常见的——尽管它们的味道大不相同，但这些叫法一直延续到今天。几个世纪以来，印度的阿育吠陀地区一直在利用香旱芹籽制作一种包治百病的"滋补阿曼水"。虽然这种植物现在主要是为获得其富有成效的精油而被种植的，但是香旱芹籽是印度西部古吉拉特邦素食菜肴中最具特色的香料之一。

植物
香旱芹是香芹科中的一种小型的一年生植物，与葛缕子和小茴香关系密切。

小的白色花朵
呈平头状，随后发育成娇小的"籽"。

香旱芹籽粉
可以购买到研磨碎的香旱芹籽粉，它比整粒的或现磨碎的香旱芹籽粉的苦味要更少一些。但是对一道菜肴所增加的风味要更淡一些。

椭圆形的香旱芹籽 呈灰绿色，类似于葛缕子。

整粒的香旱芹籽
南印度所产的香旱芹籽中的百里香酚含量最高（高达98%的风味化合物分子）。整粒的香旱芹籽能长时间保持浓郁的风味。

香旱芹籽的栽种区域
香旱芹籽可能原产于中东，也可能是原产于埃及。现在主要在印度和伊朗种植，但在巴基斯坦、阿富汗和埃及也有种植。

在厨房内创造性地使用香料

香旱芹籽的风味被形容为大茴香、牛至和黑胡椒风味的混合体。它的苦味可以通过干烘或者煎炒的方式来降低。香旱芹籽是高度芳香和辛辣型的香料，所以要慎重使用。

香料调配使用科学

香旱芹籽和百里香的味道相类似；它们都有着相同的主要风味化合物——百里香酚——在牛至中也含有这种风味化合物。这种强有力的苯酚化合物可以与同样具有熟透力的植物香料一起使用，而含量较少的萜烯化合物则给能够带来柑橘风味和木质的香辛风味的香料提供了机会。

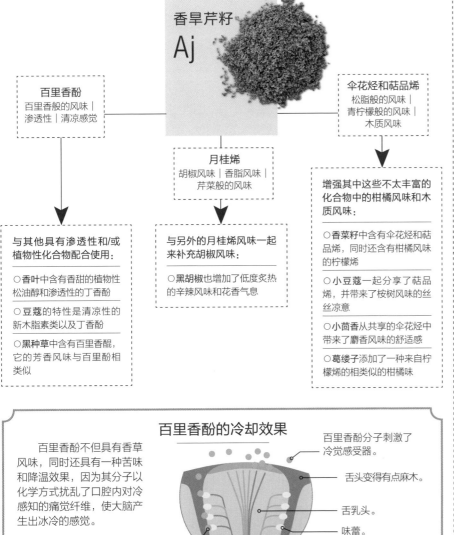

香旱芹籽 Aj

百里香酚
百里香般的风味｜渗透性｜清凉感觉

伞花烃和萜品烯
松脂般的风味｜青柠檬般的风味｜木质风味

月桂烯
胡椒风味｜香脂风味｜芹菜般的风味

与其他具有渗透性和/或植物性化合物配合使用：

○香叶中含有香甜的植物性松油醇和渗透性的丁香酚

○豆蔻的特性是清凉性的新木脂素类以及丁香酚

○黑种草中含有百里香醌，它的芳香风味与百里香酚相类似

与另外的月桂烯风味一起来补充胡椒风味：

○黑胡椒也增加了低度炙热的辛辣风味和花香气息

增强其中这些不太丰富的化合物中的柑橘风味和木质风味：

○香菜籽中含有伞花烃和萜品烯，同时还含有柑橘风味的柠檬烯

○小豆蔻一起分享了萜品烯，并带来了桉树风味的丝丝凉意

○小茴香从共享的伞花烃中带来了麝香风味的舒适感

○葛缕子添加了一种来自柠檬烯的相类似的柑橘味

与食物的搭配

⊕ **鱼类**　将压碎的香旱芹籽与辣椒粉和姜黄粉混合好，制作成一种干性的涂抹香料，用来涂抹到整条的鱼上或整片的鱼肉上。然后煎或者烤。

⊕ **蔬菜类**　将香旱芹籽粗碎粒加入到鹰嘴豆面粉糊中，用来炸蔬菜或者用于炸洋葱饼。

⊕ **扁豆类**　将整粒的香旱芹籽加入到融化的黄油中，或者酥油中，用来制作成芳香的调味香料，用于扁豆汤或者木豆菜中。

⊕ **面包类**　用油、酥油或者黄油煎炒香旱芹籽，然后淋撒到面饼、薄煎饼或烤饼上。

⊕ **鸡蛋类**　用黄油或者酥油煎炒少许的香旱芹籽，然后加入打散的鸡蛋，用来制作印度帕西风味的炒鸡蛋。

释放出风味

如果想要取得更加圆润的口感，可以将整粒的香旱芹籽干烘，以创造出带有坚果风味、烘烤味道的化合物，尤其是吡嗪风味化合物。干烘也会抑制渗透性冰冷的特性，因为一些百里香酚会挥发和降解。

百里香酚的冷却效果

百里香酚不但具有香草风味，同时还具有一种苦味和降温效果，因为其分子以化学方式扰乱了口腔内对冷感知的痛觉纤维，使大脑产生出冰冷的感觉。

百里香酚分子刺激了冷觉感受器。

舌头变得有点麻木。

舌乳头。

味蕾。

冷的疼痛感觉信号被发送到大脑。

百里香酚还能激活味蕾中的苦味。

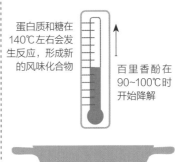

蛋白质和糖在140℃左右会发生反应，形成新的风味化合物

百里香酚在90~100℃时开始降解

芹菜籽（CELERY SEED）

苦味 | 咸香风味 | 柠檬风味

植物学名称
Apium graveolens

别名
块根芹，野生芹菜

主要风味化合物
芹菜镇静素

可使用部位
籽（从严格意义上说是果实）

栽种方式
当芹菜籽成熟，颜色呈灰褐色时，就从地面上割下植株。

商业化制备
把芹菜籽留在植株上晾干几天的时间，然后进行脱粒、清洗并进一步的干燥。

烹饪之外的用途
制作香水；在草药中用于保水性，关节炎和痛风；在阿育吠陀医学中作为一种神经兴奋剂和补药使用。

芹菜籽香料的故事

野生芹菜已经被种植了超过3000年的时间，被古埃及人、希腊人和罗马人广泛的当作万灵药使用，并在他们大多数的香草园里种植。罗马人还将苦味的芹菜籽和芹菜叶添加到面包、葡萄酒、汤、奶酪和其他食物中。在公元6世纪，野生芹菜传入中国。在欧洲与此同时，它的使用则向北传入法国和英国。在中世纪的欧洲，人们相信它可以治疗各种疾病。到了17世纪，一种新的，更甜的植物在意大利被作为蔬菜种植；这就是我们今天所知道的芹菜。它的野生近亲——块根芹——被置于次要地位，用于芹菜籽的生产，也是芹菜籽的主要来源。

植物
野生芹菜是一种二年生草本植物。它的茎比栽培的芹菜更细，肉质更少。芹菜可以生长到1米高。

整粒的芹菜籽
使用整粒的芹菜籽，并根据需要研磨碎。芹菜籽可以储存在密封的容器中，在凉爽、避光的地方保存2年的时间。

有脊状纹路的芹菜籽可达5毫米长。

娇小的奶油色花朵呈簇状生长，称为伞形花序。

芹菜籽粉
可以购买到研磨碎的芹菜籽粉，但是很快就会流失其风味。

轻柔如羽毛状，呈黄绿色的叶片芳香扑鼻。

芹菜籽的栽种区域
野生芹菜被认为原产于欧洲和西亚的温带地区。印度种植的产量占世界总产量的50%以上，在中国、埃及和法国也有种植。

在厨房内创造性地使用香料 }

芹菜籽比芹菜茎和叶的味道要更加浓烈，带有一种温热的，浓郁的，土质的味道，弥久不散的苦味和淡淡的青草味，但是没有蔬菜的新鲜感。在汤类、少司类以及蔬菜类菜肴中使用时要谨慎。

香料调配使用科学

芹菜籽中最丰富的风味化合物是柑橘芳香风味的柠檬烯，以及含有少量的香草味道的芹子烯和木质风味的，香辛的蛇麻烯。但是，这种香料中独具特色的香草味道是由一种称作邻苯二甲酸酯的效用强力的内酯化合物所产生的，它们仅以微量元素的形式存在，但却对食物总的味道有着深刻的影响。

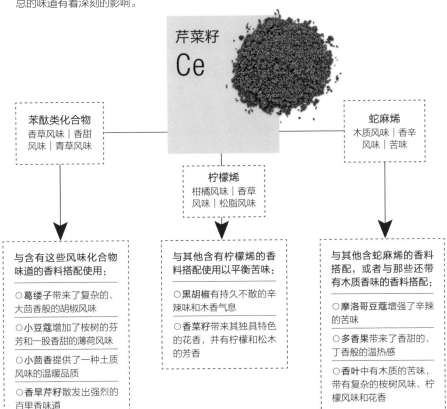

芹菜籽
Ce

苯酞类化合物
香草风味｜香甜风味｜青草风味

蛇麻烯
木质风味｜香辛风味｜苦味

柠檬烯
柑橘风味｜香草风味｜松脂风味

与含有这些风味化合物味道的香料搭配使用：

○葛缕子带来了复杂的、大茴香般的胡椒风味

○小豆蔻增加了桉树的芬芳和一股香甜的薄荷风味

○小茴香提供了一种土质风味的温暖品质

○香旱芹籽散发出强烈的百里香味道

与其他含有柠檬烯的香料搭配使用以平衡苦味：

○黑胡椒有持久不散的辛辣味和木香气息

○香菜籽带来其独具特色的花香，并有柠檬和松木的芳香

与其他含蛇麻烯的香料搭配，或者与那些还带有木质香味的香料搭配：

○摩洛哥豆蔻增强了辛辣的苦味

○多香果带来了香甜的、丁香般的温热感

○香叶中有木质的苦味，带有复杂的桉树风味、柠檬风味和花香

与食物的搭配

⊕ **番茄类**　在铁扒番茄或者番茄挞上撒上少量的芹菜籽。

⊕ **土豆类**　将芹菜籽拌入到融化的黄油里，淋撒在土豆上。

⊕ **鱼类**　将芹菜籽加入到鱼肉周达汤里，或者加入到面糊中，用于制作油炸鱼条。

⊕ **牛肉**　在胡椒中加入几粒芹菜籽作为制作牛胸肉的涂抹香料。

⊕ **咸香风味的烘烤食品**　将芹菜籽加入到咸香风味的面包面团中，奶酪饼干中，或者燕麦饼干中配奶酪一起食用。

⊕ **鸡蛋类**　将略微干烘过的芹菜籽撒到炒鸡蛋上或者魔鬼蛋上。

自制芹菜籽盐

不仅仅是用于血腥玛丽，芹菜籽盐是普通食盐的美味替代品，可以与汤、冷的沙拉类和蘸酱等很好地搭配。使用1份芹菜籽和6份盐的比例进行混合。

将芹菜籽放入干的煎锅中略微干烘以去除湿气。

用杵和臼把干烘好的芹菜籽与海盐一起捣碎，根据口味调整用量。

释放出风味

风味在油中溶解性最好，但芹菜籽中有几种风味化合物对冷热范围两端的温度都很敏感。

苦味物质被热量所破坏。在加热烹调开始的时候，先把芹菜籽干烘，以使苦味变得柔和。

当芹菜籽被研磨碎后，邻苯二甲酸酯会变成蒸汽，但事先冷却有助于减缓蒸发的速度。

姜黄粉（TURMERIC）

木质风味 | 花香风味 | 苦味

植物学名称
Curcuma longa

别名
印度藏红花，假藏红花

主要风味化合物
姜黄素和芳姜黄酮

可使用部位
根状茎（新鲜的、干燥的或者粉状的），
偶尔会用到新鲜的叶片

栽种方式
这种一年生作物在施了大量肥料的犁沟中
生长；当叶片变黄时，根状茎被收获下来。

商业化制备
根状茎经过煮和干燥，然后它们可以被整
块的或者研磨成粉状的形式售卖。

烹饪之外的用途
织物染色；化妆品中用于着色剂；在传统
医学中用作抗炎和抗菌药物。

姜黄粉香料的故事

姜黄的味道和特性最早是在3000多年前的古印度吠陀文化中被发现的。这种香料至今仍然是构成许多印度马萨拉混合香料的主要原材料，并用在印度教仪式中来象征太阳。姜黄对波斯和北非烹饪的影响可以追溯到前基督教时代，当姜黄第一次通过香料之路的商队和船只到达这些地区的时候。在中世纪早期，土耳其商人将姜黄引入到欧洲，尽管它主要是作为藏红花的廉价的替代品使用。这种香料在印度帝国时代期间的英国流行起来，当时归来的殖民官员用一种通用的咖喱粉重现了英国的风味，姜黄过去是（现在仍然是）其中的主要成分。

植物
姜黄是姜科中一种多叶状的热带植物，作为多年生植物在野外生长。

新鲜的叶片可以用来包装食物或作为香草使用。

研磨碎的姜黄要比新鲜的姜黄染色效果差。

姜黄粉
主要有两种类型：马德拉斯姜黄粉（上图）比辛辣的，土质风味的，赭色的阿勒皮姜黄粉的黄色更亮丽，味道也更甜，其价值也更高。

根状茎看起来像姜的更细小的版本。

新鲜的姜黄
爽口的风味在生的根状茎中更加突出。可以像生姜一样去皮并切碎或者擦碎后使用。

姜黄的栽种区域
姜黄被认为是原产于印度，主要是在这个国家种植（生产了90%的姜黄粉），但也在中国、泰国、柬埔寨、马来西亚、印度尼西亚和菲律宾等国家种植。

在厨房内创造性地使用香料 }

姜黄在复合味道的混合香料中使用效果很好，其辛辣的土质风味作为底料，有助于将其他的风味结合到一起。如果要单独使用，要少加一点，这样其苦味就不会遮盖住其他风味。

香料调配使用科学

　　姜黄中主要的土质风味是由风味化合物姜黄素和芳姜黄酮（英文"ar-"是指"芳香"）产生的。这两种风味化合物在其他香料中很少发现。较少量的化合物为其他香料有效的搭配提供了更多的机会。可以专门与一种风味化合物搭配以获取一种特殊口味的化合物，或者与几种风味化合物混合搭配。

黄姜粉
Tu

姜黄素和芳姜黄酮
土质风味｜麝香风味｜木质风味

姜烯
辛辣风味｜锐利风味｜香辛风味

桉油精
渗透性｜桉树风味

柠檬醛
柑橘风味｜香草风味｜桉树风味

与其他土质风味的香料搭配增加其醇厚程度：

○ 小茴香产生出一种浓郁的，温热的土质风味

○ 红椒粉带来了来自吡嗪的烘烤过的风味、烟熏风味以及香甜的气息

○ 黑小豆蔻从共享的桉油精中带来了烟熏风味和渗透性的薄荷醇风味

使用更多的含有桉油精风味的香料，以增强花香和薄荷醇气息：

○ **大茴香**，八角容易压制其他的风味，所以要少量地使用

○ **豆蔻**也会有助于发挥出麝香风味

与更多的柠檬醛风味搭配来提升清新的口感：

○ 小豆蔻也增强了渗透性的樟脑风味的程度

○ 香菜籽带来了刺激性的水果风味和花香，并且可以大量地添加

与含有更多姜烯风味化合物的香料或者与含有不同辛辣风味的香料搭配使用，以增强热感：

○ 姜因为共享的姜烯化合物，也增加了风味的复杂性

○ 黑胡椒因胡椒碱而增加了辛辣味，从而补充了姜黄中姜烯的辛辣味

姜黄素与烹饪

　　姜黄粉中令人信服的染色能力是由于一种被称为姜黄素的色素引起的，但你可能会有些惊讶地发现，它的色彩根据其如何使用以及储存的方式不同而有所变化。

酸性作用	碱性作用	铁的反应	光敏感性
酸，如柠檬汁，有助于其保持黄色。	碱性物质，如小苏打，会使其变成橙红色。	在铁锅里干烘或者煎炒会使香料变黑。	暴露在光线下会破坏色素，所以要将其避光储存。

与食物的搭配

⊕ **白鱼类**　将姜黄粉，酸奶，以及拍碎的大蒜搅拌均匀，在铁扒之前用勺浇淋到鱼肉上。

⊕ **羊肉和猪肉**　将红椒粉，小茴香碎以及油混合好，制作成腌制肉类的涂抹用料，在烤肉之前反复涂抹到肉皮上。

⊕ **胡瓜和菜花**　将一茶勺的姜黄粉和油以及蜂蜜混合好，在烤之前与蔬菜拌和好。

⊕ **白巧克力**　将一大捏姜黄粉与白巧克力碎加入到纸杯蛋糕糊里。

⊕ **泡菜类**　将包括鲜姜黄片等加入到腌渍鱼类和蔬菜泡菜里。

释放出风味

　　在油脂中煎炸会使风味化合物分子分散开并形成新的化合物。这种反应只会在130℃以上发生，所以在开水中不会发生。

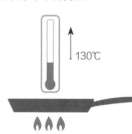

130℃

混合着试试看

　　使用并调整这些以姜黄粉为特色的经典的混合香料食谱。
- 哈瓦基，详见第29页
- 尼特基黄油，详见第32页
- 马来西亚咖喱鱼酱，详见第51页
- 本布，详见第52页

葫芦巴（FENUGREEK）

苦中带甜 | 温热感 | 霉味

植物学名称 *Trigonella foenum-graecum*， *T. caerulea*（蓝色葫芦巴）	**栽种方式** 当籽荚成熟时，植物被拔起，捆绑在一起，并被干燥大约一周的时间。
别名 山羊角，希腊干草籽，希腊三叶草	**商业化制备** 茎秆经过脱粒以将籽分离开，然后经过干燥并进行分级处理。
主要风味化合物 葫芦芭内酯	**烹饪之外的用途** 可以作为染料；在草药中作为助消化和兴奋剂；在阿育吠陀医学中用于治疗脱发和皮肤疾病。
可使用部位 籽；嫩叶	

植物
葫芦巴是豆科中草本一年生植物，并且是甘草的近亲。

嫩叶可以作为一种蔬菜食用，或者干燥后像香草一样使用。

籽荚由豌豆状的花朵发育而成，大约10厘米长，并含有10~20粒的籽。

整粒的葫芦巴
这些有棱角的棕黄色的葫芦巴籽在其一个侧面上有一道沟缝。

蓝色葫芦巴粉
研磨碎的蓝色葫芦巴叶和籽比普通葫芦巴的味道要更加温和，苦味更少，常用于格鲁吉亚菜肴中（详见第77页）。

葫芦巴香料的故事

最早的葫芦巴籽是在伊拉克的一个考古遗址里发现的，可追溯到公元前4000年。在3000年前的埃及法老图坦卡蒙的坟墓中也发现了葫芦巴籽：埃及人认为葫芦巴是一种灵丹妙药。在罗马时代，这种植物成为一种非常常见的作物，以至于它被用作牛的饲料——它的名字来自拉丁语，意思是"希腊干草"。公元1世纪，希腊医生迪奥斯科里季斯在《本草医学》中提到了它作为香料作物的用途。一个世纪后，在一场由叙利亚人举办的田径比赛中，它是一种礼仪香水的成分，参与者被涂上这种香水。到了中世纪，葫芦巴在欧洲被作为药用香草种植。如今，它经常用于伊朗、西亚、印度和斯里兰卡的菜肴中，并通过商业化的咖喱粉传播到世界各地，它是其中的关键原材料。

葫芦巴的栽种区域
葫芦巴原产于东地中海地区和西南亚地区。它主要在印度种植，但也在地中海国家和北非地区种植。

在厨房内创造性地使用香料

葫芦巴籽中有一种香甜、浓郁的味道，带有一丝焦糖、枫糖浆、烧焦的糖和咖啡的味道。然而它的霉味并不是每个人都喜欢，这种香料为许多菜肴提供了一种咸香的，苦中带甜的韵味。

香料调配使用科学

葫芦巴的风味是由称作葫芦巴内酯的化合物主导，一种香甜的内酯风味化合物，味道像红糖，其中带有着丝丝的棉花糖的味道。这种香料中还含有木质风味的石竹烯、一些黄油风味的二乙酰和类似于蘑菇风味的乙烯基戊酮。吡嗪给干烘过的葫芦巴籽带来了烘烤过的风味，烟熏风味。汗臭、腐臭、发霉的味道是由三种芳香酸产生的，有些人不喜欢这种味道。

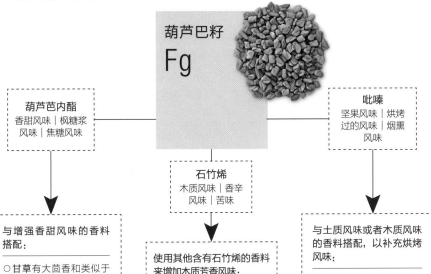

葫芦巴籽

Fg

葫芦芭内酯
香甜风味 ｜ 枫糖浆
风味 ｜ 焦糖风味

石竹烯
木质风味 ｜ 香辛
风味 ｜ 苦味

吡嗪
坚果风味 ｜ 烘烤
过的风味 ｜ 烟熏
风味

与增强香甜风味的香料搭配：

○ **甘草**有大茴香和类似于桉树的风味

○ **角豆树**有着浓郁的香草甜味，以及来自酸类的刺激味道

○ **多香果**带有胡椒的甜味，也共享有石竹烯的芳香

○ **肉桂**有渗透性的甜味和温热感，而且共享了石竹烯

使用其他含有石竹烯的香料来增加木质芳香风味：

○ **丁香**增加了涩味，独特的植物的木质风味

○ **胭脂树**给人一种柔和的土质风味和一种温和的风味

○ **咖喱叶**增加了温热的肉质风味，含有硫黄的复合风味

○ **黑胡椒**具有温和的辛辣风味，还有木质风味的品质和柑橘味

与土质风味或者木质风味的香料搭配，以补充烘烤风味：

○ **可可豆**增加了来自干烘的苦中带甜的烘烤风味，以及芳香的酸风味

○ **小茴香**经过干烘后有温热感，土质风味、苦味

○ **姜黄**增加了舒心的麝香风味与姜的丝丝气息

○ **红椒粉**带有烟熏的味道，还能增加香甜的温热感

与食物的搭配

⊕ **南瓜，甘薯**　浸泡葫芦巴籽，并加入到炖南瓜或者炖甘薯中。

⊕ **核桃仁**　用蓝葫芦巴籽制作格鲁吉亚风味的萨瑟维核桃仁酱，这种酱可以蘸着吃，或者用于给炖肉类调味。

⊕ **牛肉，羊肉**　将经过干烘并浸泡好的葫芦巴籽加入到浓味的咖喱牛肉或者咖喱羊肉中，以增加味道的醇厚程度。

⊕ **鱼类**　将干烘后研磨碎的葫芦巴籽用酥油或者椰子油煸炒好，然后与鱼块和椰奶混合好，用来制作成喀拉拉邦风味的咖喱。

⊕ **烘烤食品**　将浸泡好并捣碎的葫芦巴籽加入到咸香风味的酵母发酵的面包中。

⊕ **腌制食品**　将研磨碎的葫芦巴籽加入到水果酸辣酱和开胃小菜中。

混合着试试看

使用并调整这些以葫芦巴籽为特色的经典的混合香料。

• **尼特基比黄油**，详见第32页
• **德班咖喱马萨拉辣椒酱**，详见第37页
• **潘奇佛兰**，详见第43页
• **文达路咖喱酱**，详见第44页
• **克梅利–苏内利**，详见第77页

释放出风味

葫芦巴籽能够帮助风味扩散到菜肴中，并且可以通过一种称作半乳甘露聚糖的特殊乳化剂的作用，增加少司的浓稠程度。

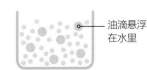

油滴悬浮在水里

半乳甘露聚糖在葫芦巴籽中形成一种凝胶，使得油和水混合。

可以通过将葫芦巴籽在水中浸泡一晚上或者用小火加热的方式，以**提取**半乳甘露聚糖。

研磨葫芦巴籽，使半乳甘露聚糖释放得更加快速。研磨好的葫芦巴籽可以直接加入到菜肴中。

略微干烘葫芦巴籽，以产生出坚果风味，咖啡和巧克力风味的烘烤过的吡嗪风味。

菲律宾风味香辣鸡肉和猪肉阿斗波
（SPICED FILIPINO ADOBO WITH CHICKEN AND PORK）

这道香辛风味的菲律宾菜肴通常比较温和，想象一下如果这个国家受到了更多的来自香料贸易的影响，它会是什么味道。一道经典的阿斗波是用猪肉和鸡肉制作而成的，但你可以只使用其中的一种，或者其他原材料抑或者使用硬质的蔬菜块制作出一道无肉版本的阿斗波，比如使用冬南瓜。

香料使用创意

用土质风味更加突出的小茴香、红椒粉以及姜黄粉来代替前三种带有甜味的芳香型香料。

使用含硫的香料，如芥末、咖喱叶和阿魏，以强化菜肴中的肉香味。

通过使用罗望子水代替醋，并在酱汁中加入柠檬草，来改变柑橘风味的酸味。

供4~6人食用

制备时间25分钟

加热烹调时间1小时

5个小豆蔻豆荚中的小豆蔻籽
1粒八角
2.5厘米长的肉桂
1/2茶勺干烘过的辣椒碎或者辣椒粉
1茶勺黑胡椒粒
6瓣蒜，剥去皮
5厘米鲜姜块，切碎
2汤勺椰子油或者植物油
6棵春葱，切碎
2汤勺棕榈糖或者黑糖
1千克鸡大腿和鸡小腿
300克猪里脊肉，切成块
100毫升椰子醋或者白葡萄酒醋
100毫升酱油
250毫升鸡汤
3片香叶

1 将小豆蔻籽、八角、桂皮、辣椒碎和胡椒粒放入研钵中，用力研磨，直到香料呈粉末状。加入大蒜和姜，捣碎成粗糊状。

2 将一个厚底锅或炒锅放入到中火上加热，加入油和香料糊，翻炒2~3分钟，直到蒜和姜散发出香味并开始上色。

3 加入春葱和糖翻炒，然后加入鸡肉和猪肉。翻炒至肉上均匀的沾满了香料。

4 倒入醋、酱油以及鸡汤。加入香叶并加热烧开。

5 改用小火加热并盖上锅盖——如果你的锅没有锅盖，可以使用锡纸。用小火加热炖1小时，直到肉熟烂，汤汁燻浓。配蒸米饭和炒青菜一起食用。

香料的世界中更多的香料食谱

以下来自世界各地的经典菜肴的食谱既美味又正宗；每道菜肴都以香料的世界章节（第18~77页）中的一种经典的混合香料或者少司为特色。

考夫特羊肉丸（Lamb Kofte）

制作12个

制备时间20分钟，加上20~30分钟的浸泡时间

加热烹调时间6~10分钟

50克碎小麦
50克杏，大体切碎
500克羊肉馅
1个小洋葱，切成细末
1汤勺松子仁
2瓣蒜，去皮后拍碎
1汤勺切碎的鲜薄荷，多备出几片薄荷叶用于配餐
3汤勺土耳其巴哈拉特混合香料（详见第23页）
盐，适量
烤饼、红皮洋葱、番茄以及原味酸奶，配餐用

1 将碎小麦和杏放入到一个小锅内。倒入100毫升开水，盖上锅盖，放到一边静置20~30分钟，直到所有的液体被吸收。

2 将所有剩余的原材料一起放入一个碗里，加入1汤勺的土耳其巴哈拉特混合香料和少许盐，用一把叉子混合均匀。加入浸泡好的碎小麦和杏，将混合物揉捏成糊状并混合均匀。

3 将羊肉混合物分成12份并分别揉搓成圆球形。

4 将剩余的2汤勺土耳其巴哈拉特混合香料撒到一个盘子里，然后将每一个羊肉混合物圆球分别在香料中滚过，均匀地沾满混合香料。

5 将每根肉钎分别从每个圆球的中心位置穿过，将圆球在肉钎上挤压成一根香肠的形状，长8~10厘米。

6 把烤架或煎锅预热到中大火的温度。烤或者煎8~10分钟，不断翻转直到酥脆，表面呈均匀的褐色，中间完全熟透。如有必要，可以分批加热制作。

7 配烤饼食用，表面摆上红洋葱片、番茄丁、鲜薄荷叶，并挤上一团酸奶。

阿德维耶风味波斯大米布丁（Persian Rice Puddings）

供6人食用

制备时间15分钟，加上1个小时的浸渍入味时间

加热烹调时间45~50分钟

150克短粒布丁大米，洗净
600毫升全脂牛奶
300毫升鲜奶油
2汤勺蜂蜜
1个橙子的外皮，切成条状
2茶匙橙花水
1根香草豆荚，从中间劈开，刮出香草籽
少许藏红花丝，研磨成粉状
1汤勺阿德维耶混合香料（详见第27页），多备出一些用于配餐
6个椰枣，去核，切碎
1汤勺开心果仁，切成碎片
1汤勺干玫瑰花瓣

1 将烤箱预热至160℃。

2 将大米分装到6个200毫升的焗盅内。

3 将牛奶、鲜奶油、蜂蜜、橙皮、橙花水、香草豆荚和籽、藏红花粉放入一个大的厚底锅里。用中火加热，搅拌至蜂蜜融化开，藏红花会将牛奶变成淡黄色。

4 将锅加热到略低于沸点的温度，然后关火，让其至少浸渍10分钟，或者最多1个小时的时间。

5 把牛奶过滤，去掉橙皮和香草豆荚，分装入六个焗盅内，倒在大米上。将阿德维耶混合香料分别撒到每个焗盅内。

6 放入烤箱内烘烤45~50分钟，或者一直烘烤到大米完全变软，并且香料在米饭上形成一层薄薄的褐色表皮。

7 将焗盅从烤箱内取出，让其冷却一会儿。

8 在每个布丁上撒上切碎的枣、开心果以及一些干玫瑰花瓣。再撒上一点阿德维耶混合香料，就可以热食或者冷食了。

牛肉三明治配德班咖喱马萨拉辣椒酱（Durban Beef Bunny Chow）

供4人食用

制备时间30分钟

加热烹调时间40~50分钟

2汤勺橄榄油
2个黑小豆蔻豆荚
2根小的肉桂条
1茶勺茴香籽
1个大洋葱，切成末
2汤勺德班咖喱马萨拉辣椒酱（详见第37页）
2茶勺鲜姜，擦碎
4蒜瓣，去皮，拍碎
2汤勺番茄酱
2个熟透的番茄，切碎
500克炖好的瘦牛肉，切成1~2厘米的块
1个大土豆，切成1~2厘米的块
12片新鲜的咖喱叶，或者6片干的咖喱叶
1小把新鲜的香菜，切碎，多备出一点用作装饰
1/2个青柠檬
2个小的脆皮白面包（最好是用400克的面包模具烤好的面包），切成两半，中间掏空

1 在一个大锅里加热油，然后把黑小豆蔻、肉桂和茴香籽放入煸炒1分钟左右，直到散发出香味。

2 加入洋葱，用中火加热，煸炒5~8分钟至变软。

3 撒上马萨拉，翻炒至洋葱裹上了香料，然后加入姜、大蒜和番茄酱，并继续加热1分钟。

4 加入番茄，煸炒，并继续加热4~5分钟，直到锅内的混合物变成酱状。

5 拌入牛肉和土豆、咖喱叶和300毫升的水。用盐和胡椒调味。

6 用小火加热，盖上锅盖，炖40~50分钟，期间要不时地翻动一下，直到肉变软烂，土豆变软。

7 拌入香草，加上挤入的青柠檬汁调味。食用前将肉桂、黑小豆蔻和咖喱叶取出不用。

8 把咖喱分装在分别切成两半的四块面包中，用勺子舀入到分别挖空的半块面包里。用多备出的香菜装饰，趁热食用。

加纳马萨拉配甘薯和菠菜（Chana Masala with Sweet Potato and Spinach）

供4人食用

制备时间20分钟

加热烹调时间30~35分钟

1汤勺植物油或者椰子油
1茶勺小茴香籽
1个大洋葱，切碎
2瓣蒜，拍碎
2厘米的鲜姜，去皮，擦碎
2茶勺香菜籽粉
1茶勺红椒粉
1茶勺姜黄粉
1个中等大小的甘薯，去皮，切成2厘米的块
400克罐头装切碎的番茄
2罐400克盐水鹰嘴豆，或者200克干鹰嘴豆或加纳木豆，浸泡一晚上，然后用水煮熟，将水保留备用
盐，适量
1~2个青辣椒，切成大块
75克嫩菠菜，洗净
1~2茶勺葛拉姆马萨拉（详见第40页），适量
1/2个柠檬
印度烤饼，配餐用

1 将油在一个大的厚底锅内用中大火加热。当油热后，加入小茴香籽。煸炒1分钟左右或者直到散发出香味，加入洋葱，然后用小火加热，煸炒5~8分钟，直至洋葱变软。

2 加入大蒜和姜，翻炒大约1分钟，然后加入香菜籽粉、红椒粉以及姜黄粉，继续翻炒2分钟。

3 加入甘薯，翻炒至均匀地粘上香料。

4 将番茄和鹰嘴豆与汤汁一起拌入到锅内。另外，如果使用的是干鹰嘴豆或者是加纳木豆，加入大约300毫升保留好的浸泡用水。拌入辣椒块（包括辣椒籽，让其更辣），用小火加热，然后用微火加热，盖上锅盖，继续加热25~30分钟，直到甘薯熟透，并且汤汁变浓。用盐调味。

5 加入菠菜，翻拌3~4分钟，直到菠菜变软。

6 拌入葛拉姆马萨拉，挤入适量的柠檬汁。调整口味，然后配热的印度烤饼趁热食用。

马索腾加鱼咖喱（Masor Tenga Fish Curry）

供4人食用

制备时间10分钟，加上10~15分钟的腌制时间

加热烹调时间30分钟

4块海鲷鱼或鲴鱼肉，去鳞后带着鱼皮
1/2茶勺盐
1茶勺姜黄粉
2汤勺油，如椰子油或者菜籽油
1茶勺黄芥末籽，研磨成粗碎
1汤勺潘奇佛兰（详见第43页）
1个洋葱，切成丝
2个青辣椒，去籽，纵长切成两半
2个熟透的番茄，切碎
1~2茶勺红辣椒碎
1汤勺黄芥末酱
1个青柠檬，挤出青柠檬汁
1小把新鲜香菜叶，装饰用

1 把鱼肉摆放在一个盘子里，用盐和姜黄粉涂抹。盖好，放到一边静置10~15分钟。

2 在煎锅内用中大火加热化开一半的油，加入芥末籽。翻炒几分钟的时间直至它们变得芳香四溢。将鱼肉铺放到锅内，鱼皮那一面朝下，煎3~4分钟。一旦鱼皮变得香脆并呈金黄色，将鱼肉翻面后继续煎2~3分钟，直至鱼肉恰好完全成熟。将煎好的鱼肉盛入一个盘子，盖好，放到一边备用。

3 将剩余的油倒入锅内，用大火加热，加入潘奇佛兰。让其中的香料籽在锅内的油中发出1分钟的噼里啪啦响声。

4 将火力降到中等程度，拌入洋葱和辣椒。轻炒3~4分钟，直到刚好变软并呈金黄色。

5 现在往锅里加入切碎的番茄，煸炒4~5分钟，直到番茄变得软烂。

6 加入芥末酱、辣椒碎，再继续加热4~5分钟，不停地翻炒。

7 倒入150~200毫升的水，然后加入适量的青柠檬汁调味。用小火加热。

8 将煎好的鱼肉小心地放入到锅内的少司中，鱼皮面朝上，加热2~3分钟。

9 用切碎的香菜装饰并配米饭食用。

果阿文达路咖喱酱（Goan Vindaloo）

供4人食用

制备时间30分钟，加上1小时或者一晚上的腌制时间

加热烹调时间30~40分钟

500克去皮、去骨的鸡大腿或者猪肩肉，切成3厘米的块
1个中等大小的茄子，切成2厘米的块
1份文达路咖喱酱（详见第44页）
2瓣大蒜，去皮，拍碎
5厘米长的鲜姜，去皮，擦碎
2汤勺椰子油
1个大的洋葱，切碎
2个熟透的番茄，切成块
1个或2个青辣椒，切成厚片
250毫升鸡汤
1汤勺棕榈糖或者红糖，根据需要多备出一些
1汤勺椰子醋或者苹果醋
少许盐，尝一尝
1小把香菜叶，装饰用
米饭、酸奶以及青柠檬泡菜，配餐用

1 将鸡大腿或者猪肩肉和茄子放入一个碗里，拌入文达路咖喱酱，连同大蒜和姜一起。搅拌拌均匀，盖好，腌制至少1小时，或者如果可以，最好冷藏腌制一晚上的时间。

2 将烤箱预热至190℃。

3 在一个耐热锅里加热油，将洋葱用小火加热煸炒10~15分钟，直到变软烂并呈金黄色。

4 加入肉和茄子以及腌泡汁，加热，翻炒，大约4~5分钟至全部呈褐色。

5 加入番茄、辣椒以及高汤，用小火加热。拌入棕榈糖和醋，加热至糖完全溶化。

6 盖上锅盖后放入烤箱中。烤30~40分钟，直到鸡肉变得软嫩，茄子变得软烂，汤汁变得浓稠。尝味并调味。

7 撒入香菜并趁热配米饭、酸奶以及青柠檬泡菜一起食用。

夏令大虾卷（Prawn Summer Rolls）

制作12个

制备时间45分钟

100克细米线或者粉丝，或者使用一包300克的熟米粉
12张圆形的糯米纸，直径20厘米
1小把泰国罗勒
24只煮熟的大虾，从中间片成两半
2~3片大的球生菜菜叶，撕成12块
1个胡萝卜，擦碎
半根黄瓜，切成5厘米长的火柴梗粗细的条
2棵春葱，纵长切成条
1小把香菜叶
1小把薄荷叶
1汤勺咸味花生，切碎
1个青柠檬，切成两半
酸甜汁（详见第50页），配餐用

1 将干的米粉，如果使用的话，在一个碗里加上开水浸泡3分钟，然后捞出并用冷水漂洗干净。这些米粉应该是刚好变软，但不要太软。

2 将准备用来制作大虾卷的所有原材料都摆放好。将其中一张糯米纸浸入到一碗热水中，来回移动10~15秒钟，直到整张糯米纸变得柔韧但是不完全柔软。把它铺放在菜板上，用茶巾轻轻拭干。

3 在糯米纸的底边摆放上三片泰国罗勒叶，正面朝下，紧挨着摆放，然后将四片切成两半的大虾水平摆放在其上。

4 在大虾上摆放好一块生菜叶，然后依次摆放上一些米线、几根胡萝卜、黄瓜条和春葱，然后是一些香菜和薄荷叶，最后是花生碎。在蔬菜上挤上一点青柠檬汁。不要在糯米纸上摆放过多的原材料，否则很难卷起成形。

5 将离你最近的糯米纸的底边抬起盖过摆放好的馅料，并用你的手指按住这些馅料，将这些馅料朝下塞好，并开始紧紧地卷动。

6 当卷到中间位置的时候，将米纸末端抬起盖过馅料。继续朝前卷，把馅料卷得越紧越好，这样它就会完全封闭起来，然后轻轻按压一下，以确保其粘连到一起。

7 用其他糯米纸和剩余的馅料重复此操作步骤。上菜时，将大虾卷沿着对角线斜切成两半，在常温下配酸甜汁一起食用。

8 如果你是提前制作好了大虾卷，用锡纸或者一块湿润的茶巾盖好，以防止大虾卷变得干燥。

南京盐水鸭肉（Nanjing Salted Duck）

供4人食用

制备时间20分钟，加上一晚上的腌制时间

加热烹调时间15分钟，加上2小时的冷却时间

2汤勺盐
2汤勺花椒粒，在研钵内用杵略碾碎
2根鸭腿，每根大约重200克
3块鸭脯肉，每块大约重175克
1个南京风味香料袋（详见第59页）
5厘米长的鲜姜，切成片，然后用研钵捣碎
3棵春葱，剥皮后切成长段
125毫升料酒
2茶勺香油

1 将一个炒锅用中火加热。加入盐和花椒碎干烘，翻炒大约5~8分钟，直到盐变成黄色/褐色。让锅冷却。

2 用一把锋利的刀在鸭皮上略微切割出几个刀口。把盐和花椒碎涂擦在鸭皮和鸭肉上，用锡纸大体覆盖好，然后放入冰箱里腌制一晚上的时间。

3 当你准备加热制作鸭肉的时候，将所有的鸭肉与盐和花椒碎一起铺放到一个大锅的锅底上。加入1.5~2升的水覆盖过鸭肉。加入香料袋，姜和春葱。加热烧开，然后加入料酒。改用小火加热，炖15分钟。

4 关火让鸭肉在锅内的汤汁中，连同盖着的锅盖一起冷却下来。

5 将鸭肉捞出放到菜板上，汤汁倒掉不用，或者过滤好之后当作高汤使用。

6 在每块鸭肉上都淋洒上香油，将鸭脯肉切成厚片，将鸭腿从关节处切割成两半，将大腿和小腿分开。趁热食用，或者冷却后食用。每份配一块鸭腿肉和几片鸭脯肉。

炒五香虾仁（Prawn Stir-fry Flavoured with Five-spice）

供4人食用

制备时间10分钟

加热烹调时间10分钟

250克优质细鸡蛋面条
2汤勺花生油
1个洋葱，去皮后切成块
1个红柿椒，去籽后切成块
2厘米的鲜姜，去皮后切成丝
2瓣大蒜，去皮并切成片
250克生的大虾，剥去壳并去掉虾线
100克玉米笋，斜切成两半
2汤勺生抽
2汤勺料酒，或者米酒
半个青柠檬的汁
100克嫩豌豆
1汤勺五香粉（详见第60页）
2汤勺黑芝麻
2汤勺香油

1 将面条放入一个汤锅内，倒入没过面条的开水。盖上锅盖，在制作炒菜的时候让其浸泡一会。

2 在一个大煎锅或者一个炒锅内加热油，用大火加热将洋葱和柿椒翻炒2分钟，直至变软并略微上色。

3 加入姜、大蒜以及大虾，翻炒2分钟，直到大虾刚好变成粉红色。

4 将玉米笋与生抽、料酒和青柠檬汁一起加入到锅里。用小火加热1分钟。

5 拌入嫩豌豆和五香粉，然后将锅从火上端离开。

6 将面条控干水分，拌入芝麻和香油。趁热与炒好的虾仁蔬菜一起食用。

姜饼（Piparkakut）

大约制作40个

制备时间20分钟，加上冷却，冷藏，以及松弛的时间

加热烹调时间10~12分钟

60克纯蜂蜜
60克黑蜜糖
125克无盐黄油
100克软红糖
350克普通面粉，多备出一些用于面扑
1茶勺小苏打
1汤勺芬兰风味姜饼香料（详见第72页）
1/4茶勺白胡椒粉
1个鸡蛋
2汤勺切碎的糖渍姜，装饰用（可选）

1 将蜂蜜、黑蜜糖、黄油和红糖一起放入一个少司锅内，然后用小火加热，将所有的原材料全部融化。

2 一旦融化，将锅放到一边，让其冷却至少10分钟的时间。

3 将面粉过筛，与小苏打、混合香料以及白胡椒粉放入到一个大的搅拌盆里，将它们混合好。

4 将黑蜜糖混合液倒入混合好的面粉中。

5 打入鸡蛋，然后将原材料搅拌到一起形成一个光滑的深色面团。

6 将面团覆盖好，放入到冰箱内冷藏松弛至少1小时的时间。如果喜欢，可以在冰箱内松弛一晚上的时间。

7 将面团从冰箱内取出，让其恢复到常温下。然后轻揉成一个圆形。

8 将烤箱预热至190℃，并在一个烤盘内铺上油纸。

9 在撒有薄薄一层面粉的台面上，将面团擀开成2~3毫米厚。

10 将饼干切割成你所喜欢的任何造型，将边角剩余面团重新擀开使用。然后将它们略微分开地摆放到铺有油纸的烤盘上。如果使用糖渍姜装饰，可以在每块饼干上摆放上几块。烘烤10~12分钟。

11 在烤盘内冷却10分钟，然后将变硬的饼干移到烤架上冷却。它们可以在一个密封的容器内储存长达一周的时间。

西班牙海鲜饭（Paella）

供6人食用

制备时间30分钟

加热烹调时间50分钟

4汤勺橄榄油
300克鸡大腿肉，切成块
150克意大利烟肉丁
150克熟西班牙香肠，切成厚片
1个大的西班牙洋葱，切碎
1个红柿椒，去籽切成块
1个青柿椒，去籽切成块
1汤勺西班牙海鲜饭混合香料（详见第74页）
250克卡拉斯帕拉米（西班牙短粒米），或者其他用于西班牙海鲜饭或者意大利调味饭的米
150毫升非诺雪利酒，或者干白葡萄酒
750毫升热的鱼汤或者鸡汤
200毫升意大利番茄酱
150克制备好的鱿鱼，切成鱿鱼圈
1个柠檬的柠檬汁和柠檬皮，多备出几块柠檬角用作装饰
盐和现磨碎的黑胡椒粉
12只海蛤，洗净
6只青口贝，刷洗干净，去掉丝线
6只熟虾，或者整只的，带壳大虾
1小把香芹，切碎

1 在西班牙海鲜饭专用锅或者厚底少司锅内加热2汤勺橄榄油。加入鸡肉，意大利烟肉以及西班牙香肠，用中大火加热煸炒8~10分钟，直到全部变成褐色。用漏勺捞出到一个餐盘内。

2 将剩余的油加到锅内炒香肠的油里，然后加入洋葱和柿椒，用中火加热翻炒5~8分钟，直至变软。

3 拌入西班牙海鲜饭混合香料和大米，翻炒大约1分钟，直到将所有的米粒翻炒均匀并呈油亮色。

4 加入雪利酒，开大火，让汤汁冒泡并被大米吸收。倒入高汤和意大利番茄酱，改用小火加热10分钟，期间要不停地搅拌。

5 将肉加入锅内，翻拌均匀，继续用小火加热10分钟。

6 将鱿鱼圈拌入到米饭中，随后是柠檬汁和柠檬皮，调味。确保所有的海蛤和青口贝的壳都紧紧地闭合，将它们倒在米饭上并盖上锅盖或者用锡纸密封好。蒸4~5分钟至所有的青口贝和海蛤都开口（去掉所有没有开口的）。

7 将虾摆放到最上面，盖好，再继续蒸5分钟，直到所有的食材完全成熟，米饭柔软，绝大部分的汤汁都被吸收。此时不要搅拌——这有助于形成锅巴——但是要保持小火加热，这样不至于焦煳。

8 将切碎的香菜撒到表面上，趁热将柠檬角配在一旁一起食用。

香料及其风味化合物列表

此表对于识别所有香料中的主要风味化合物提供了一个清晰明了的可视化参考，并会有助于你通过它们所含有的风味化合物在香料之间形成联系。香料在它们的风味组别中用颜色进行了标记（详见第12~15页内容），并且主要的风味化合物和次要的风味化合物在表中以色差的形式突出进行显示。

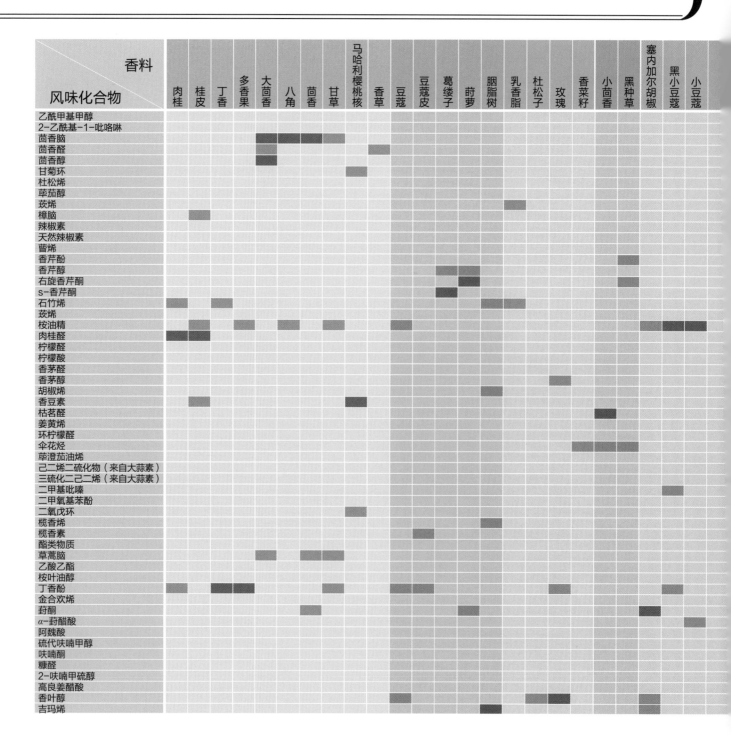

风味化合物组别

- 香甜温热型的酚类化合物香料
- 温热型的萜烯类化合物香料
- 芳香型的萜烯类化合物香料
- 土质风味的萜烯类化合物香料
- 渗透性的萜烯类化合物香料
- 柑橘风味的萜烯类化合物香料
- 酸甜型的酸类化合物香料
- 水果风味的醛类化合物香料
- 干烘风味的吡嗪类化合物香料
- 含硫风味化合物香料
- 辛辣风味化合物香料
- 独具特色的风味化合物香料

风味化合物的类型

- 主要的风味化合物
- 次要的风味化合物

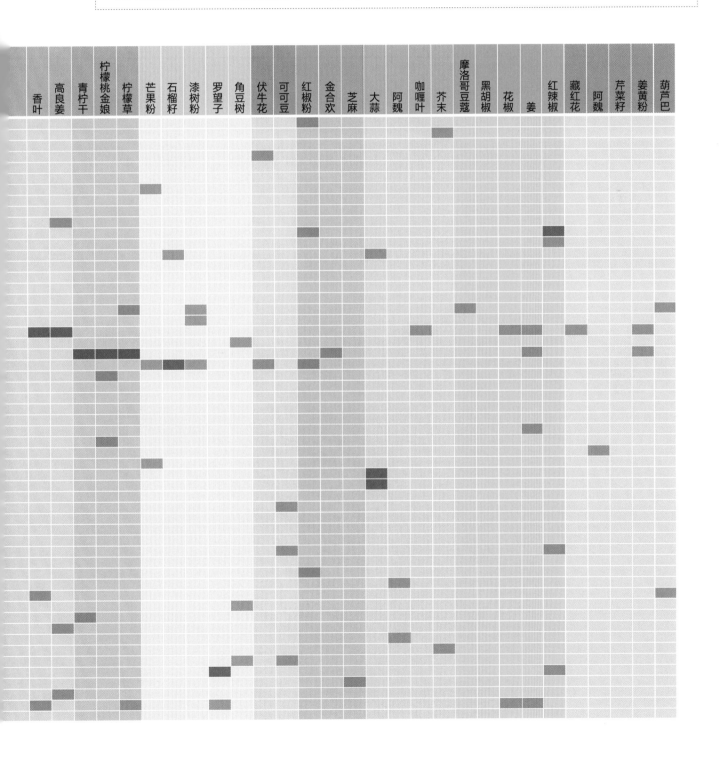

风味化合物 \ 香料	肉桂	桂皮	丁香	多香果	大茴香	八角	茴香	甘草	马哈利樱桃核	香草	豆蔻	豆蔻皮	葛缕子	莳萝	胭脂树	乳香脂	杜松子	玫瑰	香菜籽	小茴香	黑种草	塞内加尔胡椒	黑小豆蔻	小豆蔻
姜醇																								
糖苷类																								
甘草酸								●																
庚酮		●																						
己醛																								
己酸																								
蛇麻烯																								
葎草酮																								
4-羟基苯甲醛										●														
异硫氰酸盐																								
异戊醛																								
拉尼龙																								
柠檬烯							●				●			●			●		●	●	●		●	●
芳樟醇	●		●	●	●	●	●									●	●		●			●		●
苹果酸																								
甲氧基香豆素																								
甲氧乙基-肉桂酸									●															
3-甲基正丁醛																								
肉桂酸甲酯																								
甲基庚烯酮																								
水杨酸甲酯			●																					
月桂烯	●			●	●											●	●		●					
豆蔻醚											●	●												
橙花醇																		●						
壬醛																								
罗勒烯																								
姜酮酚																								
戊酸																								
戊醇										●														
2-正戊基呋喃																								
水芹烯					●	●								●										
苯酚类								●																●
苯乙醛																								
2-苯乙醛																								
1-苯乙硫醇																								
藏红花苦苷																								
蒎烯					●	●					●	●		●			●	●	●	●	●	●	●	●
胡椒碱																								
胡椒醛										●														
吡嗪类																								
玫瑰酮																		●						
莎草薁酮																								
桧烯											●	●	●										●	
藏红花醛																								
黄樟油精						●																		
花椒麻素																								
芹菜镇静素（四氯苯酞）																								
芹子烯																								
芝麻酚																								
姜烯酚																								
葫芦芭内酯																								
磺卡酮																								
硫化物类																								
丹宁酸类		●																						
酒石酸																								
萜品烯											●	●							●	●				
萜品醇			●													●							●	
乙酸萜品酯																								●
百里香酚																								
百里香醌																					●			
芳姜黄酮																								
香草醛										●										●				
乙烯基戊酮																								
姜烯																								

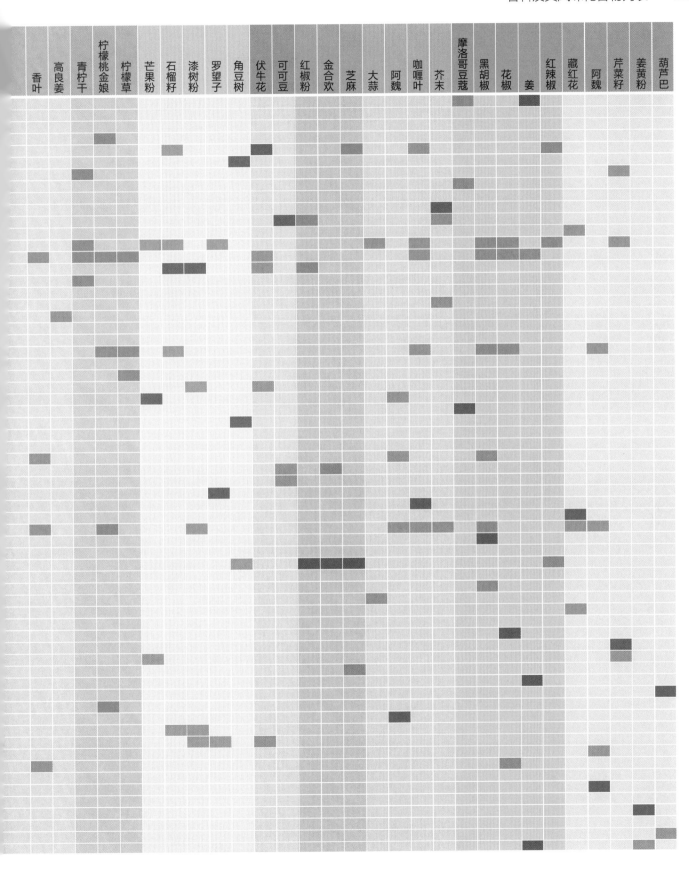

作者简介

斯图尔特·法里蒙德博士

斯图尔特·法里蒙德博士擅长食品科学领域研究，是一位科学与健康方面的作家、主持人和传播者。他经常在电视、广播和公开活动中现身。他是一名训练有素的医生和教师，他的作品经常出现在国内和国际刊物上，包括《新科学家》《独立报》《每日邮报》以及《华盛顿邮报》等。斯图尔特博士主持每周一次的科学广播节目，并且他在食品研究领域所涉及的一系列主题被广泛宣传。他是DK出版社《烹饪科学》的作者。

斯图尔特督导本书策划中所有的科学方面的内容，并编写了香料的科学章节中的内容，以及在香料的剖析章节中基于科学方面的所有内容，包括香料调配科学方面，以及从香料中获取最多风味的知识内容。

劳拉·尼考勒是肯特郡的作家和烹饪专栏编辑。她是美食作家协会的成员，专门从事美食和外出就餐在线服务和印刷餐厅指南。她还编辑烹饪书籍，并与许多有影响力的美食作家和厨师合作，包括玛丽·贝里、雷切尔·艾伦、艾德·史密斯、马库斯·韦尔林、西涅·约翰森以及罗西·伯齐特。

劳拉编写了香料剖析章节中所有的非科学方面的内容。

简·福勒伍德是一名家庭经济学家，她认为自己拥有一份完美的工作。她丰富的职业生涯涉及为多个主要食品品牌工作，包括《好管家》和《美味》等杂志，尤其是玛丽·贝里的书籍。简不断地创作、评价和品鉴食物，并且总是在不断地学习新生事物；她住在赫特福德郡，家里有一个装得满满当当的食物储藏室，一家人丰衣足食。

简编写了香料的世界中更多的食谱章节中的内容。

鲁帕·古拉蒂是一名大厨、美食作家和播音员，在2001年回到伦敦之前，她在印度工作了20年。作为泰姬陵酒店管理集团的厨师顾问，她磨炼出了自己在南亚地区烹饪风格方面的特长。回到英国后，她是英国电视美食频道的副主编，现在是自由职业者，为主要的食品品牌和杂志如英国广播公司好食物频道，《休闲时光》和《美味》撰写专辑、食谱以及餐馆评论等。业务包括在伦敦博罗市场进行的烹饪技艺展示，审查里克·斯坦的在印度播出的英国广播公司系列节目，并担任英国广播公司广播4台的食品和农业奖项评委组的工作。

鲁帕编写了香料的世界中关于南亚的香料章节中的内容，以及食谱枣和罗望子格兰尼塔配焦糖菠萝和香煎扇贝配藏红花黄油少司。

托马斯·豪沃尔斯是一名在伦敦工作的记者。他是《伦敦好去处》杂志的自由美食编辑和撰稿人，并为《卫报》《金融时报》和《墙纸》撰稿。

托马斯编写了香料的世界章节中欧洲香料部分的内容。

　　安娜·基比是一名饮食作家，也是食品广告文案机构2Fork.co.uk的联合创始人。作为《美餐》的记者和编辑，她为餐馆写评论有很多年了，为《休闲时光》《美食与旅游》以及《男性健康》和《史密斯夫妇》等撰写美食专栏、食谱和评论文章。安娜热衷于烹饪、消费并研究中东美食，尤其是黎巴嫩和波斯菜系，还有百科全书的拥有者——并不断扩展——《香料典藏》。她最常吃的是小茴香、香菜籽、肉桂和辣椒碎。

　　安娜在世界香料章节中编写了中东香料部分中的内容，还有印度比尔亚尼风味鸡肉和茄子配七香粉，以及黎巴嫩小胡瓜，费塔奶酪和莳萝蛋卷，配黑青柠哈里萨辣椒酱的食谱。

　　索雷尔·摩斯利－威廉姆斯是英国的一名自由撰稿人和侍酒师，自2006年以来一直在阿根廷工作。她专注于拉丁美洲美食、旅游和葡萄酒，你可以在《葡萄酒爱好者》《单晶体》《康泰纳仕旅行家》《旅游+休闲》《品醇客》和西班牙的《场所》以及其他出版物中寻找到这些内容；她翻译了《米拉祖尔》《特吉》《拉卡布雷拉》等书籍。她在布宜诺斯艾利斯合伙经营着快闪葡萄酒酒吧"来和我们一起喝酒"，并且可以在@索雷利塔的照片分享中见到。

　　索雷尔编写了香料的世界章节中关于美洲香料部分中的内容。

　　弗雷达·穆扬波是一名专门研究非洲菜系的美食作家，并热衷于通过美食来分享非洲文化。她经常形容自己有泛非洲人的味觉；在博茨瓦纳出生并长大，父母是加纳人，目前生活在尼日利亚，并在非洲大陆到处旅行。

　　弗雷达居住在尼日利亚拉各斯市，在那里她正在学习使用当地香料的基本知识，从发酵的刺槐豆到种类繁多的辣椒，派珀和荜澄茄。

　　弗雷达编写了香料的世界章节中关于非洲香料部分中的内容，还编写了西非花生咖喱配德班马萨拉以及香甜酥皮苹果馅饼的食谱。

　　安妮卡·温赖特是一名饮食作家，也是食品广告文案机构2Fork.co.uk的联合创始人。她在东南亚游历了很多地方，并且自称是泰国美食达人。她最喜欢的香料是大蒜、姜、八角，以及非常容易上瘾的内啡肽产物，也被称为红辣椒。安妮卡出门总是带着是拉差辣椒酱（她的钥匙链上系着一个小瓶子），以对那些给我们带来辣味原材料的葡萄牙商人永远心存感激之情。

　　安妮卡编写了香料的世界章节中有关东南亚香料部分中的内容，还编写了亚洲风味拉伯沙拉配咖喱鸭和炒米以及菲律宾风味香辣鸡肉和猪肉阿斗波的食谱。

　　尤兰达·扎帕特拉是一名美食、旅行和设计方面的作家。出生于南威尔士的一个意大利家庭，尤兰达最早接触的"香辛"烹调方式是维斯塔咖喱，作为一种适应当地生活的方式，她母亲诱导过她试图把她所掌握的所有那不勒斯菜肴都英国化，所有的这一切都没有令尤兰达的味觉或美食写作的志向望而却步。从那以后，她一直担任《休闲时光》《孤独星球》《独立报》，以及其他一些杂志的美食作者和编辑。她的家常菜风格，从她母亲的厨房里学到的当地意大利菜扩展到包括她的中国亲家的中国菜和加勒比菜，所以在她家里用餐可以是用帕尔马奶酪制作的菜肴，香辣的麻婆豆腐，或者是特立尼达大杯的烈性酒等复合式的。

　　尤兰达编写了香料的世界章节中有关东亚香料部分中的内容，还编写了中式辣椒和八角风味清蒸三文鱼以及黑芝麻、甘草和小豆蔻冰淇淋的食谱。

后记

作者感言

斯图尔特·法里蒙德博士：在我们这个多样化的香料的世界里，对香料风味科学进行分类是一项相当艰巨的任务。我非常感谢我的家人和朋友们，感谢他们对我在被香料箱、香料袋和香料桶重重包围着的作者的"洞穴"里度过的许多日子的理解和宽容。我的妻子，格蕾丝，一直坚定地支持这个雄心勃勃的项目，即便是忍受着（坏）运气，也要经受着接二连三的香料调配试验。正如她所发现的那样，烹饪科学的尝试对味蕾充满了危险！

如同去年的出版物，《烹饪科学》一样，我再一次被DK的设计师、美术师和摄影师们的才华所震撼，他们将想象的魔力交相会织，把香料科学如此美妙地带入到生活之中。感谢道恩·亨德森和玛丽-克莱尔·杰拉姆邀请我回来揭开这个真正引人入胜的话题，还有编辑阿拉斯泰尔·莱恩，他在一台发热的电脑前埋头苦干，将这本书中所有的要素和谐地结合在一起。我的文学经纪人乔纳森·佩吉也一直是我坚定不移的支持者，对此我万分感激。最后要感谢温斯顿，我们的帕特大勒梗犬，它对长距离行走的不厌其烦帮助我们保持了身心的健康。

索雷尔·摩斯利-威廉姆斯想要感谢布宜诺斯艾利斯拉马尔的安东尼·巴斯克斯，波哥大利奥的利奥诺·埃斯皮诺萨，利马市中心的维吉利奥·马丁内斯，还有马里的米利，来自卡塔赫纳珀易克特卡比尔的杰米·罗德里格斯·卡马乔，利马阿玛兹的佩德罗·米格尔·西斯基亚菲诺，以及里约热内卢伊特里约的汤姆·列·梅苏丽。

DK · 食材百科全书

（精装本·彩色印刷）

丛龙岩　译
页　数：526页
定　价：268.00元
ISBN：9787518419562

更多精彩内容

作者简介

克里斯汀·麦克费登　她是一位拥有着丰富的全球烹饪和原料相关知识的美食作家。克里斯汀写过16本书，其中《辣椒》《农场商店食谱》和《清爽的绿叶蔬菜和红辣椒》入围了国际美食媒体大奖。

玛利亚-皮埃尔·摩尼　玛利亚-皮埃尔在巴黎长大，生活和工作在伦敦。她是DK出版社的《普罗旺斯烹饪学校》和《厨师的香草园》等书籍的作者，并编写了许多关于法国烹饪和美食的书籍。

海伦·越林萍　海伦热衷于美食，特别是中餐。她是美食和旅游类博客《世界美食指南》的作者，入围了美食作家协会2009年度新媒体奖。

内容简介

《食材百科全书》原版由英国DK出版社出版，是享誉世界的经典食材百科全书，由美食作家、世界著名大厨以及美食鉴赏家所组成的团队联手制作完成的。全书2500种食材的插图，在我们面前展示出一个完整的美食家谱：鱼类和海鲜、肉类和家禽、蔬菜、香草和香料、乳制品和蛋、水果、坚果、谷物、油脂、酒、调味品等。

本书从食材的购买、储存、制备、烹调、加工和享用多个方面提供了所有我们需要去掌握的食材知识。并对如何选择最好的准备方式和最恰当的烹调方法都做了清晰无误的讲解，甚至包括了对食材的品质和新鲜程度进行评估的不传之秘。当然，也少不了食材搭配在口味上的融合使用建议，这一点即便是最有经验的厨师，也会觉得大开眼界，获益匪浅。

DK·香草与香料

（精装本·彩色印刷）

桑 建 译
页　数：328页
定　价：168.00元
I S B N：9787518423125

更多精彩内容

作者简介

　　吉尔·诺曼　她是一位屡获殊荣的作家和《美食与酒》的出版商。吉尔是当代最具影响力的美食作家之一，是DK出版社《香草与香料》《经典的香草食谱》《香料全书》以及《新企鹅烹饪术》等书的作者。她的作品在世界各地被翻译成多种语言出版发行。

内容简介

　　《香草与香料》是一本教你如何选择、储存、准备和使用它们的精美图书，书中介绍了超过100种香料的混合配方、酱汁和全球风味食谱，为我们开启了味觉盛宴，超过200种令人惊艳的新口味，为烹饪生活增添了活力。

　　书中列出了经典的香草与香料混合配方、酱汁、调味佐料及卤汁，搜罗了世界各地的汤品、沙拉、清淡小菜、肉类、鱼类、蔬菜类、意大利面食类、谷物类、饮料、甜点等食谱。通过讲解专业的制备技巧，全面解读了香草与香料的知识，发挥出香草与香料的完整潜力，让读者了解香草与香料如何获得最佳烹饪效果。